Zur Erinnerung an den 02. September 1967

von Deiner Petra

Michael Dünnebier / Eberhard Kittler

Deutsche Autos

Alle Personenwagen und Nutzfahrzeuge der DDR

Mit allen Ostblock-Importfahrzeugen

Michael Dünnebier / Eberhard Kittler

Deutsche Autos

Alle Personenwagen und Nutzfahrzeuge der DDR

Mit allen Ostblock-Importfahrzeugen

Motor buch Verlag

Einbandgestaltung: Dos Luis Santos

Bildnachweis:
Archiv Michael Dünnebier und Eberhard Kittler

ISBN 3-613-02652-X
ISBN 978-3-613-02652-0

1. Auflage 2006

Sie finden uns im Internet unter: www.motorbuch-verlag.de

Lektor: Joachim Kuch
Innengestaltung: Anita Ament, Leonberg
Repro: Digibild Reinhardt, Stuttgart
Druck und Bindung: Rung - Druck, 73033 Göppingen
Printed in Germany

Vorwort

Fast zwei Jahrzehnte sind seit dem Ende der DDR vergangen. Immer mehr gerät in Vergessenheit, manches verklärt sich auf (n)ostalgische Art und Weise. Dies gilt auch für die automobile Vergangenheit in Ostdeutschland. Immerhin: Museen, Clubs und Interessengemeinschaften wahren die Erinnerung, Spezialliteratur hinterleuchtet vor allem die Typengeschichte.

Als erster Autor überhaupt nahm sich Werner Oswald dieses Themas in voller Breite an und legte 1975 die Urfassung des Titels »Kraftfahrzeuge der DDR« vor. Hauptverdienst des 1997 verstorbenen Fachjournalisten war es, alle in Serie gebauten Pkw und Nutzfahrzeuge vorzustellen. Vor allem die technischen Daten waren jahrelang die einzige Informationsquelle für Interessierte.

Eberhard Kittler

Dr. Michael Dünnebier

1998 überarbeiteten und ergänzten die Verfasser des vorliegenden Buches den Oswald-Titel. Viele Sachverhalte ließen sich nach der Wiedervereinigung einfacher recherchieren; ein abschließende Bewertung fiel angesichts des Endes fast aller einstigen DDR-Hersteller leichter. Andererseits waren Zeitzeugen nicht mehr ansprechbar und wertvolle Dokumentationen in den Wirren der »Wendezeit« 1989/90 spurlos verschwunden. Darum konnte auch das veröffentlichte Bildmaterial nicht in allen Fällen befriedigen.

Mittlerweile sind neue Sachverhalte bekannt geworden, vor allem dank der unermüdlichen Recherchearbeit eines Arbeitskreises um Professor Dr. Peter Kirchberg. Deren Ergebnisse liegen inzwischen unter dem Titel »Plaste, Blech und Planwirtschaft« vor – ein umfassendes Werk zu den wirtschaftlichen und politischen Hintergründen der Automobilhistorie der DDR.

Kirchberg trieb mit Unterstützung der Audi AG, Ingolstadt, den Aufbau des August-Horch-Museums in Zwickau wesentlich voran. Gleichermaßen aktiv war und ist der Förderkreis der Automobilen Welt Eisenach (AWE), allen voran Lars Leonhardt, Michael Schubert und Michael Stück – inzwischen wird die umfangreiche Kraftfahrzeugsammlung an historischer Stätte im früheren Automobilwerk ausgestellt. Auch in Zwickau und Eisenach tauchten bislang unveröffentlichte Dokumente zur Modellpolitik und zur technischen Entwicklung auf.

Manche bislang vermeintlich sichere Erkenntnisse erwiesen sich nun als nicht mehr haltbar, andere Fakten stehen erst seit Kurzem zur Verfügung. Dazu kommt aus mitunter unerwarteter Quelle farbiges Bildmaterial, das teilweise noch nie gezeigt worden ist.

Dies alles rechtfertigt ein neues Buch, das bewusst als Nachschlagwerk konzipiert ist. Es geht hier ausschließlich um Pkw, Transporter, Lkw und Busse. Zusätzlich zu den in der DDR hergestellten Kraftfahrzeugen bietet das vorliegende Werk eine Übersicht über alle Pkw, Lastwagen und Busse, die aus den Ostblock-Staaten in die DDR importiert wurden.

Außen vor blieben Motorräder, Traktoren, Baumaschinen und Militärfahrzeuge. Sie verdienen eigenständige Publikationen, wie sie teilweise bereits vom Motorbuch Verlag Stuttgart vorliegen.

Niemand ist unfehlbar. Trotz aufwendiger Recherche mögen sich Fehler eingeschlichen haben. Die Verfasser sind dankbar für jede Korrektur oder Richtigstellung.

Stuttgart und Dresden, Juni 2006

Eberhard Kittler — Dr. Michael Dünnebier

Inhalt

Automobilindustrie und -vertrieb

Typische Straßenszene mit Trabant und Barkas B 1000, Ende der 80er-Jahre

Bestandsaufnahme

Im Oktober 1990, 41 Jahre nach der Gründung der DDR, endete die Existenz des kleineren der zwei deutschen Staaten. Erste Analysen hatten schon unmittelbar nach der Grenzöffnung im November 1989 erkennen lassen, dass die Wirtschaft der DDR im marktwirtschaftlichen Wettbewerb nicht überleben konnte. Schlimmer noch: dass sie bereits Jahre zuvor ins Taumeln geraten war, ohne dass dies in der alten Bundesrepublik bemerkt worden war. Gerade der Kraftfahrzeugbau, der sich zuvor nie mit echten Konkurrenten messen lassen musste und mit größtenteils technisch veraltetem Gerät seine Kunden gefunden hatte, geriet nun sofort ins Schlingern. Die Inlands-Nachfrage ging angesichts der ins Haus stehenden Angebote renommierter westlicher Hersteller schlagartig zurück. Eine derartige Entwicklung war von den Verantwortlichen in der DDR niemals ernsthaft durchgespielt worden.

Der Automobilbau litt vor allem darunter, dass er zu keiner Zeit zu den Schwerpunktindustrien des Landes gezählt hatte. Folglich standen ihm Mittel für Investitionen und Entwicklungen nur in sehr beschränktem Maße zur Verfügung. Aber der Bedarf an individuellen Verkehrsmitteln überstieg im gesamten Ostblock die Lieferfähigkeit um ein Mehrfaches. Innovationen und Modellwechsel waren darum als Verkaufsargument für den Binnenmarkt nicht notwendig: Kraftfahrzeuge wurden den Kunden erst nach jahrelangen Wartezeiten zugeteilt. Selbst konstruktive oder materialbedingte Schwächen ließen Automobile nie zu Ladenhütern werden. Devisenträchtige Exportgeschäfte, die in anderen Branchen der DDR-Industrie gang und gäbe waren, hielten sich auf dem Kfz-Sektor in engeren Grenzen.

Bei den Nutzfahrzeugen sah es grundsätzlich nicht positiver aus. Die Verteilung im Inland erfolgte allerdings nicht nach der Bestellzeit, sondern orientierte sich an »volkswirtschaftlichen Notwendigkeiten«. An erster Stelle standen per Gesetz verordnet die »Sonderbedarfsträger«. Dahinter steckten in erster Linie alle »bewaffneten Organe«. Dann folgten die großen Verkehrskombinate, die Landwirtschaft und die aus jeweiliger Sicht wichtigen Wirtschaftszweige. Handwerksbetriebe und kleine, private Fuhrbetriebe standen weit hinten in der Lieferliste. Nutzfahrzeug-Exporte aus der DDR gab es bis Ende der 80er-Jahre, weil hier tatsächlich Marktnischen abgedeckt werden konnten. Ein relativ großes Geschäftsfeld waren die Fuhrparks von Armeen einiger außereuropäischer Staaten. Wenigstens die Lastwagen aus Zittau und Ludwigsfelde wurden wahlweise mit Dieselmotoren versehen – solch spritsparende Antriebe für eigengefertigte Pkw gingen nie in Produktion.

Verzweifelte Versuche, das bestehende Pkw-Modellprogramm – teilweise in Zusammenarbeit mit Partnern aus der alten Bundesrepublik – Mitte bis Ende der 80er-Jahre im letzten Moment zu modernisieren oder zu erweitern, kamen zu spät. Westliche Hersteller nutzten nun mit allen Mitteln ihre Chance, einen nahezu jungfräulichen Markt zu erschließen (der nebenbei auch noch mit Gebrauchtwagen mitunter zweifelhafter Qualität überschüttet wurde) und erlebten einen nie dagewesenen Boom. Anderswo erlitten sie derweil bereits ernsthafte Einbrüche und Geschäftskrisen. Als durch den Zerfall des Ostblock-Wirtschaftsverbandes »Rat für gegenseitige Wirtschaftshilfe« (RGW, im Westen als Comecon bezeichnet) auch noch die traditionellen östlichen Handelspartner verloren gingen, mussten die ostdeutschen Produzenten auf der Strecke bleiben. Ihre Werker – die dies als »Plattmachen« erlebten – gingen zum Großteil in die Arbeitslosigkeit.

Inzwischen wurden einige Standorte wiederbelebt, vor allem dank des Engagements einiger westlicher Hersteller, die bewusst auch das Potenzial guter Facharbeiter nutzen. In Eisenach erbaute Opel ein Vorzeigewerk, in dem heute noch über 1.000 ehemalige Wartburg-Mitarbeiter beschäftigt sind.

Militär-Lkw W 50 und Robur für den Export nach Afrika

Fertigung von Porsche Carrera GT (Auslauf Mai 2006) und Cayenne in Leipzig

Multicar-Kommunalfahrzeug, 2005

Hybridfahrzeug Sachsenring Uni-1 von 1996, keine Serienproduktion

Am gleichen Ort hat BMW ein Zulieferwerk errichtet. Der neue 3er-BMW wird in einem nagelneuen Werk im Norden Leipzigs gebaut. In Rufweite befindet sich eine piekfeine Fertigungsstätte von Porsche, in welcher der Cayenne und – bis Mitte 2006 – der Carrera GT gefertigt werden bzw. wurden. Volkswagen produziert in einem hochmodernen neuen Werk in Mosel bei Zwickau, in Dresden entstehen seit 2002 in einer architektonisch beeindruckenden »Schau-Manufaktur« der VW Phaeton und seit 2005 auch der Bentley Flying Spur. In Ludwigsfelde lässt Daimler-Chrysler Nutzfahrzeuge montieren, kleine Vierzylinder für Mitsubishi und den Ende 2006 eingestellten Smart ForFour kommen aus Kölleda.

Das Sachsenring-Werk in Zwickau hatten 1993 die Brüder Rittinghaus übernommen. Ihre Sachsenring Automobiltechnik GmbH (ab 1997 Aktiengesellschaft) verstand sich als Rechtsnachfolger des vormaligen Trabant-Herstellers und nutzte einen Teil von dessen Anlagen. Das Unternehmen stellte Ende 1996 nicht nur den viel beachteten Hybridauto-Prototyp Uni 1 vor, sondern übernahm auch einige Automobilzulieferer im Westen Deutschlands. 2002 mussten der zu schnell expandierende Konzern und seine Töchter jedoch Insolvenz anmelden. Anfang 2006 übernahm die Leipziger Härterei- und Qualitätsmanagement GmbH (HQM) die abgespeckte Sachsenring Fahrzeugtechnik GmbH.
Zumindest ein früherer DDR-Hersteller hat alle Krisen erfolgreich meistern können: Multicar in Waltershausen, ein kleines Unternehmen, das schon in Vor-»Wende«-Zeiten mit einer Art Mini-Unimog eine Marktnische gefunden hatte und in alle Welt lieferte und weiter liefert. Inzwischen gehört die »Multicar Spezialfahrzeug GmbH« zu Hako, einer Reinigungsmaschinen-Firma aus Bad Oldesloe. Darüber hinaus hat sich an vielen Standorten im Osten eine hochpotente Zulieferindustrie angesiedelt.
Alle Meldungen zur Wiedergeburt früherer DDR-Pkw haben sich bislang als Wunschdenken entpuppt. So gingen Trabant-Fertigungseinrichtungen nach Usbekistan, einem früher zur Sowjetunion gehörenden Staat. Dort sollte der DDR-Volkswagen vom amerikanisch-usbekischen Unternehmen Olimp bis zu 40.000 mal pro Jahr gebaut werden. Ein ähnliches Projekt mit Barkas-Kleintransportern für Russland endete nach langer, mühevoller Vorarbeit mit der frustrierenden Verschrottung der verpackten Produktionseinrichtungen. Dass so etwas doch funktionieren kann, zeigten die Verlagerung von Werkzeugen für MZ-Motorräder in die Türkei: Die in Istanbul produzierten, ausgereiften Zweitakter erfreuten sich reger Nachfrage.

IFA-Anzeige 1950

Entwicklungs- und Fertigungsstruktur

Vor dem Zweiten Weltkrieg war das Gebiet der späteren DDR mit 30 Prozent an der gesamtdeutschen Personenwagen- und mit 70 Prozent an der Motorradproduktion beteiligt. Die mitteldeutsche Zulieferindustrie hatte, bezogen ebenfalls auf das Deutsche Reich, nur einen Anteil von 14 Prozent. Auch die metallurgische Industrie hatte ihre traditionellen Stammsitze zum größten Teil im Westen Deutschlands. Diese Bedeutung konnte (und sollte) die Kraftfahrzeugindustrie zwischen Elbe und Oder nie mehr erreichen. Verglichen mit den Gegebenheiten in den damaligen westlichen Besatzungszonen Deutschlands war sie ohnehin unter weit schwierigeren Voraussetzungen angelaufen.
Zum einen waren kriegsbedingt viele Fertigungsstätten in der Ostzone zerstört worden, noch bestehende Produktionsanlagen gingen auf Geheiß der »Sowjetischen Militäradministration in Deutschland« (SMAD) zum Großteil als Reparationslieferungen in die Sowjetunion. Dies betraf auch wichtige technologische und wissenschaftliche Grundlagen. So wurden seinerzeit alle noch »überlebenden« Silberpfeil-Rennwagen der Zwickauer Auto Union einschließlich der technischen Dokumentationen nach Moskau gebracht. Mit weiteren Konstruktionsunterlagen und Patenten setzten sich federführende Techniker und Ingenieure in die Westzonen ab.
Eine Hauptschwierigkeit lag zunächst auch darin, dass in der Sowjetzone wichtige Zulieferer fehlten – und die traditionellen Bindungen mit Partnern in den nunmehr westlichen Landesteilen abgebrochen wurden. So gab es plötzlich keine Hersteller von Gelenkwellen, Stoßdämpfern und Kupplungen mehr. Ebenso wenig genügten die vorhandenen Kapazitäten für

Reifen, Vergaser, Getriebe, Autoelektrik und Sicherheitsglas. Zudem wurde die Sowjetische Besatzungszone bei der Zerstückelung des einstigen Deutschen Reiches von der Stahlproduktion abgeschnitten: Die traditionellen Rohstoffquellen in Schlesien, Oberschlesien und Ostpreußen gehörten fortan zur Volksrepublik Polen.
Genau wie im Westen Deutschlands ist der Wiederaufbau der Kraftfahrzeugproduktion der Forderung der Besatzungsmächte nach Reparaturkapazitäten zu verdanken. Weiterhin verlangten sie die Bereitstellung neuer Motorräder, Autos und Lastwagen. Fahrzeuge aus den östlichen Werken gingen ausschließlich an die Sowjets, während beispielsweise Volkswagen nicht nur die Briten, sondern auch die Amerikaner, Franzosen und Russen belieferte.
Im Land Sachsen befanden sich die Betriebsanlagen der ehemaligen Auto Union AG., die Nutzwagenfirmen Phänomen und Framo, einige Karosserie-Hersteller sowie etliche Teilelieferanten. Nahezu alle diese Betriebe waren durch Kriegsschäden, Verwüstungen, Plünderungen und Demontagen sowie wegen Materialmangels vorerst nicht einsatzbereit. Lediglich die Werdauer Schumann-Werke waren von Demontagen verschont geblieben, um im russischen Reparationsauftrag u.a. Nutzfahrzeugaufbauten zu liefern. Die Lastwagenfabrik Vomag in Plauen/Vogtland wurde als früherer Rüstungsbetrieb total demontiert, die Betriebsanlagen zerstört. Ebenso erging es dem Opel-Werk in Brandenburg.
Funktionsfähig geblieben hingegen waren die im Land Thüringen gelegenen Fahrzeugwerke – vor allem BMW und Simson. Sie waren von Kriegsschäden weniger betroffen, und ihnen kam der Umstand zugute, dass Thüringen zunächst von den Amerikanern besetzt war. Als diese das Land im Juni 1945 den Sowjets übergaben, hatten die Plünderungen und Verwüstungen seitens der Roten Armee bereits aufgehört.
Wie alle größeren Industrieunternehmen in der Sowjetzone wurden auch die sächsischen Automobilfabriken entschädigungslos enteignet und 1946 zu Volkseigenen Betrieben (VEB) erklärt. Diese wiederum fasste man zunächst regional, dann branchenweise in Industrie-Verwaltungen (IV) zusammen. Dabei entstand zum Jahresende 1947 die Industrieverwaltung Fahrzeugbau und Ausrüstungen (IFA) mit Sitz in Chemnitz. Sie zählte 17 Fahrzeug- und Motorenfabriken, acht Karosseriewerke und 22 Reparaturbetriebe im Land Sachsen.
Diese Organisation wurde am 1. Juli 1948 als Industrieverband Fahrzeugbau »Vereinigung Volkseigener Fahrzeugwerke« (VVB) auf die ganze Sowjetzone ausgedehnt und – unter Federführung der »Deutschen Wirtschaftskommission« (DWK) – der zentralen IFA-Leitung in Chemnitz unterstellt. Zu ihr gehörten nunmehr 40 Betriebe mit insgesamt 13.700 Beschäftigten. Die Lastwagenproduktion im Zwickauer Horch-Werk war bereits 1947 wieder angelaufen, die ersten Personenkraftwagen und Motorräder entstanden im gleichen Jahr. Zu einer planmäßigen Kraftfahrzeugproduktion kam es indes erst ab 1949, dem Gründungsjahr der DDR. Besonderes Augenmerk lag dabei auf den Nutzfahrzeugen, deren Produktion von 1951 bis 1956 um das Dreifache gesteigert wurde.
Anders lagen die Dinge in Thüringen. Das BMW-Werk Eisenach, die Elite-Diamant-Fahrradfabriken sowie die Simson Waffen- und Fahrzeugwerke (außerdem eine Berliner Bremsen- und eine Leipziger Kugellagerfabrik) blieben noch jahrelang in der Rechtsform einer Sowjet-AG (SAG) von der Besatzungsmacht vereinnahmt. Dachorganisation dieser Betriebe war die Sowjet-Aktiengesellschaft, später Staatliche Aktiengesellschaft »Awtowelo«, die verhältnismäßig rasch wieder auf beachtliche Produktionsergebnisse kam, weil sie bei den Materialzuteilungen stets Vorrang hatte. Erst im Juni 1952 gingen auch die Thüringer Fahrzeugfabriken wieder in deutschen Besitz über und wurden ebenfalls als nunmehr Volkseigene Betriebe der IFA angeschlossen. Zuständig für den Kraftfahrzeugbau war jetzt die »Hauptverwaltung Automobil- und Traktorenbau« als Unterabteilung des DDR-Industrieministeriums.
Ab dem 1. April 1951 koordinierte und lenkte das Forschungs- und Entwicklungswerk (FEW) in Chemnitz (zwischenzeitliche Ortsbezeichnung Karl-Marx-Stadt von 1953 bis 1990) die Neuentwicklungen von Kraftfahrzeugen in der DDR. Sein Ursprung geht auf das legendäre Zentrale Entwicklungs- und Konstruktionsbüro (ZKB) und die Zentrale Versuchsanstalt (ZVA) der Auto Union zurück. Nach dem Krieg waren diese Institutionen von den Sowjets als Automobiltechnisches Büro (ATB) und als Wissenschaftliches Büro für Automobilbau der SAG Awtowelo (WTB) wiederbelebt worden.
Die Werke selbst, die inzwischen eine Zusammenarbeit mit den technischen Hochschulen in Zwickau und Dresden begannen, verstanden dies als Bevormundung und opponierten gegen diese Form des Zentralismus. 1955 wurde die Stabsstelle vom VEB Zentrale Entwicklung und Konstruktion für den Kraftfahrzeugbau (ZEK) ersetzt. Dessen reduziertes Aufgabenprofil umfasste auch die Koordinierung von Forschung und Entwicklung in den Betrieben. Das Problem blieb indes das gleiche. 1963 setzten sich die Herstellerwerke schließlich durch und trugen fortan die volle Verantwortung für komplette Neuentwicklungen. Die Karl-Marx-Städter Zentrale fungierte nun als Wissenschaftlich-Technisches Zentrum (WTZ) und wurde 1978 dem IFA-Kombinat Personenkraftwagen zugeordnet.

Die traditionellen Markennamen, die mit dem Markenzeichen IFA gekoppelt waren, wurden bereits in den 50er-Jahren durch neue Firmenbezeichnungen ersetzt. Grund dafür waren meist markenrechtliche Auseinandersetzungen mit den ehemaligen Inhabern – beispielsweise bei BMW und Phänomen. Aber auch strukturelle Veränderungen – wie bei der Zusammenführung der Zwickauer Werke Horch und Audi zum VEB Sachsenring – spielten eine Rolle.

Anstelle der »Hauptverwaltung Autormobil- und Traktorenbau« fungierte ab Mai 1958 die Vereinigung Volkseigener Betriebe (VVB) Automobilbau mit Sitz in Karl-Marx-Stadt als planwirtschaftliche Dachorganisation für die Automobilindustrie. Ein erster wesentlicher Schritt zur Veränderung dieser zentralen Struktur war 1970 die Bildung von drei IFA-Kombinaten noch unter dem Dach der VVB. Damit ergab sich Mitte der 70er-Jahre folgende Fertigungszuordnung:

- VEB Sachsenring Automobilwerke Zwickau (Pkw Trabant)
- VEB Automobilwerke Eisenach (Pkw Wartburg; Mehrzweckwagen; Motoren für Barkas B 1000)
- VEB IFA-Automobilwerke Ludwigsfelde (Lkw IFA W 50)
- VEB Robur-Werke Zittau (Lkw und Bus Robur 2,5 t; Einbau- und Stationär-Motoren 30 bis 70 PS; Motoren für Pkw Trabant)
- VEB Barkas-Werke Karl-Marx-Stadt / IFA-Kombinat für Kraftfahrzeugteile (Transporter Barkas B 1000; Zweitakt-Stationär-Motoren 1,5 bis 6 PS)
- Zugehörige Kombinatsbetriebe: Berliner Vergaser- und Filterwerke (Vergaser, Kraftstoffpumpen und -filter, Bootsmotoren); Kraftfahrzeugzubehörwerke Dresden; Kraftfahrzeugzubehörwerk Meißen; Blechverformungswerk Leipzig; Blechformwerke Erzgebirge Bernsbach; Möve-Werk Mühlhausen; Kraftfahrzeugzubehörwerke Ronneburg; Renak-Werke Reichenbach; Gelenkwellenwerk Stadtilm; Wissenschaftlich-Technisches Zentrum (WTZ) Automobilbau Karl-Marx-Stadt
- VEB Kraftfahrzeugwerk »Ernst Grube« Werdau / IFA-Kombinat »Anhänger« (Lkw-Anhänger)
- Zugehörige Kombinatsbetriebe: Fahrzeugwerk Waltershausen (Lkw-Anhänger, Arbeitskraftfahr zeug Multicar); Fahrwerkwerk Lübtheen; Fahrzeugwerk Olbernhau; VEB Spezialfahrzeugwerk Berlin-Adlershof (Spezialaufbauten für Lkw, Motorenprüfstände)
- IFA Kombinat VEB Fahrzeug- und Jagdwaffenwerk »Ernst Thälmann« Suhl (50-cm³-Mopeds, Mokicks, Kleinroller; Jagd- und Sportwaffen)
- Zugehörige Kombinatsbetriebe: Motorradwerk Zschopau (MZ Motorräder und Seitenwagen); Mifa-Werk Sangerhausen (Touren-, Kinder- und Spezial-Fahrräder); Fahrradwerk Elite-Diamant Karl-Marx-Stadt (Touren- und Sportfahrräder); VEB Traktorenwerk Schönebeck (Landwirtschafts- und Industrie-Schlepper); VEB IFA-Motorenwerke Nordhausen (Lkw- und Schlepper-Dieselmotoren 90 bis 125 PS, Baumaschinen); VEB Motorenwerk Cunewalde (Dieselmotoren 7 bis 30 PS); VEB Dieselmotorenwerk Schönebeck (Dieselmotoren 34 bis 150 PS, Wasserwirbelbremsen).

Mit Beginn des Jahres 1978 wurde die VVB Automobilbau aufgelöst. Die Betriebe wurden jetzt in vier eigenständige IFA-Kombinate eingegliedert: für Personenkraftwagen (Karl-Marx-Stadt), Nutzkraftwagen (Ludwigsfelde), Spezialaufbauten und Anhänger (Werdau) sowie für Zweiräder (Suhl). In einem weiteren Schritt ging 1984 das IFA-Kombinat Spezialaufbauten und Anhänger im Nutzfahrzeug-Kombinat auf. Es umfasste damit 20 Betriebe sowie einen Ingenieur- und einen Handelsbetrieb.

Durch Spezialisierung und Konzentration sollte mehr Effizienz gewonnen werden. Mit wenigen Fahrzeuggrundtypen und einer großen Anzahl von Varianten hoffte man, dem Bedarf entsprechen zu können. Eine Annahme, die sich einige Jahre später als Irrtum erweisen sollte. Der Verwaltungsaufwand zur Koordinierung der Fahrzeugindustrie unter dem Dach des DDR-Ministeriums für Maschinen- und Fahrzeugbau war extrem hoch und konnte die ehemals gewachsene Struktur letztlich nicht ersetzen.

Vertrieb

Zuständig für den Verkauf aller IFA-Erzeugnisse in den 50er-Jahren in der DDR war die Deutsche Handelszentrale für Maschinen- und Fahrzeugbau (DHZ). Privates Automobilgewerbe gab es anfangs nur beim Reparaturgeschäft. Beim privaten Gebrauchtwagenhandel war das »Kontor zur Vermittlung von Maschinen- und Materialreserven« bis Ende der 70er-Jahre zwingend zwischengeschaltet. Das Kontor kaufte Gebrauchtfahrzeuge auf, um sie nach erfolgter Taxierung wieder an staatliche Institutionen zu verteilen oder aber an privat zu verkaufen.

Nachdem in den ersten Nachkriegsjahren die wenigen verfügbaren Kraftfahrzeuge ausschließlich zugeteilt wurden, konnten ab 1950 Zwei- und Vierräder auch für den privaten Bedarf bestellt werden, allerdings nur unter Hinnahme langer Lieferfristen und hoher Preise. Verkaufsberechtigt wurden nun auch die Staatliche »Handelsorganisation« (HO). Im Dezember 1950 eröffnete die HO in der Ostberliner Renommierstraße Unter den Linden sogar eine repräsentative ständige Autoverkaufsausstellung. Auch gelangten bald die ersten Kraftfahrzeugimporte in die DDR. Bei den Personenwagen handelte es sich dabei vor allem um den Skoda 1200 und den Tatra-

Kraftfahrzeug-Produktion in der DDR

	AWZ F8/F9/P70 P240/ Trabant	AWE EMW 321/ 327/340/F9/ Wartburg	Pkw insgesamt	Lkw/ Transporter insgesamt	Omni-busse	Motorräder/ -roller/ Mopeds
1948	–		2.551	311	–	2.909
1949	531	2.670	ca. 3.500			
1950	3.516	3.649	7.165	1.003	75	9.607
1951	4.719	6.373	11.092	5.137		23.896
1952	3.940	8.221	12.161	6.687		36.727
1953	7.549	5.941	13.490	11.144		47.146
1954	6.303	13.374	19.677	12.222		50.270
1955	7.757	14.490	22.247	14.199	708	61.141
1956	8.321	19.824	28.145	17.201		68.246
1957	11.450	23.285	35.597	15.481		77.024
1958	13.765	24.657	38.422	15.741		81.202
1959	23.674	29.010	52.684	14.657		87.019
1960	35.270	28.801	64.071	12.864	415	90.319
1961	39.335	30.227	69.562	11.892		83.607
1962	45.300	26.909	72.209	8.041		61.152
1963	53.410	30.003	84.290	10.073		67.763
1964	60.000	31.998	93.095	11.755		61.802
1965	73.197	31.704	102.877	15.179	542	63.800
1966	73.885	32.575	106.460	20.166		
1967	76.920	34.596	111.516	21.892	693	62.800
1968	79.738	34.873	114.611	23.621	884	69.800
1969	83.468	37.447	120.915	25.314	1.451	72.700
1970	86.200	40.411	126.611	24.180	2.587	71.100
1971	91.065	43.200	134.265	25.465	3.032	72.100
1972	93.030	46.576	139.606	26.825	3.185	79.200
1973	98.632	48.470	147.102	30.632	2.469	82.900
1974	102.816	51.813	154.629	33.934	2.574	86.740
1975	105.107	54.040	159.147	35.854	2.465	92.063
1976	108.460	55.510	163.970	35.919	2.482	82.000
1977	109.629	57.565	167.194	37.236	2.707	65.856
1978	112.235	58.732	170.967	36.735	2.784	71.373
1979	115.027	56.318	171.345	36.719	2.919	77.935
1980	118.436	58.325	176.761	36.954	2.870	80.500
1981	120.100	60.133	180.233	39.396	3.041	78.803
1982	121.630	61.300	182.930	38.763	2.469	81.000
1983	123.671	64.629	188.300	39.557	1.688	80.030
1984	129.751	72.249	202.000	43.105	1.691	84.400
1985	136.370	74.000	210.370	45.305	2.042	76.300
1986	143.700	74.231	217.931	44.887	1.626	73.352
1987	145.576	71.520	217.096	41.897	1.749	75.200
1988	145.750	72.295	218.045	39.572	1.964	79.000
1989	145.574	71.395	216.969			
1990	91.893	63.068	154.961			
1991	9.831					
Summe	3.164.151	1.740.669	4.904.820	ca.1.000.000	ca. 60.000	ca. 2.900.000

EMW-Prospekt für Finnland von 1953

Trabant-Werbung in West-Deutschland, 1967

Pkw-Auslieferungslager Brandenburg mit Lada- und Wartburg-Pkw, 1990

plan sowie in Einzelstücken als Dienstwagen für Spitzenfunktionäre um große Limousinen sowjetischer Bauart. An ausländischen Lastwagen wurden zuerst die russischen GAZ und ZIL und für den Fernlastverkehr tschechische Tatra und Skoda importiert.
Um den Automobilhandel straffer zu organisieren, wurde ab 1968 der VEB IFA-Vertrieb eingerichtet. Neben organisatorischen Aufgaben sollte diese Organisation eine bessere Versorgung mit Fahrzeugen, Zubehör und Ersatzteilen bewirken. Entsprechend den mittlerweile entstandenen 15 Bezirken der DDR wurden in Berlin, Neubrandenburg, Schwerin, Magdeburg, Halle, Erfurt, Zwickau und Dresden regionale, juristisch selbständige IFA-Betriebe gebildet. Neben ihrer Großhandels- und teilweise auch Einzelhandelsfunktion wurden ihnen nach einem Pilotprojekt in Berlin bereits bestehende Konsum- oder HO-Geschäftstellen oder noch einzurichtende Vertriebsstellen angegliedert, die nach dem Filialsystem arbeiteten. Der Verkauf von Personenwagen blieb dabei auf wenige Standorte der Versorgungsbereiche konzentriert.
Der Dachorganisation für die Automobilindustrie VVB Automobilbau waren auch der IFA-Vertrieb und zwei Importbetriebe (Imperhandel Berlin und Automot Heidenau) zugeordnet, die für bestimmte Lieferländer zuständig zeichneten. Mit der Auflösung der VVB Automobilbau und der Bildung der vier IFA-Kombinate wurden die beiden Importbetriebe ebenfalls umstrukturiert. Eingegliedert in die jeweiligen Kombinate waren ab 1978 Imperhandel für Pkw und Automot für Nutzfahrzeuge zuständig.
Während der IFA-Vertrieb die Pkw-Kunden belieferte, hatte der VEB Imperhandel bei den Pkw Großhandelsfunktion. Im Jahr 1987 war in der DDR folgender Endstand für die Versorgung der Bevölkerung mit Zwei- und Vierradfahrzeugen erreicht: 15 Großhandelslager, 22 Autohäuser, 68 Pkw-Verkaufsbüros und 354 Einzelhandelsgeschäfte für Zubehör und Ersatzteile.
Bei den Nutzfahrzeugen wurden auch Endkunden beliefert. Die Importbetriebe setzten die Fahrzeuge und Ersatzteile praktisch um und waren handelstechnisch dem staatlichen Außenhandelsbetrieb (AHB) »Transportmaschinen« nachgeordnet, der den vertraglichen und finanziellen Kontakt zu den ausländischen Lieferanten übernahm. Diese Struktur bedingte einen erheblichen Verwaltungsaufwand.
Der immer wichtiger werdende Export lief ebenfalls über den AHB Transportmaschinen. Lieferungen an westlichen »Devisen«-Handelspartner hatten besonders in den 80er-Jahren absoluten Vorrang vor allen anderen Verpflichtungen der IFA-Betriebe. Dies betraf Nutzfahrzeuge, die u.a. bei diversen Armeen in Entwicklungsländern Dienst taten. Nur in geringem Maße konnten Pkw außerhalb des Ostblocks abgesetzt werden. Motorräder fanden ihre größte Popularität jenseits der Grenze in Westdeutschland. DDR-Bürger hatten die Möglichkeit, mit »harter Währung« über die Handelsorganisation »Genex«, einer Tochter des Bereiches »Kommerzielle Koordinierung« (KoKo), schneller zum gewünschten Fahrzeug zu kommen.

Automobiler Alltag

In der unmittelbaren Nachkriegs-Zeit dominierten auch in Ostdeutschland fast ausschließlich motorisierte Fahrzeuge der Besatzungsmacht die Straßen. Nur einige wenige Pkw und Nutzfahrzeuge, meist Zweitakter oder via Holzgas-Kompressor angetrieben, waren in der Hand von Betrieben oder Privatpersonen. 1948 führten die zuständigen sowjetischen Behörden für die damals fünf ostdeutschen Länder Kfz-Kennzeichen ein (schwarzer Grund, weiße Beschriftung). Der sowjetische Sektor von Berlin erhielt eine Kennzeichnung in kyrillischer Schrift (weißer Grund, schwarze Beschriftung).
Mit Gründung der DDR, der Etablierung der 15 Bezirke (einschließlich Berlin) und dem langsam anlaufenden Verkauf von Neufahrzeugen kamen neue Kfz-Nummern (weißer Grund, schwarze Beschriftung). Die Buchstaben- und Zahlenkombination war ursprünglich je zweistellig (NN 11-11), Anfang der 80er-Jahre wurden in einigen Bezirken dreistellige Buchstabenfolgen mit einstelliger Folgezahl eingeführt (NNN 1-11). Bis Mitte der 70er-Jahre trugen die Kraftfahrzeuge der DDR übrigens – genau wie die Autos in Westdeutschland – das Nationalitätenkennzeichen »D«. Erst danach wurde das »DDR«-Zeichen verbindlich vorgeschrieben.
Das Fahrzeug-Angebot wurde im Laufe der Jahre etwas breiter, andererseits verlängerten sich angesichts des wachsenden Wohlstands die Lieferfristen immer weiter. Auf die 17 Millionen DDR-Bürger entfielen in den 80er-Jahren rund 1,7 Millionen Pkw, in den 70ern war es noch ein Pkw auf 13 Einwohner. Das waren Zahlen, die weit über denen der anderen Ostblock-Staaten lagen. Zum Vergleich: Im Westen Deutschlands kam Mitte der 80er ein Pkw auf drei Einwohner.
Diese zunehmende individuelle Motorisierung entsprach – trotz offiziell anderer Verlautbarungen – durchaus den Zielen der sozialistischen Staatsmacht. Seit dem Volksaufstand 1953 hatte die DDR-Regierung darauf gesetzt, die Stimmung der Bevölkerung durch mehr Konsumgüter zu verbessern und damit auch den Wunsch nach dem eigenen Pkw schneller zu erfüllen. Nur so ist die rasche Entwicklung des Trabant P50 und die Schaffung von Produktionskapazitäten zu Lasten der Sachsenring-Lkw zu erklären.

Amtliche Kennzeichen in der Sowjetischen Besatzungszone (1948/1949)

Land	Anfangsbuchstaben des Kennzeichens
Brandenburg	S/B
Mecklenburg	S/M
Sachsen-Anhalt	S/N
Sachsen	S/L
Thüringen	S/T
Berlin, sowj. Sektor	BG

Amtliche Kennzeichen in der DDR

Bezirk	Anfangsbuchstaben des Kennzeichens
Berlin, Hauptstadt der DDR	I
Rostock	A
Schwerin	B
Neubrandenburg	C
Potsdam	D und P
Frankfurt/O.	E
Cottbus	Z
Magdeburg	H und M
Halle	K und V
Erfurt	F, L
Gera	N
Suhl	O
Dresden	R und Y
Leipzig	S und U
Chemnitz/Karl-Marx-Stadt	T und X
Volkspolizei	VP
Nationale Volksarmee	VA
Grenztruppen der DDR	GT

DEUTSCHE DEMOKRATISCHE REPUBLIK

Kraftfahrzeugbrief

für Kraftwagen

Amtliches Kennzeichen des Kraftfahrzeuges

Eintragungen in diesem Fahrzeugbrief dürfen nur von den gem. § 23 Abs. 3 StVZO berechtigten Stellen erfolgen.

Kraftfahrzeugbrief I Nr. B 626205

VK 41 (87/11)

DDR-Kraftfahrzeugbrief, entwertet

Bereits dem »Fahrerlaubnis«-Erwerb (Klasse 1 für Motorräder, Mindestalter 16 Jahre und zunächst auf 125 cm³ beschränkt; Klasse 4 für Pkw, ab 18 Jahre; Klasse 5 für Lkw, ebenfalls ab 18 Jahre) ging eine Wartezeit von bis zu zwei Jahren voraus – je nach Region und Nachfrage. Die Anmeldungen dafür durften erst mit 16 bzw. 18 Jahren vorgenommen werden. Manch späterer Pkw-Lenker erwarb notgedrungenermaßen den Lkw-Führerschein (etwa 300 Ost-Mark, er beinhaltete automatisch die Pkw-Fahrgenehmigung), um schneller zum ersehnten Papier zu kommen. In den 70er-Jahren verfügte daraufhin der Staat, dass nur noch von ihren Betrieben Delegierte Lkw-Fahrstunden nehmen durften.

Viele männliche DDR-Bürger nutzten darum alternativ die Chance, für kleines Geld ihre Fahrerlaubnis über die paramilitärische »Gesellschaft für Sport und Technik« (GST) zu erlangen. Andere trachteten danach, während ihres Wehrdiensts in der Nationalen Volksarmee (NVA) das entscheidende Papier zu erwerben – wobei hier zumindest für Lkw andere Regelungen in Kraft waren: NVA-Führerscheine galten nicht für »zivile« Lkw im Anhängerbetrieb.

Der DDR-Fahrerlaubnis beigefügt war ein »Berechtigungsschein« mit fünf Blankofeldern. Wer beim Nichteinhalten der Straßenverkehrs-Ordnung (StVO) ertappt wurde, hatte Verwarnungsgeld zu bezahlen und musste schlimmstenfalls mit Stempeleinträgen rechnen. Diese wurden erst nach einer bestimmten Frist – auf Antrag – wieder gelöscht. Wer zwischenzeitlich erneut gegen das Gesetz verstieß, konnte mit dem Entzug der Fahrerlaubnis (der Begriff »Führerschein« wurde erst in den 80er Jahren eingeführt) bestraft werden. Als eine Art präventive Buße galt die freiwillige Teilnahme an den Schulungen der (betrieblichen) Verkehrssicherheits-Aktive. Dies wurde in einer Extrakarte dokumentiert und soll den ein oder anderen Verkehrspolizisten von härteren Strafmaßnahmen abgehalten haben.

Es gab prinzipiell vier Möglichkeiten in der DDR, in den Besitz eines Kraftfahrzeuges zu kommen:

Erstens: Ein neues Fahrzeug musste in der zuständigen IFA-Vertriebsstelle des Hauptwohnsitzes bestellt werden. Voraussetzung dafür war das Erreichen des 18. Lebensjahrs. Umbestellungen – etwa statt eines Wartburg ein Trabant – waren möglich, zogen aber eine längere Lieferzeit nach sich. Relativ kurze Lieferfristen galten nur für Mopeds und Motorräder (bis zu einem Jahr) sowie für Behindertenfahrzeuge. Pkw waren erst nach mindestens zehnjähriger Wartezeit

Auslieferung bestellter Pkw per 1. Januar 1981 (Beispiel für Bezirk Erfurt)

Pkw-Typ	Bestellmonat/ -jahr	Liefer- jahre
Trabant 601 Universal	12/1969	11
Trabant 601 Limousine	09/1970	10
Wartburg 353 Tourist	01/1967	14
Wartburg 353 Limousine	02/1968	13
Dacia 1300	05/1971	9,5
Lada VAZ 2101	06/1970	10
Lada VAZ 21011	12/1970	10
Lada VAZ 2102	12/1970	10
Lada VAZ 2103	05/1968	12,5
Lada VAZ 2106	08/1967	13
Skoda S105	09/1970	10
Skoda S105 L	12/1970	10
Skoda S120 L	10/1970	10
Skoda S120 LS	8/1970	10
Anhänger HP 350.01	1976	5

Quelle: Konrad Bezold (Aufschrieb)

Auslieferung bestellter Pkw per 1. Januar 1987 (Gesamt-DDR)

Pkw-Typ	Bestellmonat/ -jahr	Liefer- jahre
Trabant 601 Universal	12/1975	12
Trabant 601 Limousine	05/1977	10
Wartburg 353 Tourist	04/1974	13
Wartburg 353 Limousine	04/1975	12
Lada VAZ 21013	07/1974	13
Lada VAZ 2107	11/1972	15
Skoda S 105 S	07/1974	13
Skoda S120 LS	12/1973	14

Quelle: Siegfried Sprenger, KFT 2/1990

zu haben, einzelne Typen (vor allem Kombifahrzeuge und Import-Pkw) erforderten bis zu 16 Jahren Geduld. Noch bis Anfang der 60er hatte die Wartezeit »nur« ein bis zwei Jahre betragen.
Ende der 50er-Jahre, als die Mauer noch nicht stand, kamen in geringer Stückzahl offiziell die französischen Typen Simca Aronde und Renault Dauphine ins Land. Für bestimmte Regionen, Industriezweige und Personengruppen galten anschließend Sonderregelungen bei der Zuteilung von Personenkraftwagen. Dies betraf die Hauptstadt Berlin, das sächsische Uran-Abbau-Unternehmen »Wismut« und Angehörige der NVA und Polizei, wichtige Persönlichkeiten, (Motor-)Sportler oder Montagearbeiter im (sozialistischen) Ausland.
Ende der 70er- und Anfang der 80er-Jahre wurden mehrfach West-Pkw importiert: 10.000 VW Golf I mit 50 / 70-PS-Benziner und 50-PS-Diesel in 1977/78, 1.000 Volvo 244 in 1977, 10.000 Mazda 323 in 1981 (1.000 über den Importeur in West-Deutschland, 9.000 über die japanische Handelsgesellschaft Etocho) sowie in den 80ern je 500 Citroën GSA und Peugeot 305. Sie blieben allein für die erwähnten Personengruppen reserviert. Erklärte Ziele waren die Internationalisierung des Straßenbilds in der Hauptstadt Berlin (wohin ein Großteil der Importlieferungen ging) und die Bevorzugung von »Zentren der Arbeiterbewegung« in Sachsen und Sachsen-Anhalt. Dazu kamen ab Anfang der 80er-Jahre große Volvo-Limousinen Typ 264 TE, wenig später wurden auch Lang-Versionen des Citroën CX importiert – ausschließlich für hohe Partei- und Staatsfunktionäre.
Weil aber pro Person nur ein einziges Fahrzeug bestellt werden durfte, meldete nahezu jeder volljährige DDR-Bürger einen Pkw an. Großeltern und Ehefrauen sorgten so dafür, dass bereits nach sechs bis acht Jahren ein neuer Pkw ins Haus kam. Auf dem Pkw-Bestellungsformular, auf dem übrigens auch der soziale Status (Angestellter/Arbeiter/Handwerker/Genossenschaftsbauer/Intelligenz/Sonstige) vermerkt war, hieß es: »Diese Pkw-Bestellung ist eine Vormerkung, aus der sich keine vertraglichen Ansprüche und Rechte im Sinne eines Kaufvertrages ableiten lassen.« Mit dem Ende der DDR legten die einstigen Kaufinteressenten diesen Passus zu ihren Gunsten aus – und traten von der Bestellung zurück. Und die vollkommen überraschten Fahrzeugbauer blieben so plötzlich auf ihren Produkten sitzen.
Zweitens: Neue Fahrzeuge ließen sich ohne Wartezeit über die vorgenannte »Genex«-Gruppe beziehen – allerdings nur gegen harte D-Mark. Bis in die 80er-Jahre hinein war dies nur als »Geschenk« westlicher Verwandter oder Bekannter möglich, später war den DDR-Bürgern der direkte Besitz von westlicher Währung erlaubt. Anfangs konnten ausschließlich Motorräder und Pkw aus östlicher Produktion erworben werden, ab Mitte der 80er waren auch die West-Produkte zu haben. Es handelte sich u.a. um VW Golf II (von dem insgesamt etwa 1.000 Exemplare für West-Währung ins Land kamen), VW Passat und Transporter, Fiat 131 Mirafiori, 128, Uno und Regata, Ford Orion, Peugeot 309, Renault R9 und BMW 3er. Allerdings mussten hier auch sämtliche Werkstattarbeiten künftig in D-Mark entrichtet werden.
Drittens: Die meisten Fahrzeuge wurden angesichts der Lieferzeit-Misere gebraucht gekauft. Möglich war dies über die erwähnte DHZ (später »VEB Maschinen- und Materialreserven«), wo – ebenfalls nach relativ langer Anmeldezeit – vor allem frühere Dienstfahrzeuge veräußert wurden. Allerdings musste dafür zumindest zeitweise auf eine Neuwagen-Anmeldung verzichtet werden! Viel populärer war der Verkauf von Privat an Privat, dies aber zu stark überhöhten Preisen. Für acht bis zehn Jahre alte Pkw wurde der Neupreis gefordert (und meist auch bezahlt), Neuwagen gingen fürs Doppelte bis Dreifache des regulären Preises (Beispiele: Lada 1500 für 75.000 Mark, Wartburg 353 für 50.000 Mark, Wartburg 1.3 für 70.000 Mark) weg. Als Pflichtlektüre für Käufer und Verkäufer galt der Anzeigenteil der CDU-Tageszeitung

»Neue Zeit«. Öffentliche Pkw-Verkaufsmärkte wurden erst in den 80er-Jahren eingerichtet.
Viertens: In sehr geringem Umfang gelangten überdies westliche Automobile außerhalb der vorgenannten Kanäle ins Land. Hier handelte es sich um Sondereinfuhren – wiederum für bevorzugte Personengruppen und im Erbschaftsfalle. Besonders Hartnäckige schafften es, gebrauchte Pkw aus dem Westen als Geschenk in die DDR zu bekommen. Die betreffenden Fahrzeuge durften nur wenige Jahre gelaufen sein, außerdem hatten Geber und Empfänger exorbitante Zölle zu zahlen, die auf dem Neuwert des Pkw basierten. Ein ganz anderes Thema sind Fahrzeuge, die im Rahmen von Verkehrs-, Devisen-, Zoll- und anderen Vergehen beschlagnahmt wurden. Sehr häufig kamen sie anschließend als Dienstfahrzeuge vor allem für die Staatsicherheit zum Einsatz, teilweise getarnt mit westlichen Kennzeichen.
Manche Fahrzeuge waren generell nicht für den »Normalbürger« erhältlich. Dies galt beispielsweise fur Allrad-Fahrzeuge wie den Lada Niva, der wegen eines Missverständnisses in den 80ern in kleiner Stückzahl an private Nutzer verkauft wurde – und anschließend nur noch zum offiziellen (geringen) Schätzpreis an die DHZ abgegeben werden durfte. Die sonst üblichen Geschäfte ließen sich damit also nicht machen. Gleiches galt für den Trabant 601 Kübelwagen. Auch der Barkas-Kleinbus ging zunächst nur an »gesellschaftliche Bedarfsträger«, wurde aber zwischenzeitlich auch kinderreichen Familien angeboten. Ähnlich war es mit ausgedienten großen Limousinen bis hin zum sowjetischen Tschaika GAZ 13, den sozial geförderte Familien mit mehr als vier Kindern zum Schnäppchen-Taxpreis vereinzelt erwerben durften. Lastkraftwagen und Busse waren privat nicht erhältlich – wobei es auch hier Ausnahmen gab.
Ein ganz spezielles Reizthema war das Benzin. Bis Anfang der 60er-Jahre wurde fast ausschließlich »Vergaserkraftstoff« mit der sehr niedrigen Klopffestigkeit von 72 Oktan (»Kraftstoff Rot«) angeboten. Das »Motoren-Klingeln« war ein allgegenwärtiges Ärgernis. Mit der Inbetriebnahme der neuen Raffinerien in Böhlen und Leuna stand Mitte der 60er-Jahre endlich Benzin bereit, das mindestens 78 Oktan (»Kraftstoff Gelb«) hatte. Erst viel später, im Zusammenhang mit dem Import des Polski-Fiat, wurde besserer Kraftstoff bereitgestellt. Die Liter-Preise blieben übrigens stets stabil: VK 79 »Normal« für 1,40 Mark (nur bis Anfang der 80er-Jahre angeboten), VK 88 »Extra« für 1,50 Mark, VK 94 »Sonderkraftstoff« für 1,65 Mark. Das Minol-Tankstellennetz selbst war sehr dünn bestückt.
Benzin für staatliche Betriebe wurde über lange Jahre limitiert; wer weniger als die Planvorgabe verbrauchte, bekam die Differenz gestrichen. Dies galt selbst

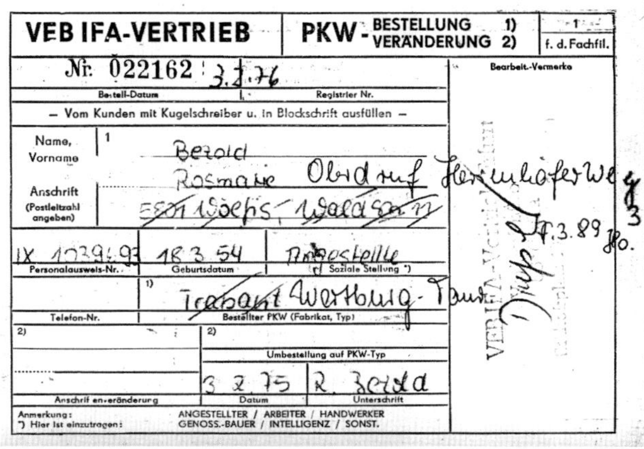
VEB IFA-VERTRIEB PKW - BESTELLUNG 1) VERÄNDERUNG 2)
f. d. Fachfil.
Nr. 022162
Bestell-Datum
Registrier Nr.
Bearbeit.-Vermerke
– Vom Kunden mit Kugelschreiber u. in Blockschrift ausfüllen –
Name, Vorname
Anschrift (Postleitzahl angeben)
Personalausweis-Nr.
Geburtsdatum
Soziale Stellung *)
Telefon-Nr.
Bestellter PKW (Fabrikat, Typ)
Umbestellung auf PKW-Typ
Anschriften-veränderung
Datum
Unterschrift
Anmerkung:
*) Hier ist einzutragen: ANGESTELLTER / ARBEITER / HANDWERKER GENOSS.-BAUER / INTELLIGENZ / SONST.

Pkw-Bestellung, mit Ummeldung von Trabant auf Wartburg, 1975

Palatinus GmbH
8023 ZÜRICH

GENEX-Automobile
Aktuelle Liefermöglichkeiten

	Art.-Nr.	frühestens ab Liefermonat	*) letzter Zahlungstermin	DM-Preise einschl. Pauschale
Wartburg 353				
Limousine Standard -W-	71.111	November	10.10.1988	9'384.--
Limousine -S-	71.311	November	10.10.1988	10'524.--
Limousine -S- mit Stahlschiebedach	71.461	November	10.10.1988	10'704.--
Tourist -W-	71.611	November	10.10.1988	9'829.--
Tourist -S- mit Stahlschiebedach	71.761	November	10.10.1988	11'154.--
Trans (ohne Plane und Spriegel)	71.811	November	10.10.1988	8'934.--
Trans (mit Plane und Spriegel)	71.861	November	10.10.1988	9'334.--
Trabant 601				
Limousine Standard	70.111	November	10.10.1988	5'240.--
Limousine -S-	70.211	November	10.10.1988	5'440.--
Limousine -S- de Luxe	70.011	November	10.10.1988	6'260.--
Universal Standard	70.411	November	10.10.1988	6'075.--
Universal -S-	70.511	November	10.10.1988	6'320.--
Universal -S- de Luxe	70.711	November	10.10.1988	7'250.--
Lada				
2104 Kombi	74.161	November	10.10.1988	14'747.--
2121 Allrad	74.911	November	10.10.1988	18'656.--
2105 Limousine	74.311	November	10.10.1988	14'107.--
2107 Limousine	74.611	November	10.10.1988	15'698.--
2108 Samara	74.631	November	10.10.1988	15'047.--
VW Passat				
VW Passat CL	77.392	Dezember	3.10.1988	31'617.--
VW Passat CL Variant	77.412	Dezember	3.10.1988	32'417.--
VW Golf C				
1300 ccm, 55 PS, 4-türig	77.612	Dezember	3.10.1988	19'408.--
1600 ccm, 75 PS, 4-türig	77.712	Dezember	3.10.1988	21'034.--
1600 ccm, 54 PS, 4-türig (Diesel)	77.512	Dezember	3.10.1988	21'760.--
VW Golf CL				
1300 ccm, 55 PS, 4-türig	77.662	Dezember	3.10.1988	22'298.--
1600 ccm, 75 PS, 4-türig	77.762	Dezember	3.10.1988	23'894.--
1600 ccm, 54 PS, 4-türig (Diesel)	77.562	Dezember	3.10.1988	24'620.--
BMW				
BMW 318 i	78.912	Dezember	3.10.1988	31'921.--
BMW 316	auf Sonderanfrage			
BMW 320 i	auf Sonderanfrage			
Peugeot				
P 309 GR, 75 PS, 4-türig	78.812	Dezember	3.10.1988	22'614.--
Renault				
R 9 GTL, 60 PS, 4-türig	bis auf weiteres nicht lieferbar			
Ford				
Orion CL, 71 PS, 4-türig	78.712	Dezember	3.10.1988	20'571.--
Fiat				
Uno 60 Super, 58 PS, 4-türig	auf Sonderanfrage			
Barkas B 1000 (auf Sonderanfrage)				
Kasten-Mehrzweckfahrzeug	73.111	November	10.10.1988	15'192.--
Pritschenwagen	73.211	November	10.10.1988	14'100.--
Kleinbus	73.311	November	10.10.1988	17'197.--
VW Transporter				
Kombifahrzeug	77.062	Dezember	3.10.1988	28'839.--

*) **Achtung:**
Die Auslieferung kann nur dann im betreffenden Monat erfolgen, wenn die Zahlung bis zu diesem Termin **bei uns eintrifft**. Gegebenenfalls genügt uns auch die abgestempelte Einzahlungsquittung oder deren Kopie.

Stand: 14.9.1988 / 20

Änderungen vorbehalten

Genex/Palatinus-Preisliste, 1988

1978 importierter VW Golf Diesel an einer Minol-Tankstelle

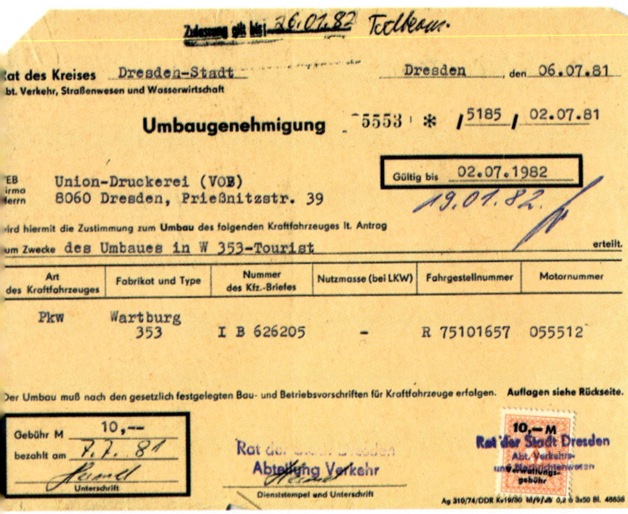

Zulassung gilt bis 26.01.82 Todkom.

Rat des Kreises Dresden-Stadt — Dresden, den 06.07.81
Abt. Verkehr, Straßenwesen und Wasserwirtschaft

Umbaugenehmigung 5553 * / 5185 / 02.07.81

Gültig bis 02.07.1982
19.01.82.

VEB / Firma / Herrn Union-Druckerei (VOB)
8060 Dresden, Prießnitzstr. 39

wird hiermit die Zustimmung zum Umbau des folgenden Kraftfahrzeuges lt. Antrag
zum Zwecke des Umbaues in W 353-Tourist erteilt.

Art des Kraftfahrzeuges	Fabrikat und Type	Nummer des Kfz.-Briefes	Nutzmasse (bei LKW)	Fahrgestellnummer	Motornummer
Pkw	Wartburg 353	I B 626205	-	R 75101657	055512

Der Umbau muß nach den gesetzlich festgelegten Bau- und Betriebsvorschriften für Kraftfahrzeuge erfolgen. **Auflagen siehe Rückseite.**

Gebühr M 10,--
bezahlt am 7.7.81
Unterschrift

Rat der Stadt Dresden
Abteilung Verkehr
Dienststempel und Unterschrift

10,– M
Rat der Stadt Dresden
Abt. Verkehrs- und Nachrichtenwesen
Verwaltungsgebühr

Ag 310/74/DDR Kv19/30 III/9/26 0,2 ö 3x50 Bl. 48838

Behördlich erteilte Umbaugenehmigung Wartburg 353 in 353 W Tourist, 1981

für Fahrzeuge mit längerem Werkstatt-Aufenthalt, die darum nach der Ausfallzeit auf die absurdesten Touren geschickt wurden, um genügend Sprit zu verbrennen. Manche Firmen bauten ihre Fahrzeuge um: So wurden Diesel-Motoren des Multicar-Klein-Lkw in den Pkw Wolga installiert, einige holzverarbeitenden Betriebe versahen den als Benzinschlucker berüchtigten Wolga sogar mit Holzgas-Generator.

Privatfahrer, denen 1,50 Ost-Mark pro Liter zu viel waren, »betankten« ihre Autos illegalerweise mit Waschbenzin oder Katalyt (im Volksmund »VK30«

Zeitschrift »KFT«, Jubiläumsnummer 1959

genannt – wegen des Preises von 30 Pfennig pro Liter). Diese Leichtbenzine waren nur an bestimmten Tankstellen zu haben – limitiert auf fünf Liter pro Person und nur im Kanister abgefüllt. Glücklich, wer in der Nähe einer sowjetischen Garnison unterwegs war: Für kleines Geld verkauften die sehr schlecht bezahlten Soldaten den niedrig-oktanigen Kraftstoff gleich im 20-Liter-Kanister. Kein Thema war Dieselkraftstoff, weil Selbstzünder-Pkw serienmäßig in der DDR nicht angeboten wurden. Dies änderte sich erst mit dem VW Golf, der 1979 in kleiner Stückzahl in die DDR kam. Angehörige des Baugewerbes durften übrigens nur Benziner-Modelle bestellen – weil sie betriebsbedingt Zugang zu Dieselöl hatten und die Gefahr der privaten Entnahme bestand.

Dies alles macht verständlich, warum das Automobil und sein Umfeld einen so hohen Stellenwert im Alltag der DDR hatten. Waren bereits für einen offiziell gekauften Pkw Trabant bis zu zwei Netto-Jahresgehälter hinzulegen, wartete auch die sonstige Infrastruktur mit riesigen Lücken auf. Werkstatt-Termine waren nur nach langer Anmeldezeit, oft genug beschleunigt durch ein nicht unerhebliches Bakschisch, zu bekommen. Für die 1989 rund 3,5 Millio-

»(DKW) F-Treffen« in Garitz im Bezirk Halle, Mitte der 80er-Jahre

Neumann-Coupé auf Basis VW Kübel, 1958

nen Pkw in der DDR hatte sich der Reparaturaufwand seit 1977 verdoppelt – jährlich betrug er 20 Stunden pro Auto. Selbst neue Fahrzeuge waren voller Macken: So entfielen Ende der 80er-Jahre pro Trabant 1,55, pro Wartburg 1,5, pro Lada 2,43 und pro Dacia 5,43 Garantiefälle. Beim VW Golf waren es damals nur 0,05 Beanstandungen pro Wagen.

Die Ersatzteilherstellung beanspruchte angesichts der im Durchschnitt zwölf Jahre alten Fahrzeuge über ein Drittel der Gesamtproduktion (international waren bis zu acht Prozent üblich). Jährlich schusterte der Staat den Werkstätten überdies 250 Millionen Mark Subventionsmittel zu – zur Stützung der Reparaturpreise. Wegen der schwierigen Ersatzteil-Situation wurde manches Auto längere Zeit »zwangsstillgelegt« – bis das entsprechende Teil zur Verfügung stand. Der Pkw-Besitzer tat gut daran, sich selbst darum zu kümmern. Schrottplätze gab es übrigens nirgendwo, Unfallfahrzeuge wurden entweder neu aufgebaut oder restlos ausgeschlachtet. So wurden aus alten wieder neue Auto, entsprechende Umbaugenehmigungen wurden auf Antrag behördlich erteilt.

Genau wie im Westen Deutschlands musste eine Haftpflicht- und konnte eine Kasko-Versicherung abgeschlossen werden. Die Versicherungsprämien blieben, genau wie die Steuer, über lange Zeit gleich. Für einen Pkw Skoda waren etwa 250 Mark Jahressteuer und 140 Mark Haftpflicht zu entrichten. Beglichen wurden etwaige Schäden zwar sehr schnell – ein größeres Problem für den Eigner eines verunfallten Fahrzeugs war die Instandsetzung. Denn der böse Spruch: »Der Kunde ist König, der Handwerker ist Kaiser« führte zu aberwitzigen Kunden-Handwerker-Beziehungen. Jedes Jahr verlangte der Gesetzgeber eine technische Überprüfung des Fahrzeugs (ähnlich dem »TÜV«), kenntlich gemacht durch eine farbige Plakette am hinteren Nummernschild. Auch hier wurden das Improvisationstalent, die Organisationsfähigkeit und das eigene handwerkliche Geschick aufs Äußerste strapaziert. Letzteres ließ sich dank der Reparaturhandbücher »Ich fahre einen ...« und »Wie helfe ich mir selbst« theoretisch erwerben.

Von all dem war in den drei DDR-Fachzeitschriften, die nur als »Bückware« am Kiosk erhältlich waren und gewaltige Auflagen erreichten, nichts zu lesen. Der »Illustrierte Motorsport« widmete sich ohnehin anderen Themen, die »Kraftfahrzeug-Technik« (KFT, seit 1951) umkreiste die Problematik mit globalen oder wissenschaftlichen Abhandlungen. Nur der »Deutsche Straßenverkehr« (seit 1953) verstand sich als Ratgeber und Verkehrserziehungs-Organ. Dabei musste er sich einer staatlich verordneten Sprachregelung beugen und war im Visier der Zensurbehörde. Ein West-Pkw auf dem Titel war genauso untersagt wie Kritik an einem sowjetischen Pkw im Rahmen eines Testberichts. Etwa der Tipp, statt fehlender Ersatzteile für den Pkw Wartburg geringfügig zu modifizierende Teile des Skoda zu verwenden, hätte zum Ansturm auf das entsprechende IFA-Fachgeschäft für Skoda-Pkw geführt. Ob all diese Ersatzteile tatsächlich benötigt wurden, ist fraglich – die meisten Autobesitzer legten sich vorsichtshalber einen größeren Vorrat an. Peu à peu wurde dann so mancher »Oldtimer« auf den neuesten Stand gebracht.

Apropos Oldtimer: In der DDR gab es sehr wohl eine aktive Klassiker-Szene, entsprechende Autos waren in einigen Museen ausgestellt oder auf Oldtimertreffen zu sehen. Die Behörden förderten das Hobby durch die Vergabe von entsprechenden Nummernschildern, die den steuerfreien Betrieb ermöglichten. Andererseits waren damit die über die Zeit geretteten Fahrzeuge aktenkundig – mancher Besitzer wurde regelrecht dazu genötigt, dieses Auto für den Export in den Westen abzugeben und erhielt dafür bevorzugt einen Neuwagen aus DDR-Produktion.

Einige Handwerksbetriebe, die wegen der mehr oder weniger geduldeten Kleinstserienfertigung von Ersatzteilen als Geheimtipp galten, wagten sich an automobile Eigenkonstruktionen. Im einfachsten Falle handelte es sich um Extras, die ab Werk nie angeboten wurden: (Automatik-)Sicherheitsgurte, Standheizungen, Heckscheibenwischer, dritte Bremsleuchten, Kunststoff-Karosserieteile. Dazu kamen die verschiedensten Um- und Neuaufbauten für Campingzwecke – bis hin zu dem privat in Sachsen entwickelten und gefertigten Dachzelt.

Auch komplette Fahrzeuge wurden gebaut. Ende der 40er-Jahre hatte Alfred Jockisch aus Leipzig ein zweisitziges Dreirad konstruiert, das aber glücklos blieb. Der frühere DKW-Konstrukteur Albert Locke versuchte dann 1958, ein Minimobil unterhalb des Trabant zu etablieren und mixte für sein Holzmodell die geschrumpften Formen des Wartburg 311 und des Tatra 603 – ebenfalls ohne Serienchance. Wilhelm Neumann, Karosseriemeister in Spremberg, baute im gleichen Jahr ein ungewöhnliches Coupé auf VW-Kübel-Basis, anschließend je ein weiteres Coupé auf Wartbburg-311- und 313/1-Basis. Und die Firma Schwarze in Görlitz komplettierte Mercedes-Vorkriegsfahrgestelle mit verlängerten Wartburg-311-Aufbauten.

Letztlich hatte nur die private Leipziger Firma Louis Krause Erfolg: Sie stellte ab Mitte der 50er ebenfalls dreisitzige Behindertenfahrzeuge her, deren Nachfolger Anfang der 70er-Jahre die auf kleinvolumiger Simson-Technik basierenden Piccolo/7 und Krause-Duo antraten.

Zur gleichen Zeit bauten die Konstrukteure Günter Weber und Dr. Eberhardt Scharnowski das Flügeltürencoupé Rovomobil auf einem alten Käfer-Chassis auf: Die Kunststoff-Flunder kam auf einen c_W-Wert von 0,24, blieb aber auch ein Unikat.

Import-Pkw aus dem Ostblock waren allerorten präsent, Berlin 1988

Spezialisierung im Ostblock

Vor dem Zweiten Weltkrieg hatte neben (Ost-) Deutschland nur Tschechien eine ernstzunehmende Kraftfahrzeugindustrie. Kleinere Fertigungskapazitäten bestanden in Ungarn. In Polen und in der Sowjetunion wurden Lizenzautos hergestellt, im Rahmen der Rüstungsproduktion fuhren die Russen ihre Kapazitäten hoch. Nach 1945 waren besonders Nutzfahrzeuge für den Wiederaufbau in Osteuropa gefragt. Doch die künftigen »Bruderstaaten« der Sowjetunion waren zunächst nicht in der Lage, das notwendigen Typenspektrum in hohen Stückzahlen zu fertigen.
Der »Rat für gegenseitige Wirtschaftshilfe« (RGW) versuchte darum durch Spezialisierung, Kooperation und gegenseitigen Warenaustausch den Bedarf im Fahrzeugbau besser zu decken. Deutliche Eingriffe in Produktionsprogramme und Strukturänderungen in den einzelnen Ländern waren die Folge. Im Februar und März 1956 wurden während der RGW-Tagung in Berlin die Weichen für eine Arbeitsteilung im Automobilbau gestellt. Die DDR sollte sich fortan auf kleinere und mittlere Personen- und Lastkraftwagen bis 5 Tonnen Tragfähigkeit beschränken. Offizieller Grund war, dass die metallurgische Potenz der DDR für weitergehende Aufgaben noch nicht ausreichte. Tatsächlich legten die Tschechen ein höheres Entwicklungstempo auf dem Lkw-Sektor vor als der östliche Teil Deutschlands.

Die DDR hatte seit dem Anfang der 50er-Jahre erfahren müssen, dass ihre technischen und technologischen Voraussetzungen nicht ausreichten, ein weitergehendes, eigenes Typenspektrum von Personen- und Nutzfahrzeugen zu produzieren. Da aus innenpolitischen Gründen der Pkw-Produktion zur Mitte der 50er-Jahre der Vorrang gegeben wurde, kamen die Spezialisierungsempfehlungen des RGW dem ostdeutschen Staat gerade recht. Hoffte man doch, mit Importen besonders aus der CSSR und Ungarn den Bedarf an Lkw und Bussen decken zu können. Recht schnell wurde ab 1959 die Produktion von schweren Lastwagen (H 6) und Omnibussen (H 6 B) in Werdau beendet und die heimische Produktion des S4000-Lkw aus Zwickau übernommen, wo man dringend die Kapazitäten für die Fertigung des Trabant keineswegs brauchte.
Die RGW-Empfehlungen und -Beschlüsse, die in der Theorie etlichen Nutzen versprachen, führten anfangs nur zu bescheidenen Ergebnissen, da die Voraussetzungen in den einzelnen Mitgliedsländern sehr unterschiedlich waren und die bürokratischen Mühlen der Riesenorganisation RGW nur langsam mahlten. Die Empfehlungen zur Spezialisierung und Kooperation wurden nur schleppend umgesetzt. Erst in den 60er-Jahren kam es zu langfristig verbindlichen bilateralen Abkommen. Ungarn fasste beispielsweise erst 1963 einen Regierungsbeschluss zur Entwicklung der Kraftfahrzeugindustrie, der einen deutlichen Ausbau der Omnibusfertigung ermöglichte.

Pkw-Produktion des Ostblocks

	Bulgarien	CSSR	DDR	Jugoslawien	Polen	Rumänien	UdSSR
1950	-	24.000	7.000	-	-	-	65.000
1960	-	56.000	64.000	9.000	12.000	1.000	139.000
1970	8.000	143.000	127.000	63.000	64.000	24.000	344.000
1975	15.000	175.000	159.000	132.000	164.000	68.000	1.201.000
1980	15.000	184.000	177.000	186.000	351.000	88.000	1.327.000
1981	15.000	181.000	180.000	180.000	240.000	92.000	1.324.000
1982	15.000	174.000	183.000	158.000	228.000	104.000	1.307.000
1983	15.000	178.000	188.000	168.000	270.000	90.000	1.315.000
1984	16.000	180.000	202.000	253.000	279.000	125.000	1.327.000
1985	15.000	184.000	210.000	229.000	287.000	99.000	1.322.000
1986	20.000	145.000	218.000	253.000	295.000	104.000	1.330.000
1987	20.000	169.000	217.000	168.000	303.000	105.000	1.210.000
1988		159.000	218.000	174.000	303.000	120.000	1.211.000
1989		184.000	217.000	181.000	295.000	115.000	1.074.000
1990		188.000	155.000	153.000	292.000	115.000	1.082.000

Die Nachfrage der einzelnen Mitgliedsländer konnte auch durch Spezialisierung und Warenaustausch letztlich nie im notwendigen Umfang gedeckt werden. Ein überalterter Fahrzeugbestand und ein hoher Bedarf an Reparaturen und Ersatzteilen waren die Folge. Dies motivierte entgegen ursprünglichen Planungen auch wieder zur Produktion eigener Fahrzeuge in den einzelnen RGW-Ländern.
Die permanente Devisenknappheit führte dazu, dass die einzelnen Länder dem Westexport im Zweifelsfalle die Priorität vor der RGW-Vertragstreue eingeräumten. Andererseits gehörte der eigene Automobilbau für jene Ostblockländer, die früher keine eigene Fahrzeugindustrie betrieben, nunmehr zum nationalen Prestige. Er diente aber auch der intensiveren Industrialisierung, und er erlaubte trotz des Devisenmangels einen gewissen Grad der Motorisierung. Im Übrigen gewann dadurch der Automarkt auch in den Staaten des Ostblocks etwas an Vielfalt, ja, es entstand sogar ein wenig Konkurrenz in den einzelnen Fahrzeugklassen.
Im Vergleich zu den anderen Ostblock-Staaten waren die Möglichkeiten des Kraftfahrzeugbaus in der DDR traditionell bedeutend größer. Schließlich war Ostdeutschland trotz aller Miseren der höchstmotorisierte Staat innerhalb des RGW. Aber die Chancen wurden nicht oder nicht genügend genutzt, da die Wirtschaftspolitik der DDR Prioritäten zugunsten anderer Wirtschaftszweige setzte. Dem Automobilbau blieben die finanziellen und materiellen Mittel vorenthalten, welche zur laufenden Modernisierung der Produktionsanlagen und des Typenprogramms notwendig gewesen wären.
So versuchten die Automobilbauer der DDR immer wieder, sich des ungeliebten Zweitaktmotors zu entledigen. Anfangs hatte man sich noch an jene Direktive des RGW gebunden gefühlt, der zufolge die DDR nur Personenwagen mit Zweitaktmotoren bis 1000 cm^3 zu bauen habe. Dennoch war klar, dass der Viertakter zukunftsträchtiger sein würde. Weil aber sowohl Produktionsmittel als auch Sonderwerkstoffe nicht oder nur schwierig zu beschaffen waren, warfen die Automobilentwickler ein Auge auf den Kreiskolbenmotor. Aber dieses zunächst sehr erfolgversprechende Projekt scheiterte – mehr darüber im Kapitel zu den Trabant-Alternativen.
Dieser Misserfolg trug dazu bei, dass die Kraftfahrzeugentwickler der DDR künftig einen noch schwereren Stand hatten. Alle nun folgenden Versuche, Trabant und Wartburg doch noch durch zeitgemäßere Konstruktionen abzulösen, schlugen fehl. Auch die vertraglich bereits vereinbarte Zusammenarbeit mit der CSSR (Lieferung von Viertaktmotoren) wurde gekündigt. Für die DDR bestand so kaum noch Aussicht, irgendwann einen modernen Personenwagen in eigener Fertigung vom Band rollen zu können. Immerhin war damit begonnen worden, den Automobilbau zu modernisieren.
Seit April 1984 kamen Gleichlauf-Gelenkwellen für den Trabant und westliche Abnehmer aus dem gemeinsam mit Citroën errichteten Gelenkwellenwerk in Mosel bei Zwickau. Im Automobilwerk Eisenach waren ab Ende der 80er hochmoderne Rotationszerstäuber-Lackierautomaten der westdeutschen Firma Behr im Einsatz. Der VEB Fahrzeugheizung Kirchberg wurde komplett umgestaltet und belieferte nun auch die österreichische Firma Steyr. In Zusammenarbeit mit der italienischen Firma Weber wurde auch das Berliner Vergaserwerk neu strukturiert. Und der VEB Fahrzeugelektrik Ruhla montierte dank neuen Know-hows Scheinwerfer und Rückleuchten, darunter auch für Volkswagen und Seat. Letztlich handelte es sich dabei um Kompensationsgeschäfte, um die technisch veralteten Pkw Trabant und Wartburg mit VW-Lizenzmotoren ausstatten zu können. Von vornherein konsequenter waren in dieser Frage die östlichen Partnerstaaten, die gleich auf Fiat- und Renault-Lizenzen gesetzt hatten.

Nutzfahrzeugentwicklung

Für den Wiederaufbau der Wirtschaft nach dem Zweiten Weltkrieg waren Nutzfahrzeuge besonders wichtig. Trotz Zerstörungen und Demontagen in den Herstellerfirmen und dem Fehlen der Zulieferindustrie, die sich zum großen Teil in den Westzonen befand, wurde mit großem Engagement die Wiederaufnahme der Fertigung vorangetrieben. Bei Horch entstand als erstes Nachkriegsfahrzeug 1947 der Lkw H 3, bei Phänomen 1949 / 1950 der Granit 27, in Hainichen zur gleichen Zeit der Framo V 501. Und in Werdau waren bis 1949 die ersten Obusse montierte worden, denen bald Omnibusse folgten.

Zurückgegriffen wurde natürlich auf Vorkriegs-Know-how und noch vorhandenes Material. Fehlende Zulieferteile kamen auf teilweise abenteuerlichen Wegen auch aus den Westteil Deutschlands. Die enormen wirtschaftlichen und technischen Probleme waren nur mit viel Enthusiasmus zu meistern. Dies spiegelte sich auch bei den Nutzfahrzeugkonstruktionen wieder. Anfang der 50er-Jahre entstanden in Westsachsen u.a. die Lkw H 3 A, H 6, und G 5. In Zittau wurde die Granit-Reihe weiterentwickelt, in Hainichen die Framo-Transporter. Und in der Werdauer Konstruktion entstanden mehrere Omnibusse und Obusse.

Der Gesamtbedarf an Nutzfahrzeugen war riesig, nicht zuletzt, weil auch die »bewaffneten Organe« zunehmend Ansprüche stellten. Dagegen stand jedoch die begrenzte wirtschaftliche Kraft und der planwirtschaftliche Ansatz des Landes, die eine große Typenvielfalt und ausreichende Fertigungskapazitäten nicht erlaubten. Trotzdem gelang es bis zum Beginn der 60er-Jahre, durchaus zeitgemäße Nutzfahrzeuge – wie den Robur LO 2500 und den Barkas B 1000 – in die Produktion zu überführen.

Doch konnte der Nutzfahrzeugbedarf im Inland nie abgedeckt werden, da zunehmend auch noch der Export, besonders in die RGW-Mitgliedsländer, zu berücksichtigen war. Nachdem man zu Lasten der Nutzfahrzeugindustrie versucht hatte, die Pkw-Produktion zu erhöhen, führten ab 1962 besonders die Anforderungen der Landwirtschaft und des Militärs zum Ausbau der Kapazitäten für mittelschwere Lkw. In diesem Zusammenhang wurden in Ludwigsfelde die Werksanlagen für die Produktion des Lkw W 50 geschaffen.

Das Zittauer Robur-Werk mit seiner großen Fertigungstiefe, diversen Betriebsteilen und Kooperationspartnern orientierte sich auf Innovationen und Straffung der Produktionsabläufe, um den Lkw-Ausstoß erhöhen zu können. Es lag nahe, diese Vorhaben mit der Weiterentwicklung des W 50 konstruktiv und technologisch zu verknüpfen. Resultat war das seit 1972 parallel mit dem L 60-Projekt betriebene Vorhaben Robur 0611/D609. Dabei sollte die Kabinenfertigung für beide Hersteller zusammengeführt werden. Kurz vor Beginn der geplanten Serieneinführung wurden aber 1980 die Arbeiten in Ludwigsfelde und Zittau abgebrochen.

Begrenzte volkswirtschaftliche Möglichkeiten und starre planwirtschaftliche Rahmenbedingungen behinderten bis zum Ende der DDR bei allen Herstellern die notwendigen Weiterentwicklungen und deren Umsetzung infolge fehlender Investitionen. Dazu kamen die negativen Auswirkungen zentral beschlossener, wiederholter Änderungen in der Fertigungsstruktur einzelner Betriebe

Eine gewisse Sonderrolle spielten die Multicar-Spezialfahrzeuge mit Dieselmotor, die erstaunlich universell einsetzbar waren und es heute noch sind. Als einzige ehemalige IFA-Marke überlebte – wie bereits erwähnt – der Betrieb in Walterhausen. Übrigens diente der Selbstzünder des Multicar, der bis 1990 im Motorenwerk Cunewalde in der Oberlausitz gefertigt wurde, nicht nur einigen wenigen Bastlern als Ersatz benzinschluckender Ottomotoren in sowjetischen Pkw. Auch die VEB-Fuhrparks versuchten, damit die Benzin-Limitierung zu umgehen.

Unter Bezug auf die RGW-Spezialisierung waren ganze Produktgruppen in der DDR aus der Fertigung

Deutrans-Lastzug mit Volvo-Zugmaschine

genommen worden. So entstanden schwere Lkw in der DDR nach 1960 nicht mehr. Die Importe erfolgten hauptsächlich aus der Tschechoslowakei, aus Polen, der Sowjetunion und Rumänien. Für den grenzüberschreitenden Fernverkehr, Spezial-, Schwerlast- und Bautransporte wurden auch Fabrikate westlicher Herkunft bezogen, meist von Volvo und Mercedes-Benz. In geringeren Stückzahlen waren andere Marken wie MAN, Leyland und Steyr vertreten.
Abgesehen von den wenigen Fleischer-Bussen, war mit dem H 6 B zum Ende 1959 die Fertigung größerer Omnibusse ausgelaufen. Nachdem in den 50er-Jahren auch tschechische Skoda-Omnibusse in nennenswerten Stückzahlen in die DDR gekommen waren, dominierten später die ungarische Ikarus-Busse. Insgesamt sind über 30.000 Fahrzeuge dieses Herstellers bezogen wurden. Dagegen nahmen sich die Importe anderer Fabrikate bescheiden aus. Zu nennen sind Jelcz-Busse aus Polen, einige PAZ- und LiAZ-Modelle (mit Vergasermotor!) aus der Sowjetunion sowie Oberleitungsbusse von Skoda Ostrov. Westliche Busse, wie Volvo C10M mit Aufbau von Ramseier+Jenzer, E. Auwärter oder Mercedes, waren gelegentlich für westliche Touristen im Einsatz.

EMW-Rennwagen R3 beim Avusrennen, 1956

Motorsport

Natürlich wurde auch in der DDR Motorsport betrieben – sowohl passiv als auch aktiv. Professioneller, werksunterstützter Rennsport hatte bereits 1947 begonnen. Damals nutzten die meisten Motorsportler in Ost und West den vor dem Krieg in Eisenach gefertigten, legendären BMW 328. Sie modifizierten ihn und versahen ihn mit mehr Leistung, denn der 2,0-Liter-Sechszylinder mit zivilen 80 PS bot noch erstaunlich viel Potenzial. Für die damalige »Eisenacher Betriebssportgemeinschaft« entstanden auf seiner Basis der 2,0-Liter-Rennsportwagen S1, der Formel 2-Rennwagen »Intertyp« (der – mit Kotflügeln versehen – auch als Sportwagen startete) sowie der auf dem BMW 340 aufbauende, offene 340/1-Sportzweisitzer.

EMW 1,5-Liter-Rennwagen R3 mit Fahrer Paul Thiel, 1956

Melkus Formel 3 Typ 64, 1964

1951 etablierte die DDR den ersten staatlichen Rennstall – das »Rennkollektiv Johannisthal« in Berlin. Er nutzte die Eisenacher Fahrzeuge und entwickelte sie weiter. Ein Jahr später wurde der Rennstall sinnvollerweise wieder dem EMW-Werk in Eisenach angegliedert. Anfangs kam noch der Formel 2-Renner zum Einsatz – vor allem gegen den Veritas Meteor –, dann beendeten die internationalen Sportbehörden die Formel-2-Ära. Folglich konzentrierten sich die Eisenacher ganz auf den 1,5-Liter-Wagen R3. Dank Alukarosse und Rohrrahmen nur 575 Kilo schwer, trieb ihn der mittels dreier Weber-Flachstrom-Doppelvergaser beatmete Sechszylinder an; in seinem Zylinderkopf rotierten zwei Nockenwellen. Immerhin 135 PS wurden so erreicht – und bis 1955 galt EMW zu Recht als härtester Konkurrent des Porsche 550 Spyder. Dennoch endeten 1956 die Einsätze der Rennsportwagen, ein Jahr später wurde das Rennkollektiv aufgelöst.

Bereits 1954 hatte das Eisenacher Werk begonnen, mit Serienfahrzeugen an Rallyes teilzunehmen – anfangs mit dem IFA F9, später mit Wartburg 311 und 353. Deren Handicap lag in den ungünstigen Hubraumgrenzen. Gleiches galt für die Zwickauer Trabant-Kollegen, die zwischen 1957 und 1960 als »Motorsportclub Zwickau« agierten und erst danach als Sportabteilung des IFA-Werks Zwickau in Erscheinung traten. Die Hubraumgrenzen lagen bei 600, 850, 1000, 1150 und 1300 cm^3 – wobei manche Veranstalter gar keine Klasse unter 1300 cm^3 etablierten. Die Wartburg und Trabant mussten sich so mit viel stärkeren Konkurrenten messen. Bei den verbesserten Tourenwagen erreichten auf 1150 cm^3 aufgebohrte Wartburg über 110 PS, der Trabant 800 RS kam auf 65 PS.

Neben Rallyes in den Benelux-Ländern, Skandinavien, Großbritannien und Griechenland beteiligten sich die DDR-Werksmannschaften mehrfach an der Rallye Monte Carlo. Außerdem nahmen sie an der Ostblock-Meisterschaftsserie um den »Pokal für Frieden und Freundschaft der sozialistischen Länder« teil. Alles in allem errangen die Eisenacher 32 Gesamt- und 247 Klassensiege; die Zwickauer kamen auf acht Gesamt- und 177 Klassensiege.

Tausende von Fans genossen die Rennen auf dem Sachsenring, auf dem Schleizer und dem Frohburger Dreieck, der Autobahnspinne Hellerau sowie auf der Halle-Saale-Schleife. Bergrennen fanden in der DDR genauso statt wie in Westdeutschland, auch Rallyes und Rundstreckenrennen (vielfach mit Formel 3 Wagen) wurden vor begeistertem Publikum ausgetragen. Wobei die meisten Wettbewerbe auf zwei Rädern gefahren wurden – vor allem wegen der

Trabant 601 für Rundstreckenrennen, Nürburgring 1990

Wartburg 353 WR Gruppe 2, 1981

Rennprogramm Schleizer Dreieckrennen, 1987

ohnehin schwierigen Situation auf dem Automobilsektor, der rennsportliche Aktivitäten für Amateure eigentlich gar nicht erlaubte. Sogar eine eigene Zeitschrift für Rennfans existierte – der erwähnte »Illustrierte Motorsport«.

Mit der staatlichen Reglementierung, ab 1972 keine westdeutschen Sportler mehr in der DDR starten zu lassen und dem Entfall des GP-Status für den Sachsenring, bot die landeseigene Szene nur noch wenig Abwechslung. Westliches Sportgerät war ohnehin nicht zu bekommen. Eine Ausnahme bildeten rennspezifische Baugruppen und Ersatzteile wie Stoßdämpfer, Bremsanlagen, Kupplungen und Reifen für die Werksmannschaften der Automobilwerke Zwickau und Eisenach, die auch im westlichen Ausland Rennen fuhren. So zogen die Rennfans zu Zehntausenden zum Motorrad-Grand Prix und zum Tourenwagen-GP ins tschechische Brünn oder versuchten, Tickets für die ab 1986 gefahrenen Formel-1-Läufe in Ungarn zu ergattern.

Aktive organisierten sich in den Ortsclubs des Allgemeinen Deutschen Motorsport-Verbands der DDR (ADMV). Hier bestand die Möglichkeit, Rennsport mit Serienfahrzeugen zu betreiben. Dies erforderte sehr viel Enthusiasmus, weil keine Siegprämien gezahlt wurden und technische Unterstützung nur in Ausnahmefällen gewährt wurde. Dennoch uferte die Szene aus, kamen immer neue Betätigungsfelder bis hin zum Autocross hinzu. Rundstreckenrennen erfreuten sich von jeher großer Beliebtheit, Altmeister Heinz Melkus hob dafür sogar ein eigenes Automobil aus der Taufe: Der auf dem Wartburg basierende Sportwagen RS 1000 zeigte, welch faszinierende Möglichkeiten durchaus bestanden. Melkus' Schöpfung wurde als »Alternative der Vernunft« gelobt – denn das Auto ließ sich auf eigener Achse zum Rennen bugsieren, brauchte weder Zugfahrzeug noch Hänger ...

Mitte der 80er-Jahre gab es noch eine kurze Renaissance, als im Ostblock die Formel Easter ins Leben gerufen wurde, ausgetragen auf kleinen, Formel 3-ähnlichen Monoposti. Offiziell gab es zu diesem Zeitpunkt nur noch vier (nationale) Automobil-Rennklassen: Renn-Tourenwagen A bis 600 cm^3 (bis 65 PS) und A bis 1300 cm^3 (bis 115 PS), Monoposti E bis 600 cm^3 (bis 75 PS) und E bis 1300 cm^3 (bis 110 PS). Spätestens jetzt zeigte sich, dass die Ära der Zweitakter endgültig vorüber war – wer irgendwie konnte, setzte fortan auf die zweifelsohne modernere Skoda- oder Lada-Viertakttechnik.

Personenkraftwagen

Trabant P50/2 und IFA F9

Pkw aus dem Automobilwerk Zwickau

Bereits ab Sommer 1946 fungierten die beiden Zwickauer Werke Audi und Horch als Reparaturbetrieb für die Sowjets. Hier hatte die Auto Union vor dem Krieg ihre wichtigsten Pkw-Fertigungsstätten unterhalten, hier waren die legendären Silberpfeile entstanden, die Mercedes und Alfa Romeo das Leben schwer machten. Die mitten in der Stadt gelegenen Fabrikationsstätten waren Ende des Zweiten Weltkriegs weitgehend zerstört und anschließend im Zuge der Reparationsleistungen gen Osten leer geräumt worden. Mit großem Einsatz und viel Idealismus wurde der Wiederaufbau angegangen, die vormalige Auto Union war allerdings als ehemaliges Rüstungsunternehmen aus dem Handelsregister getilgt worden.

Die Sowjets waren zunächst nur an den Zwickauer Repräsentationslimousinen interessiert. Den Anlauf der Zweitakter-Kleinwagenfertigung förderten sie keineswegs – von daher hatten es die Sachsen schwerer als ihre Kollegen in Eisenach. Aus Restteilen entstanden für die sowjetischen Besatzer drei Exemplare des vor dem Krieg entwickelten Horch 930 S in der damals hochmodernen Stromlinien-Form. Weil man ursprünglich gehofft hatte, die prestigeträchtige Marke Horch wiederzubeleben, wurde zwischen April 1948 und November 1950 ein Funktionsmuster vom Typ Horch 920 auf die Räder gestellt, ebenfalls stromlinienförmig und mit hinten angeschlagenen hinteren Türen. Stilistisches Vorbild war der amerikanische Nash Ambassador. In der Modellphase verfügte das Limousinen-Unikat über abgedeckte Räder, tatsächlich bekam es konventionelle Radauschnitte.

Seit 1948 gehörten Audi und Horch zum Industrieverband Fahrzeugbau (IFA). Die reguläre Pkw-Fertigung lief schließlich 1949 wieder an. Es handelte sich nun um zweitaktende Kleinwagen-Konstruktionen aus der Vorkriegszeit, eine Fortsetzung der Produktion großer Limousinen war zunächst vom Tisch. Die Zwickauer begannen mit der früheren DKW Meisterklasse, die als IFA F8 das vormalige Audi-Werk (VEB Audi) verließ. Neben diesem Zweizylinder entstand mit dem ebenfalls zweitaktenden F9-Dreizylinder eine weitere DKW-Schöpfung – wenn auch nur in geringer Stückzahl. Ihre Fertigung wurde 1953 nach Eisenach verlagert.

Die nach Westdeutschland gewechselte Geschäftsführung der ehemaligen Auto Union hatte übrigens zunächst nichts gegen die Wiederauflage der Vorkriegsschöpfungen im Osten und gab sogar entsprechende Zeichnungssätze frei. Mit der Aufnahme einer eigenen Fertigung focht sie dann aber Anfang der 50er-Jahre erfolgreich die Nutzung des Namens durch den IFA an.

Als Vorstufe des Trabant brachte das Audi-Werk (ab 1955 VEB Automobilwerk Zwickau AWZ) schließlich den P70 als erstes Auto mit Kunststoff-Aufbau heraus. Von Anfang an gingen diese Autos in den Export. Beispielsweise in Skandinavien und in den Benelux-Ländern galten sie als preiswerte Alternative zu anderen Kleinwagen jener Zeit.

Unverständlicherweise wurde zur gleichen Zeit im benachbarten ehemaligen Horch-Werk (ab 1956 VEB Kraftfahrzeug- und Motorenwerk Zwickau KMZ, vorm. Horch) nochmals ein großes Viertakt-Modell aufgelegt – während zwei Jahre zuvor in Eisenach die Ära der repräsentativen Limousinen beendet werden musste. Das Zwickauer Fahrzeug wurde darüber hinaus mit dem legendären Namen »Horch« bedacht; bislang waren an dieser Stelle lediglich Nutzfahrzeuge entstanden. 1957 bekam diese Fabrik den neuen Namen VEB Sachsenring Kraftfahrzeug- und Motorenwerk Zwickau.

Am 1. Mai 1958 vereinigten sich dann das ehemalige Audi- mit dem Horch-Werk zum »VEB Sachsenring, Automobilwerke Zwickau«. Anschließend begann die große Zeit des kleinen DDR-Volkswagens Trabant. Gerippe und Getriebe fertigte künftig das vormalige Horch-Werk, für Fahrwerks-Herstellung und Fahr-

Horch 930 S mit Achtzylinder-Motor, aus Restteilen für die Besatzungsmacht montiert, 1946

Modell des Horch 920 (späteres Funktionsmuster mit konventionellen Radausschnitten), 1949

zeugmontage zeichnete das Audi-Werk verantwortlich. Eine zusätzlich erworbene Kammgarnspinnerei diente als Kunststoff- und Karosseriewerk; die Entwicklungsabteilung bildete das sogenannte Werk IV.
Seine endgültige Form erhielt der Kleinwagen im Jahr 1963. Bis 1990 wurde am Trabant nichts Wesentliches mehr geändert, auch unter der Karosse tat sich nur noch Marginales. Unter Mitwirkung von Citroën neu entstanden war 1981 das Gelenkwellenwerk in Mosel (bei Zwickau), 1989 wurde hier noch eine Produktionsstätte für den Trabant 1.1 mit Viertaktmotor errichtet.
Dieses neue Werk bildete letztlich den Grundstock für den sächsischen Standort von Volkswagen – wo ab sofort Golf und Passat vom Band laufen sollten. Ebenfalls zu VW gehört das Motorenwerk Chemnitz, wo der Trabant-Motor entstand und ab 1988 VW-Vierzylinder-Motoren mit 1.1 und 1.3 Liter Hubraum für Trabant (insgesamt 3.443.904 Zwei- und Viertakter allein für AWZ), Wartburg und Barkas gefertigt wurden.
Von 1957 bis 1991 waren insgesamt 3.096.099 Trabant gebaut worden, wobei die magische Schwelle von 140.000 Stück/Jahr erst Mitte der 80er-Jahre überschritten wurde. Rund 900.000 Trabant, ein knappes Drittel der Produktion, gingen in den Export (davon knapp 1.000 Einheiten in die Bundesrepublik). Einen nennenswerten Export in den Westen gab es nur zwischen 1960 und 1968. Er endete 1973, weil jenseits der Grenzen die Zweitakt-Ära endgültig vorüber war. Der einmillionste Trabant lief am 22. November 1974 vom Band, der zweimillionste folgte am 1. Oktober 1982, und der dreimillionste – ein Modell 1.1 – verließ am 21. Mai 1990 die Werkhallen.
Den Abgesang markierte jener Trabant 1.1 mit VW-Viertakter, vom Volksmund keck als »Mumie mit Herzschrittmacher« bezeichnet. Der letzte »Trabi« lief am 30. April 1991 vom Band.

Pkw-Produktion in Zwickau (AWZ, Sachsenring)

	IFA F8	IFA F9	AWZ P70	P240	P50	P60	P601	1.1
1949	527	4						
1950	3.277	239						
1951	3.996	723						
1952	2.139	901						
1953	4.496	13						
1954	6.303							
1955	5.529		2.208	20				
1956			8.095	226				
1957			10.893	507	50			
1958			11.466	519	1.780			
1959			3.504	110	20.060			
1960					35.270			
1961					39.335			
1962					35.000	10.300		
1963						53.410	110	
1964						30.332	29.808	
1965						12.075	57.606	
1966							73.885	
1967							76.926	
1968							79.738	
1969							83.468	
1970							86.200	
1971							91.065	
1972							93.930	
1973							98.632	
1974							102.816	
1975							105.107	
1976							108.460	
1977							109.629	
1978							112.235	
1979							115.027	
1980							118.436	
1981							120.100	
1982							121.630	
1983							124.300	
1984							130.000	
1985							136.370	
1986							143.700	
1987							145.576	
1988							146.400	150
1989							144.852	722
1990							62.541	28.668
1991								9.934
Summe	**26.267**	**1.880**	**36.796**	**1.382**	**131.495**	**106.117**	**2.818.547**	**39.474**

IFA F8 (1949 – 1957)

Auf der Leipziger Frühjahrsmesse 1948 stellte die IFA Zentrale Chemnitz eine gegenüber der Vorkriegszeit fast unveränderte DKW Meisterklasse vor – sie lief zunächst als DKW F8 Limousine. Ein Jahr später waren auch die Modelle DKW Meisterklasse Kabriolimousine, DKW Viersitzer Luxus-Kabriolett und DKW Kastenlieferwagen zu sehen. Im Mai 1949 begann die Produktion des nunmehr IFA F8 genannten Wagens im vormaligen Audi-Werk in Zwickau.

Es blieb bei der robust-altertümlichen Technik, einschließlich des 20-PS-Motors mit Graugusskopf und seitlicher Zündkerze. Erst 1953 erfolgte eine leichte technische und optische Aufwertung, man behielt aber die hinten angeschlagenen zwei Türen bei. Limousine und Kabriolimousine hatten eine hölzerne Grundstruktur, die mit Kunstleder bezogen wurde; die Kotflügel waren aus Stahlblech. Die Limousine entstand in Zwickau, die Kabriolimousine erhielt ihren Aufbau in Meerane. Versionen ab 1953 erkennt man an den mittlerweile eingesetzten Kunststoff-Motorhauben mit gröber ausgeführten, langen vertikalen Entlüftungsschlitzen (die je nach Verfügbarkeit eingesetzt wurden) – ursprünglich waren diese Schlitze in zwei Reihen angeordnet. 1951 war versuchsweise eine Kabriolimousine mit komplettem Kunststoffaufbau fertig gestellt worden.

F8 Limousine (modernisiert) mit konventioneller Stahl-Motorhaube, 1954

F8 Limousine mit Kunststoff-Motorhaube, 1954

Schnell-Lieferwagen mit hinterem Komplett-Holzaufbau, 1952

Der Aufbau des Kombi, auch als Schnell-Lieferwagen bezeichnet (1950 bis 1955), kam zunächst vom Karosseriewerk Radeberg und anschließend aus Meerane: Dabei bestand der hintere Teil aus massivem, sichtbaren Holz – Zugang hatte man über eine nach der Seite öffnende Tür.

Anders die Stahlblech-Karosserien der beiden Kabrioletts, die der VEB IFA Karosserie-Werk Dresden (früher Gläser) zusteuerte. Sie unterschieden sich indes deutlich voneinander: So hatte nur die sogenannte Export-Ausführung (400 Exemplare 1953 bis 1957, nur etwa 70 für den Binnenmarkt) einen neuen Grill, kühn geschwungene Kotflügel und in die Karosse integrierte Scheinwerfer im Stil des BMW 327. Das Luxus-Kabriolett (ebenfalls 400 Exemplare 1953 bis 1957) blieb bei der gewohnten Kühlerpartie. Beide Voll-Cabrios verfügten aber aus Stabilitätsgründen über geteilte Frontscheiben. Ab 1953 kamen auch fürs Luxus-Kabriolett Motorhauben aus Kunststoff zum Einsatz.

Die Gesamtproduktion bis 1957 betrug 26.267 Einheiten, wovon ein Großteil in westliche Länder exportiert wurde. Von der Kabriolimousine entstanden nur rund 100 Exemplare.

In den Jahren 1950/51 gelangten im Rahmen eines Interzonen-Handelsabkommens etwa 1.000 Exemplare des IFA F 8 in die Bundesrepublik Deutschland. Die Limousine mit Holzkarosserie in Originalausführung wurde für 4.900 DM angeboten. Die bekannte Stuttgarter Karosseriefirma Karl Baur baute rund 250 Stück aus dieser Lieferung komplett neu auf: Statt des rustikalen Sperrholz/Leder-Aufbaus setzte sie eine Ganzstahl-Karosserie auf den Kastenprofil-Rahmen. Angeboten wurden zwei Versionen – die 150 mal gebaute Limousine (5.740 DM) und das rarere Kabriolett (6.490 DM).

F8 Kabriolimousine, 1952

F8 Luxus-Kabriolett, 1954

F8 Export-Kabriolett, 1955

F8 Kabriolett mit Baur-Karosserie, 1951

F8 Limousine mit Baur-Stahlblech-Aufbau, 1950

IFA F9 (1950 – 1953)

Ebenfalls bereits auf der Leipziger Frühjahrsmesse 1948 stellte der IFA Fahrzeugbau Chemnitz den noch von der früheren Auto-Union AG. entwickelten und für 1940 geplanten DKW F9 vor. Es handelte sich dabei keineswegs um ein neu aufgebautes Exemplar, sondern um ein leicht überarbeitetes Versuchsauto aus der Vorkriegszeit. Die gesamtdeutsche Fachwelt würdigte den F9 als wichtige Neuerscheinung – schon wegen seiner ungewöhnlich strömungsgünstigen Form (c_W = 0,42). Wobei damals nicht zu ahnen war, dass ab 1953 auch in der Bundesrepublik der DKW Dreizylinder gebaut werden würde. Zuvor lief im Westen bereits die ähnlich gestaltete F89 Meisterklasse an, die allerdings nur einen Zweizylinder unter der Haube hatte.

Die Produktion der zweitürigen Limousine mit 28-PS-Motor (Grauguss-Block, Alu-Kopf) und antiquierter Krückstock-Schaltung im früheren Audi-Werk Zwickau in kleiner Serie begann aber erst im Oktober 1950. Nur wenige Baugruppen waren gegenüber der Vorkriegskonstruktion modifiziert – beispielsweise wanderte der Tank nach vorn, um die Kraftstoff-Förderpumpe einzusparen. Anfangs lief das Auto als IFA DKW F9, ab 1952 als IFA F9. Die Karosserien kamen aus dem Zwickauer Horch-Werk, die Montage erfolgte bei Audi. Zuvor, auf der Leipziger Frühjahrsmesse, hatten die Zwickauer einen sehr gefälligen Sportroadster mit niedriger zweigeteilter Frontscheibe und leichtem Notverdeck gezeigt, der aber anschließend unter Verschluss genommen wurde. Er hatte bereits einen auf 34 PS leistungsgesteigerten Motor mit zwei Vergasern.

Ein Jahr später, auf der Leipziger Frühjahrsmesse 1951, war zum ersten Mal ein viersitziges Kabriolett zu sehen. Die endgültige Premiere feierte das offene Auto dann im Januar 1953 auf dem Brüsseler Salon – kurz zuvor hatte die Fertigung der Karosserien im VEB IFA Karosserie-Werke Dresden begonnen. Die ebenfalls 1951 in Leipzig ausgestellte Limousine hatte mit verschiedenen Modifikationen überrascht, beispielsweise der durchgehenden statt der geteilten Frontscheibe. Diese Änderung ging aber erst in Serie, als die Produktion des F9 bereits verlagert worden war. Ende 1951 wurde schließlich noch eine F9 Kabriolimousine mit Kunststoff-Aufbau fertig gestellt. Die Versuche mit dem Ersatzstoff »Bestal« (Besser als Stahl) ergaben jedoch, dass sich dieser Werkstoff schlecht für die stark geschwungenen Formen des F9 eignete – es wären extrem große Pressen notwendig gewesen. Stattdessen begann man nun, Teile mit weniger Wölbungen (beispielsweise Kofferraumdeckel) in Bestal zu fertigen.

Noch in Zwickau entwickelt, aber nicht mehr oder nur in kleinen Stückzahlen in Sachsen gefertigt wurden neben dem Kabriolett (F9/2) der Zweitürer mit Faltschiebedach und der Kombiwagen (F9/9). Die bereits serienreifen Versionen Kabriolimousine (F9/3) und Polizei-Einsatzfahrzeug (F9/4) wurden definitiv erst unter Eisenacher Regie in Meerane bzw. Dresden gefertigt und ausgeliefert.

Insgesamt entstanden in Sachsen bis März 1953 nur 1.880 Einheiten des Dreizylinder-Modells, davon 1.627 Limousinen und knapp 50 Kabrioletts. Dann wurden die Fertigungseinrichtungen nach Eisenach gebracht, um sich auf einen neuen Kleinwagen konzentrieren zu können, der tatsächlich mit Kunststoffaufbau kommen sollte. Der größere Teil der bis 1956 laufenden Gesamtproduktion des F9 wurde anschließend in Thüringen erstellt.

Preise IFA F8 und F9 (1953) in DM-Ost

F8 Limousine (Holzkarosserie)	8.415
F8 Kabriolimousine (Holzkarosserie)	8.695
F8 Kombi (Holzkarosserie)	9.400
F8 Luxus-Kabriolett 4 Sitze (Stahlkarosserie)	11.325
F8 Export-Kabriolett 4 Sitze (Stahlkarosserie)	13.420
F9 Limousine, 2 Türen (Stahlkarosserie)	13.200
F9 Kombi (Stahlkarosserie)	12.650
F9 Kabriolett 4 Sitze (Stahlkarosserie)	14.000

IFA F9 Limosine aus Zwickauer Fertigung, 1951

Prototyp IFA F9 Sportroadster, 1950

	IFA F 8 1949 – 1957	IFA F 9 1950 – 1953
Motor		
Zylinderzahl	2 (Reihe), quer hinter Vorderachse	3 (Reihe), längs vor Vorderachse
Bohrung x Hub	76 x 76 mm	70 x 78 mm
Hubraum	684 cm^3	900 cm^3
Leistung	20 PS (15 kW) bei 3500/min	28 PS (21 kW) bei 3600/min
Drehmoment	5 mkg (49 Nm) bei 2500/min	7,5 mkg (74 Nm) bei 2500/min
Verdichtung	1:5,9	1:6,25
Vergaser	1 Flachstromvergaser BVF 30	1 Flachstromvergaser BVF H 32/0
Ventile	Kolbensteuerung (Zweitakter)	Kolbensteuerung (Zweitakter)
Kurbelwellenlager	3	4
Kühlung	Thermosyphon, 8,0 Liter Wasser	Thermosyphon, 10,0 Liter Wasser
Schmierung	Zweitaktgemisch 1:25	Zweitaktgemisch 1:25
Batterie	6 V 70 Ah (im Motorraum)	6 V 75 bzw. 84 Ah (im Motorraum)
Lichtmaschine	Gleichstrom/Dynastart 150 W	Gleichstrom 130 W
Anlasser		0,6 PS (0,4 kW)
Kraftübertragung	Frontantrieb	Frontantrieb
Kupplung	Mehrscheiben-Ölbadkupplung	Einscheiben-Trockenkupplung
Schaltung	Krückstockschaltung an Armaturentafel	Krückstockschaltung an Armaturentafel
Getriebe	3 Gang (alle Gänge mit Freilauf, sperrbar)	4 Gang (alle Gänge mit Freilauf, sperrbar)
Synchronisierung	Keine	Keine
Übersetzungen	I. 3,44, II. 1,69, III. 1,0, R 4,728	I. 3,50, II. 2,06, III. 1,35; IV. 0,985, R 4,44
Antriebs-Übersetzung	6,1	4,857, Kombi: 5,67
Fahrwerk	Kastenprofilrahmen, Limousine: Sperrholz-Karosserie / Kabriolett: Ganzstahlkarosserie	Kastenprofilrahmen, Ganzstahlkarosserie
Vorderradaufhängung	Dreieckquerlenker unten, Querblattfeder oben, hydr. Kolben-Stoßdämpfer	Dreieckquerlenker unten, Querblattfeder oben, hydr. Kolben-Stoßdämpfer
Hinterradaufhängung	Starre Rohrachse mit Querblattfeder oben, hydr. Kolben-Stoßdämpfer	Starre Rohrachse mit Querblattfeder oben, hydr. Kolben-Stoßdämpfer
Lenkung	Zahnstange	Zahnstange (15:1)
Fußbremse	Mechanisch, 4 Räder, vorn/hinten Trommeln (∅= 200 mm), Gesamt-Bremsfläche 520 cm^2	Hydraulisch, 4 Räder, vorn/hinten Trommeln (d= 35 mm, ∅= 230 mm), Gesamt-Bremsfläche 600 cm^2
Handbremse	Mechanisch, auf Hinterräder	Mechanisch, auf Hinterräder
Schmierung	Nippel	Chassis-Zentralschmierung (Eindruck)
Allgemeine Daten	Limousine, Kabriolett, 2türig, Kombi, 3türig	Limousine, Kabriolett, 2türig, Kombi, 3türig
Radstand	2600 mm	2350 mm
Spur	1190/1250 mm	1184/1260 mm
Gesamtmaße	4000 x 1480 x 1480 mm	Limousine: 4200 x 1600 x 1450 mm, Kombi: 4200 x 1650 x 1570 mm, Kabriolett: 4200 x 1600 x 1500 mm
Reifen	5,00–16	5,00–16, Kombi: 5,50–16
Felgen	3.25 D 16	3.25 D 16
Bodenfreiheit	19 cm	20 cm
Wendekreisdurchmesser	11 m	11 m
Leermasse	Limousine: 800 kg Kabriolett: 830 kg	Limousine: 900 kg Kabriolett: 920 kg Kombi: 960 kg
Zuläss. Gesamtmasse	Limousine: 1140 kg Kabriolett: 1170 kg	Limousine/Kabriolett: 1250 kg Kombi: 1400 kg
Höchstgeschwindigkeit	90 km/h	Limousine/Kabriolett: 110 km/h Kombi: 90 km/h
Beschleunigung 0–100 km/h		Limousine/Kabriolett: 39 sec Kombi: 52 sec
Verbrauch	8,5 L/100 km	Limousine/Kabriolett: 10 L/100 km Kombi: 11 L/100 km
Kraftstofftank	32 Liter (im Motorraum)	30 Liter (im Motorraum)

AWZ P70 (1955 – 1959)

Der AWZ P70 Zwickau (die Gepflogenheit, Autos mit Städtenamen zu bezeichnen, stammte aus der Vorkriegszeit) war ein ursprünglich nicht geplantes Interimsmodell bis zur Serienfreigabe des späteren P50 (Trabant). Erste Prototypen des künftigen Volks-Wagens P50 waren 1953/1954 fertig gestellt, die Produktionseinrichtungen ließen aber auf sich warten.
Darum entstand dieser Kompromiss: Man streckte die aus Duroplast-Kunststoff bestehende P50-Karosse um 10 cm und setzte sie auf eine um 22 cm gekürzte F8-Plattform. Anders als später beim P50 nutzte man aber nicht ein tragendes Gerüst aus Stahlblech, sondern blieb bei einem Skelett aus Hartholz (Leergewicht P70 gegenüber F8 um 30 kg höher). Einige hundert frühe Exemplare hatten noch Dächer mit Kunstlederbezug.
Die Nullserie des Interimtyps umfasste 50 Einheiten (noch mit 6-Volt-Anlage und niedriger verdichtetem Motor) und lief im April 1955 an, die Serienfertigung begann am 1. Juli. Erstmals präsentiert wurde der P70 auf der Leipziger Herbstmesse 1955.
Der Nachfolger des IFA F8 wurde im früheren Audi-Werk gefertigt (interne Bezeichnung F8 K). Nahezu gleiches Fahrwerk wie dieser, jedoch kürzerer Radstand und um 180 Grad gedrehter Motor vor der Vorderachse. Der Zweizylinder basierte auf dem F8-Motor, hatte aber einen Leichtmetall-Kopf mit Mittelkerze (Leistungssteigerung auf 22 PS). Es blieb auch beim unsynchronisierten Dreigang-Getriebe und der

Nullserienexemplar P70 Limousine, April 1955

Serienausführung P70 Limousine, 1958

P70 Limousine, 1958

P70 Limousine mit Schiebedach, 1957

P70 Limousine mit nachgerüsteter Kofferraum-Klappe, 1958

P70 Coupé, 1958

P70 Kombi, 1958

Krückstockschaltung, während die Lenkung vom F9 übernommen wurde. Neu war die 12-Volt-Anlage (Dynastart-Betrieb).
Fensterflächen und Sitzbreiten waren dank moderner Pontonform erheblich größer als beim F8. Die Serien-Karosse der Limousine entstand beim Karosserie-Werk Dresden, übrigens optional auch mit großem Faltdach (400 Mark Aufpreis), aber niemals mit Heckklappe. Diese wurde später von Werkstätten nachträglich eingebaut.
Der anfangs bei AWZ, dann ebenfalls in Dresden karossierte Kombi folgte im Frühjahr 1956. Bis zur B-Säule identisch mit der Limousine (ebenfalls Schiebefenster), verfügte er über eine seitlich öffnende Hecktür und ein Dach aus kunstlederbespanntem Geflecht statt aus Duroplast. Man traute dem Kunststoff noch nicht die geforderte Stabilität zu. Besonders gut ging der Dreitürer im Export. Sowohl Limousine als auch Kombi hatten nur Schiebefenster.
Das 2+2sitzige Coupé (Aufbau ebenfalls in Dresden, meist zweifarbig lackiert) kam erst im Frühjahr 1957. Die Front war völlig eigenständig gestaltet, das stählerne Dach konzeptbedingt kurz und fließend. Auch Kofferraum- und Motorhaube, Türen und Türrahmen bestanden aus Stahlblech, eine chromgefasste Hutze vorn setzte einen sportiven Akzent. Der Instrumententräger war nur im Coupé mit Kunstleder bezogen. Vordere und hintere seitliche Kurbelfenster ließen sich voll versenken, ausstellbare Dreieckfenster gab es hier nicht mehr. Nur das Coupé bekam ab Werk ein sport-

licher übersetztes Dreigang-Getriebe. In der Planung war überdies eine Cabrio-Version, die allerdings nie umgesetzt wurde.
1956 erfolgte eine Überarbeitung des P70: Zahlreiche Teile (z.B. vordere Lenkerarme) kamen vom F9, das Armaturenbrett war neu gestaltet (Kombiinstrument mit Kühlwasserthermometer), Krümmerheizung und neuer Flachstrom-Vergaser (H321 statt H30) wurden installiert. Die äußeren Türgriffe wichen moderneren Ausführungen, die Dreieck-Seitenfenster von Limousine und Kombi ließen sich nun drehen und ausstellen. Auch stilistisch gab es einige Modifikationen (z.B. ovale Blink-Schlussleuchten für die Limousine).
1957 erhielten Limousine und Kombi parallel angeordnete Scheibenwischer (bisher gegenläufig), das Reserverad der Limousine wurde anders platziert, und das Auspuffrohr des Kombis wanderte nach hinten links. Und 1958 bekam der P70 eine »Kupplungsbremse« zur Behebung der lästigen Schaltprobleme (Stilllegung von Kupplungs- und Vorgelegewelle während des Gangwechsels).
1957 lief der P50 an, dennoch blieb der P70 zunächst weiter in der Fertigung. Man überlegte damals ernsthaft, das im Export erfolgreiche Auto mit einem Dreizylinder-Zweitakter auszustatten – immerhin zwei Testwagen waren so unterwegs. Offensichtlich rechnete es sich nicht, so dass 1959 die Produktion des P70 auslief. Bis dahin entstanden glaubhafte 36.796 P70-Exemplare (Quelle: Kirchberg), davon rund 31.000 Limousinen, 4.000 Kombis und 1.500 Coupés. Die Werkschronik nennt dagegen nur insgesamt 32.669 Einheiten des P70.

Sachsenring P240 (1956 – 1959)

Prestigedenken der Partei- und Staatsführung führte zur Entwicklung dieses Oberklassewagens für die Behördennutzung. Er orientierte sich ausdrücklich an westlichen Modellen. Es handelte sich nicht um ein Derivat des Eisenacher EMW 340, wenngleich beim Fahrwerk diverse Baugruppen übernommen wurden. Der 2,4-Liter-Sechszylinder OM-6 war eine Eigenentwicklung aus Chemnitz/Karl-Marx-Stadt, der im Horch-Werk zunächst als Antriebsquelle für den Armee-Kübelwagen P2 gefertigt wurde. Gekoppelt war er in der Limousine mit einer modischen Lenkradschaltung.
Der Ministerratsbeschluss für das Automobilprojekt fiel im Januar 1954. Der ursprünglich angedachte »Typ 200« sollte eine selbsttragende Karosserie bekommen, tatsächlich blieb man beim P240 bei der Rahmenbauweise. Am 26. Juni 1954 wurde Parteichef Walter Ulbricht der viertürige Sechssitzer mit Panorama-Heckscheibe, gestufter seitlicher Zierleiste, punktförmigen Blinkern, zwei durchgehenden Sitzbänken, Horch-Markenzeichen (auf Motorhaube, Kofferraumdeckel und Radkappen) sowie Chromgrill mit Längszierstäben gezeigt.
Offiziell erstmals vorgestellt (noch mit Markenzeichen »Horch«) wurde er auf der Leipziger Frühjahrsmesse 1956. Die ersten 100 Exemplare waren 1955/56 entstanden – als erste Nachkriegs-Pkw nach Lkw und Ackerschleppern im Werk Horch. Die höchste Jahresproduktion wurde 1958 mit 519 Exemplaren erreicht. Die Planzahlen lagen um das Zehn- bis Zwanzigfache höher.
Bis 1957 erhielt der P240 sowohl die senkrechten und dann auch die horizontalen Grill-Lamellen, neu waren nun die seitlich herumgezogenen Blinkleuchten. Ab Anfang 1957 fand sich ein »VEB«-Schriftzug oben im »H«. Zur Leipziger Messe 1958 kam dann der nochmals geänderte Grill mit Sachsenring-S-Logo. Während die sechssitzige Karosserie aus Stahlblech bestand, war der Kofferraumdeckel stets aus Aluminium. 1958/59 gab es durchgehende, dann geschwungene seitliche Zierleisten. Die Heckflossen wurden in dieser Phase nach hinten verlängert.
Wegen des überdimensional großen Anteils an Hand-

P240 Limousine mit Horch-Emblem, 1955

arbeit (2.500 Arbeitsstunden pro P240, beim Trabant P50 waren es »nur« 180 Stunden) war dem Luxusliner kein langes Leben beschieden: Die Herstellungskosten betrugen rund 33.000 Mark pro Auto – und übertrafen damit deutlich den Verkaufspreis. Nachdem Horch und Audi vereinigt worden waren und die verstärkten Einfuhr des preiswerteren sowjetischen Wolga anlief, endete die Produktion des P240. Die Ersatzteilfertigung wurde in Fachbetriebe in Halle und Meißen ausgelagert.
Bis zur Einstellung der Produktion 1959 wurden nach Angaben des Herstellers insgesamt 1.382 Exemplare fertig gestellt. Inoffizielle Schätzungen gehen von mindestens 1.800 Stück aus, weil bis 1960 weitere Autos aus Restteilen gebaut wurden.
Dazu kamen Sonderversionen. So entstanden 1956 bis 1958 ausschließlich für Repräsentationszwecke der Volksarmee fünf schwarz lackierte, viertürige

P240 Limousine mit Schiebedach, horizontalen Grillstäben und Horch-Emblem, 1957

P240 Limousine mit Sachsenring-Emblem, aber vertikalen Zierstäben im Grill, 1958

P240 Kabriolett mit seitlich herum gezogenen Blinkleuchten, 1958

P240 Kombiwagen, geschwungene Seiten-Zierleiste, um 1958

Sachsenring Repräsentant, 1969

Kabrioletts auf P240-Basis. Die erheblich versteiften Aufbauten fertigte das Karosserie-Werk in Dresden (zwei) und Halle (drei Exemplare, mit S-Logo und Heckflossen). Insider vermuten, dass in Dresden in Wirklichkeit noch ein zusätzliches Kabriolett entstanden ist.

Zehn Jahre nach Auslauf der Kleinserienproduktion wurden im Armee-Auftrag nochmals zwei Viertürer-Phaetons Typ Repräsentant direkt im Musterbau des Zwickauer Werks aufgebaut. Man nutzte dafür nach offizieller Lesart zwei ausgemusterte P240 von 1956. Die Vermutung, bei den »Spenderfahrzeuge« könne es sich um frühe Cabrios aus Dresden gehandelt haben, ist haltlos – denn von diesen Autos hätten sich keine Karosserieteile für die beiden Phaetons übernehmen lassen. Die Herstellkosten für den Repräsentant betrugen 100.000 DDR-Mark pro Stück. Diesmal bestand die Karosserie der verdecklosen Fahrzeuge aus Kunststoff, das Interieur wurde weitgehend vom Wartburg 353 übernommen bzw. diesem angeglichen.

Eine weitere Spezialversion des P240 war der Kombiwagen: Sieben Exemplare (1958/59) mit seitlich angeschlagener Hecktür und riesigem Faltschiebedach gingen an den staatlichen Fernsehfunk. Nur geplant und als Zeichnung umgesetzt wurde eine Coupé-Variante.

Zumindest der Motor des P240 blieb noch länger im Einsatz: Leistungsmäßig reduziert, trieb er rund 6.000 Allrad-Kübelwagen der Typen P2 M und P3 an (Produktion VEB Barkas-Werke Karl-Marx-Stadt). Aber auch sie mussten schließlich sowjetischen Konstruktionen weichen.

Preise IFA P70 und Sachsenring P240(1958/59) in DM-Ost

P70 Limousine	9.250
P70 Kombi	9.900
P70 Coupé	11.700
P240 Limousine	27.500

	AWZ P 70 Zwickau 1955–1959	Sachsenring P 240 1956–1959
Motor	P70	OM 6-42
Zylinderzahl	2 (Reihe), quer vor Vorderachse	6 (Reihe), längs über Vorderachse
Bohrung x Hub	76 x 76 mm	78 x 84
Hubraum	684 cm³	2407 cm³
Leistung	22 PS (16 kW) bei 3500/min	80 PS (59 kW) bei 4250/min
Drehmoment	5,4 mkg (53 Nm) bei 2500/min	17 mkg (167 Nm) bei 1400/min
Verdichtung	6,8 : 1	7,1 : 1
Vergaser	1 Flachstromvergaser BVF H 30 (ab 1956: BVF H 321),	1 Flachstromvergaser BVF F 363
Ventile	Kolbensteuerung (Zweitakter)	Hängend (Stößel, Kipphebel) seitliche Nockenwelle, (Antrieb durch Stirnräder)
Kurbelwellenlager	3	7
Kühlung	Thermosyphon/ 6 Liter Wasser	Pumpe/ 13 Liter Wasser
Schmierung	Zweitaktgemisch 1: 25	Druckumlauf/ 5,5 Liter Öl
Batterie	12 V 70 Ah (im Motorraum)	12 V 84 Ah (im Motorraum)
Lichtmaschine	Gleichstrom/Dynastart 250 W	Gleichstrom 200 W
Kraftübertragung	Frontantrieb	Antrieb auf Hinterräder
Kupplung	Mehrscheiben-Ölbadkupplung	Einscheiben-Trockenkupplung
Schaltung	Krückstockschaltung an Armaturentafel	Lenkradschaltung
Getriebe	3 Gang (alle Gänge mit Freilauf, sperrbar)	4 Gang
Synchronisierung	Keine	II–IV
Übersetzungen	I. 3,44, II. 1,69, III. 1,0, R: 4,73; Coupé: I. 3,34, II. 1,63; III. 1,00, R: 4,70	I. 3,154, II. 2.00, III. 1.304, IV. 0,862, R: 3,487
Antriebs-Übersetzung	5,6, Coupé: 5,8	4,556
Fahrwerk	Kastenprofilrahmen, Holzgerippe mit Duroplast-Außenverkleidung in Schalenbauweise	Kastenprofilrahmen, Ganzstahlkarosserie
Vorderradaufhängung	Dreieckquerlenker unten, Querblattfeder oben, hydr. Kolben-Stoßdämpfer	Trapez-Dreieckquerlenker, Längsfederstäbe, hydr. Teleskop-Stoßdämpfer
Hinterradaufhängung	Starre Rohrachse (Schwebeachse), Querblattfeder oben, hydr. Kolben Stoßdämpfer	Starrachse mit Dreieckschublenker, Längsfederstäbe, hydr. Teleskop-Stoßdämpfer
Lenkung	Zahnstange	Schnecke und Rolle
Fußbremse	Mechanisch, 4 Räder, vorn/hinten Trommeln (Ø= 200 mm), Gesamt-Bremsfläche 520 cm²	Hydraulisch, 4 Räder, vorn/hinten Trommeln, Gesamt-Bremsfläche 960 cm²
Handbremse	Mechanisch, auf Hinterräder	Mechanisch, auf Hinterräder
Schmierung	Nippel	Chassis-Zentralschmierung (Eindruck)
Allgemeine Daten	Limousine, Coupé, 2türig Kombi, 3türig	Limousine, Kabriolett 4 türig Kombi, 5türig
Radstand	2380 mm	2800 mm
Spur	1190/1200 mm	1350/1400 mm
Gesamtmaße	Limousine: 3740 x 1500 x 1480 mm, Coupé: 3740 x 1500 x 1400 mm, Kombi: 3740 x 1500 x 1480 mm	4730 x 1780 x 1680 mm
Reifen	5,00–16	7,10–15
Felgen	3.25 D 16	5.0 K 15
Bodenfreiheit	19 cm	
Wendekreisdurchmesser	10 m	12 m
Leermasse	Limousine: 800 kg, Coupé 875 kg, Kombi: 830 kg	1525 kg
Zuläss. Gesamtmasse	1150 kg	1960 kg
Höchstgeschwindigkeit	90 km/h, Coupé 100 km/h	140 km/h
Verbrauch	Limousine: 8,5 L/100 km, Coupé und Kombi: 9 L/100 km	15 L/100 km
Kraftstofftank	32 Liter (im Motorraum)	60 Liter (hinten)

Trabant P50 – P50/2 – P60 – P100

Trabant P50 und P50/2 (1958 – 1963)

Trabant P60 (1962 – 1965)

Zwischen Oktober 1953 und September 1954 waren die ersten Prototypen des P50 fertig gestellt worden, die Vorgaben stammten vom IFA Forschungs- und Entwicklungszentrum Karl-Marx-Stadt. Gefordert waren ein Fahrzeug-Maximalgewicht von 600 kg, zwei Haupt- und zwei Kindersitze, ein Kraftstoffverbrauch von höchstens 5,5 Liter/100 km, eine Jahresproduktion von 12.000 Einheiten und ein Herstellungspreis von 4.000 DDR-Mark. Die Serienproduktion sollte bereits im Jahr 1955 beginnen.
Insgesamt entstanden vier P50-Prototypen – drei Limousinen und ein Kombi. Äußerlich ähnelten sie dem zeitgleich produzierten P70. Die Außenhaut der drei Limousinen und des Kombis bestanden allerdings noch aus Stahlblech. Um so wenig wie möglich von diesem teuren Material einsetzen zu müssen, sollte der Neue eine Beplankung aus Duroplast-Kunststoff erhalten (hergestellt aus einem Baumwoll-Phenolharz-Gemisch). Das Karosseriegerüst musste aus verschweißten Blechteilen bestehen – nur so ließ sich die Stückzahl gegenüber dem (zu aufwendig produzierten) P70 hochfahren.
Allen Trabant-Urmustern gemein war der luftgekühlte 500-cm^3-Zweizylinder-Zweitakter mit 16 PS, der die Wagen bis 80 km/h schnell werden ließ. Sechs weitere Funktionsmuster mit überarbeiteter Karosserie, verbesserter hydraulischer Bremsanlage und aufgewertetem Interieur folgten 1956. Sie verfügten über 18 PS, waren 620 Kilo schwer und 85 km/h schnell – kosteten aber bereits 5.000 Mark in der Herstellung. Nebenbei prüften die Zwickauer Techniker damals bereits den Einsatz von Viertaktmotoren.
Ab dem 7. November 1957 lief schließlich die Nullserie vom Band, die Serienproduktion des P50 begann im August 1958 (Bodengruppe von Horch, Karosserie von Audi). Vorgestellt wurde das Auto auf der Leipziger Herbstmesse 1958. »Trabant« – der Name des Fahrzeugs – bezog sich auf den ersten sowjetischen Sputnik und war im Rahmen eines Preisausschreibens gefunden worden. Der neuentwickelte 500-cm^3-Motors (Drehschieber und einfaches Spülverfahren, erstmals luftgekühlt via Fahrtwind und Lüfterrad) entstand beim VEB Barkas-Werke Karl-Marx-Stadt. Wie bei F8 und P70 wurde er quer installiert, er fand seinen Platz vor der Vorderachse.
Sein unsynchronisiertes Getriebe hatte vier statt drei Gänge, es blieb aber bei der Krückstock-Schaltung. Zwischen Oktober 1958 und Juni 1959 bekamen die Kunden eine Leistungssteigerung von 17 auf 18 PS (90 km/h, Kraftstoff 72 Oktan) – erkennbar sind diese Typen am schlichteren Markenzeichen in der Motorhaube. Ab sofort wurde optional auch eine Zweifarblackierung angeboten. Mit dem P50/1 ab Ende 1959 (auch Trabant 500 genannt) stieg die Leistung auf 20

P50 Limousine Nullserienexemplar, Stahlblech-Karosserie und neue Grill-Gestaltung, 1954

P50 Limousine in Sonderausführung, 1958

PS (95 km/h, Kraftstoff weiterhin 72 Oktan). Mit der längeren Achsübersetzung war er ab 1962 stolze 100 km/h schnell.
Zunächst hatte es nur die Limousine mit den modischen Heckflossen gegeben (c_W-Wert 0,55 bis 0,60). Die Motor- und Kofferraumhauben reichten bis zu den Stoßfängern herunter (Stoßfänger hinten grundsätzlich geteilt). Lüftungsschlitze befanden sich nicht in, sondern in der Front beidseits neben der Motorhaube. Der Instrumententräger war lackiert, es blieb stets bei Schiebefenstern (keine Kurbelfenster). Nur bei P50 und P50/1 ließen sich die vorderen Sitze einschließlich Sitzgestell für einen besseren Zustieg der Hinterbänkler nach vorn klappen.
Natürlich wurde damals auch überlegt, weitere Karosserieversionen in Serie zu bringen – beispielsweise ein klassisches Coupé mit Panoramaheckscheibe (1958) und eine P50-Version mit skurillem Kombiheck à la Citroën Ami 6 (eingezogene Scheibe). Allein letzteres Projekt verschlang 321.000 Mark. Realistischer geriet ein Entwurf mit konventionellem Kombi-Schrägheck. Daneben prüften die Zwickauer Techniker auch den Einsatz von Viertaktmotoren.
Im März 1960 kam der Trabant P50 Universal (Kombi) mit seitlich öffnender Hecktür hinzu, aufgebaut vom VEB Karosseriewerk Meerane. Er löste nahtlos den bis dahin angebotenen P70 Kombi ab. 1961 wurde das Programm um einen Kleinlieferwagen mit geschlossenen hinteren Seitenflächen bereichert, der aber ausschließlich in den Export ging: Statt hinterer Sitze hatte er eine durchgehende Ladefläche. Im gleichen Jahr begann die Fertigung des »Camping de Luxe«-Kombimodells mit weitöffnendem Faltschiebedach und Liegesitzen.

Weitere Versionen wie ein Fließheck-Kombi (P50/4, Entwicklungskosten: 321.000 Mark) wurden zwar modelliert, gingen aber nie in Serie. Versuchsweise entstanden auch einige Pritschenwagen.
Ab Mai 1962 saßen im Interimsmodell P50/2 ein vollsynchronisiertes Viergang-Getriebe und die längere Achsübersetzung. Beides fand sich auch im P60 (Trabant 600). Er debütierte Anfang 1963 als Limousine mit einem auf 23 PS erstarkten 600-cm³-Motor (100 km/h, Kraftstoff 78 Oktan). Äußerlich hatte sich kaum etwas geändert. Getriebe und Motor standen ab Ende 1962 auch für Kombi und den Camping zur Verfügung. Die Kombi-Ausführung lief bis Sommer 1965 weiter, nachdem zu diesem Zeitpunkt bereits die Fertigung der Nachfolger-Limousine P601 begonnen hatte.
Die Farbgebung des Trabant erfolgte von Anfang an in Pastelltönen, weil sich so Transportschäden leichter ausbessern ließen. Anfangs hatte der P50 in der Luxusausführung sogar eine Dreifarb-Lackierung, 1960 kam der breite Farb-Längsstreifen. Schritt für Schritt erfuhr der P50/P60 kleine Modellpflegmaßnahmen: Bessere Sitze und neues Armaturenbrett mit blendfreiem Rundinstrument und großem Handschuhfach, Lichthupe (1961), Lüfter und Kupplung neu, Radantrieb verstärkt (1962), neues Miramid-Lenkrad, Bremsen mit automatischer Nachstellung (1963).
Der P50 entstand über 130.000 mal (davon 11.600 Universal). Auf den P50/2 entfielen dabei 25.000 Exemplare (davon 21.816 Limousinen). Zirka 106.000 Einheiten vom Typ P60 verließen das Werk, davon 36.000 Kombi-Versionen. Die ursprünglich avisierten 300.000 Einheiten waren damit nicht erreicht worden.

P50 Coupé-Modell mit seitlichen Kurbelfenstern, 1958

P50/4 Versuchsmuster mit schrägem Kombiheck, 1960

P50/1 Universal Vorserie, hochgesetzte horizontal geteilte Zweifarblackierung, 1960

P50/1 Universal Standard, 1961

P50/1 Kleinlieferwagen (vordere Stoßstänger vom 601), 1961

P50/1 Limousine, Zweifarblackierung, 1959

P50/2 Limousine Standard, 1962

P60 Universal de Luxe Camping mit Faltschiebedach (Roentgendarstellung), 1963

Trabant P50/1 Limousine in zweifarbiger Luxus-Lackierung

P60 Universal de Luxe, farbiger Mittelstreifen, 1963

P60 Pick-up-Umbau, (vordere Stoßfänger vom 601), 1964

Preise Trabant P50 und P60

	Trabant P50 u. P50/2 (1957 – 1963)		**Trabant P60** (1962 – 1965)
	Binnenmarkt (DM-Ost)	Export (DM-West)	Binnenmarkt (M)
Limousine Standard	7.450	3.565	7.850
Limousine de Luxe (1farbig)	8.360		8.760
Limousine de Luxe (2farbig)	8.440		8.840
Limousine de Luxe (3farbig)	8.470		nicht lieferbar
Universal Standard	8.900	3.965	9.300
Universal de Luxe	9.050		9.450
Universal Camping de Luxe	9.500		9.900
Lieferwagen	8.500		8.900

<table>
<tr><th></th><th>Trabant P50
1957 – 1960</th><th>Trabant P50/1, P50/2
1959 – 1963
Trabant 500 Universal
1960 – 1963</th><th>Trabant 600
1963 – 1964
Trabant 600 Universal
1963 – 1965</th></tr>
<tr><td>Motor</td><td>P 50 (10/57 – 10/58),
P50/Z (10/58 – 7/59)</td><td>P 50/1 (8/59 – 4/62),
P 50/2 (3/62 – 10/62)</td><td>P 60/61 (10/62 – 10/68)</td></tr>
<tr><td>Zylinderzahl</td><td>2 (Reihe),
quer vor Vorderachse</td><td>2 (Reihe),
quer vor Vorderachse</td><td>2 (Reihe),
quer vor Vorderachse</td></tr>
<tr><td>Bohrung x Hub</td><td>66 x 73 mm</td><td>66 x 73 mm</td><td>72 x 73 mm</td></tr>
<tr><td>Hubraum</td><td>499 cm³</td><td>499 cm³</td><td>595 cm³</td></tr>
<tr><td>Leistung</td><td>17 PS (12 kW) bei 3750/min,
1958: 18 PS (13 kW)
bei 3750 U/min</td><td>20 PS (15 kW) bei 3900 U/min</td><td>23 PS (17 kW) bei 3900/min</td></tr>
<tr><td>Drehmoment</td><td>4,15 mkg (41 Nm) bei 2750/min,
1960: 4,3 bei 2750/min</td><td>4,5 mkg (44 Nm) bei 2750/min</td><td>5,2 mkg (51 Nm) bei 2750/min</td></tr>
<tr><td>Verdichtung</td><td>6,6 : 1</td><td>6,8 : 1, 1962: 7,2 : 1</td><td>7,2 : 1</td></tr>
<tr><td>Vergaser</td><td>1 Flachstromvergaser
BVF H 261-0</td><td>1 Flachstromvergaser
BVF 28 HB</td><td>1 Flachstromvergaser
BVF 28 HB 2-1</td></tr>
<tr><td>Ventile</td><td>Einlass-Drehschieber (Zweitakter)</td><td>Einlass-Drehschieber (Zweitakter)</td><td>Einlass-Drehschieber (Zweitakter)</td></tr>
<tr><td>Kurbelwellenlager</td><td>3</td><td>3</td><td>3</td></tr>
<tr><td>Kühlung</td><td>Luft/Axialgebläse</td><td>Luft/Axialgebläse</td><td>Luft/Axialgebläse</td></tr>
<tr><td>Schmierung</td><td>Zweitaktgemisch 1:25</td><td>Zweitaktgemisch 1:33</td><td>Zweitaktgemisch 1:33</td></tr>
<tr><td>Batterie</td><td>6 V 56 Ah (im Motorraum)</td><td>6 V 56 Ah (im Motorraum)</td><td>6 V 56 Ah (im Motorraum)</td></tr>
<tr><td>Lichtmaschine</td><td>Gleichstrom 180 W</td><td>Gleichstrom 220 W</td><td>Gleichstrom 220 W</td></tr>
<tr><td>Anlasser</td><td>0,6 PS (0,4 kW)</td><td>0,6 PS (0,4 kW)</td><td>0,6 PS (0,4 kW)</td></tr>
<tr><td>Kraftübertragung</td><td colspan="3">Frontantrieb</td></tr>
<tr><td>Kupplung</td><td colspan="3">Einscheiben-Trockenkupplung</td></tr>
<tr><td>Schaltung</td><td colspan="3">Krückstockschaltung unter Lenkrad</td></tr>
<tr><td>Getriebe</td><td>4 Gang
(alle Gänge mit Freilauf, sperrbar)</td><td>4 Gang
(alle Gänge mit Freilauf, sperrbar;
1962: sperrbar nur im IV. Gang)</td><td>4Gang
(Freilauf im IV. Gang, nicht sperrbar)</td></tr>
<tr><td>Synchronisierung</td><td>Keine</td><td>Keine, 1962: I–IV</td><td>I-IV</td></tr>
<tr><td>Übersetzungen</td><td>I. 4,08
II. 2,32
III. 1,52
IV. 1,03
R: 5,34</td><td>I. 4,08
II. 2,32
III. 1,52
IV. 1,03
R: 5,34 (1962: 3,83)</td><td>I. 4,08
II. 2,32
III. 1,52
IV. 1,03
R: 3,83</td></tr>
<tr><td>Antriebs-Übersetzung</td><td>4,93</td><td>4,94, 1962: 4,33</td><td>4,33</td></tr>
<tr><td>Fahrwerk</td><td colspan="3">Plattformrahmen,
Selbsttragende Duroplast-Kunststoffkarosserie auf Stahlblech-Gerippe</td></tr>
<tr><td>Vorderradaufhängung</td><td colspan="3">Dreieckquerlenker unten, Querblattfeder oben, hydr. Teleskop-Stoßdämpfer</td></tr>
<tr><td>Hinterradaufhängung</td><td colspan="3">Pendelachse mit Dreieckquerlenker, Querblattfeder, hydr. Teleskop-Stoßdämpfer</td></tr>
<tr><td>Lenkung</td><td colspan="3">Zahnstange</td></tr>
<tr><td>Fußbremse</td><td colspan="3">Hydraulisch, 4 Räder
vorn/hinten Trommeln (∅= 200 mm), Gesamt-Bremsfläche 462 cm²</td></tr>
<tr><td>Handbremse</td><td colspan="3">Mechanisch, auf Hinterräder</td></tr>
<tr><td>Allgemeine Daten</td><td>Limousine, 2 türig</td><td>Limousine, 2 türig
Kombi, 3türig</td><td>Limousine, 2 türig
Kombi, 3türig</td></tr>
<tr><td>Radstand</td><td>2020 mm</td><td>2020 mm</td><td>2020 mm</td></tr>
<tr><td>Spur</td><td>1200/1240 mm</td><td>1210/1260 mm</td><td>1210/1260 mm</td></tr>
<tr><td>Gesamtmaße</td><td>3375 x 1500 x 1395 mm</td><td>3360 x 1493 x 1410 mm,
Kombi:
3360 x 1493 x 1460 mm</td><td>3360 x 1493 x 1460 mm
Kombi:
3360 x 1493 x 1460 mm</td></tr>
<tr><td>Reifen</td><td>5,20–13</td><td>5,20–13</td><td>5,20–13</td></tr>
<tr><td>Felgen</td><td>4 J x 13</td><td>4 J x 13</td><td>4 J x 13</td></tr>
<tr><td>Bodenfreiheit</td><td>18 cm</td><td>15 cm</td><td>15 cm</td></tr>
<tr><td>Wendekreisdurchmesser</td><td>10 m</td><td>10 m</td><td>10 m</td></tr>
<tr><td>Leermasse</td><td>Limousine 620 kg</td><td>Limousine 620 kg,
Kombi 660 kg</td><td>Limousine 620 kg,
Kombi 660 kg</td></tr>
<tr><td>Zuläss. Gesamtmasse</td><td>Limousine 950 kg</td><td>Limousine 950 kg,
Kombi 1000 kg</td><td>Limousine 950 kg,
Kombi 1000 kg</td></tr>
<tr><td>Höchstgeschwindigkeit</td><td>Limousine 90 km/h</td><td>Limousine 90 km/h (1962: 100 km/h),
Kombi 90 km/h</td><td>Limousine 100 km/h,
Kombi 95 km/h</td></tr>
<tr><td>Beschleunigung 0–80 km/h</td><td>36 sec</td><td>36 sec</td><td>24 sec</td></tr>
<tr><td>Verbrauch</td><td>Limousine 8 L/100 km</td><td>Limousine 8 L/100 km,
Kombi 8,5 Liter/100 km</td><td>Limousine 8,5 L/100 km,
Kombi 9 Liter/100 km</td></tr>
<tr><td>Kraftstofftank</td><td>24 Liter (im Motorraum)</td><td>24 Liter (im Motorraum)</td><td>24 Liter (im Motorraum)</td></tr>
</table>

P100 (1961)

Während der rundliche, zweitürige Trabant-Kleinwagen den Markt zu erobern begann, arbeiteten die Techniker längst an neuen Konzepten. Es ging um ein Mittelklasse-Modell mit Ganzstahlaufbau im Trapezformstil oberhalb des P50 – und sowohl die Zwickauer als auch ihre Eisenacher Kollegen waren staatlicherseits aufgefordert, je ein Funktionsmuster des so genannten P100 zu erstellen. Der Ausgang des Wettbewerbs zwischen den Werken war offen.
In jeweils etwas modifizierter Form sollte dann ab 1964 in beiden Werken die Serienproduktion beginnen, wobei AWZ für das gemeinsame Projekt die Entwicklungsverantwortung übernommen hätte. Seitens der VVB vorgegeben war der Dreizylinder-Wartburg-Motor. Er wurde auf 995 cm³ vergrößert und leistete 48 PS. Die Zwickauer bauten ihn – anders als die AWE-Ingenieure – konventionell und längs in den Motorraum ein (Frontantrieb). Ungeachtet der Vorgabe beim Motor wurde auch an anderen Konzepten gearbeitet. Ab 1961 prüfte man beispielsweise die Adaption eines Wankel-Motors.
Fortschrittlich geriet das Fahrwerk des P100 – mit vorderer Schraubenfederung und Scheibenbremsen. Das Vierganggetriebe war voll synchronisiert. Je ein Funktionsmuster entstand, die Gesamtkosten beliefen sich auf 784.000 Mark. Doch das komplette Projekt zerschlug sich, wie viele andere noch folgende Ideen und Pläne.

P100 AWZ Prototyp, 1961

P100 Prototypen von AWZ (rechts) und AWE, 1961

Alle Trabant-Serienmotoren (Zweitakter)

Typ	Hubraum	Leistung	Bauzeit	Stückzahl
P50	499 cm³	17 PS	10/1957 – 10/1958	2.530
	Grauguss-Zylinder, Verdichtung 6,6 : 1, Kurbelwelle mit Pleuellagerung, Mischung 1 : 25			
P50-Z	499 cm³	18 PS	10/1958 – 07/1959	13.733
	Alfer-Zylinder, Verdichtung 6,8 : 1			
P50-1	499 cm³	20 PS	08/1959 – 04/1962	125.727
	Kurbelwelle mit vollen Hubscheiben für größere Vorverdichtung, Verdichtung 7,0 :1, Vergaser 28 HB, Mischung 1 : 33			
P50-2	499 cm³	20 PS	03/1962 – 10/1962	25.127
	Pleuellager auf Kurbelwellenseite mit Lagerkäfig für Zylinderrollen			
P60/61	595 cm³	23 PS	10/1962 – 10/1968	427.565
	Kurbelwelle mit käfiggeführtem Nadellager, Kolbenbolzen ∅=20 mm, Fliehkraft-Zündversteller ab 11/63, Druckguss-Zylinderköpfe ab 7/64, Papierluftfilter ab 8/65, Kurbelwelle mit verbesserten Pleuellagern (Zylinderrollen) ab 4/66, Motor P61 für Hycomat-Kupplung			
P63/64	595 cm³	26 PS	11/1968 – 04/1974	539.901
	Zylinder mit besserer Spülung, geänderte Abgasanlage, Schmalkeilriemen ab 11/68, Kunststoff-Lüfterrad ab 4/71, 14er Zündkerzen ab 3/74			
P65/66	595 cm³	26 PS	04/1974 – 06/1990	2.30.321
	Kolbenbolzen-Nadellagerung, Mischung 1 : 50, Krümmerheizung ab 11/1976, Kraftstoffverbrauchs-Senkung von 8,0 auf 7,2 l/100 km durch geänderten Vergaser von 01/1981 – 07/84, 12-V-Drehhstromlima, ab 10/1983, neuer »Sparvergaser« BVF 28 H 1-1 ab 07/1984, Kurbelwelle mit Sonderlager für Hauptlager-/Kolbenringabdichtung ab 12/1984, elektronische Batterie-Zündanlage ab 09/1985, weitere Kraftstoffverbrauch-Senkung auf 6,7 l/100 km durch Kolbenring-Abdichtung (Nebenluft) und elektron. Zündung; neues Getriebegehäuse ab 1986; Ersatzmotorenfertigung bis 09/1990			

Trabant 601 (1964 – 1990)

Die Serienfertigung der Trabant 601 Limousine (vorgestellt Herbst 1963) begann im Juli 1964. Das Auto erhielt eine modernisierte Karosserie (VEB Sachsenring). Aus Kostengründen behielt es die Technik des P60 (Plattformrahmen, Radstand und Spurweite, Vorderkotflügel, Türaußenhäute usw. aus Kunststoff). Die Motorhaube rastete nun in einen umständlich zu handhabenden Einsteck-Kühlergrill (bis 1969 mit wuchtigem S-Logo, anschließend kleineres Logo nur noch auf Motorhaube) ein; die hintere Ladekante (Kofferraum auf 420 Liter vergrößert) lag beträchtlich höher als beim P60. Die nunmehr durchgehende hintere Stoßstange wurde im Luxusmodell sogar verchromt angeboten. Endlich hatte es Kurbel- statt Schiebefenstern in den Türen. Die Betankung erfolgte aber weiterhin im Motorraum.
Ab März 1965 gab es auf Wunsch den Trabant 601-H mit elektro-hydraulisch gesteuerter Kupplungsbetätigung (Hycomat). Im August 1965 kam der 601 Universal (bis 1400 Liter Laderaum) mit nach oben öffnender Hecktür dazu (Karosseriewerk Meerane). Er nahm künftig einen Anteil von 20 Prozent des Gesamt-Produktionsvolumens ein – war aber in der DDR am meisten gefragt. Ab 1966 gesellte sich für Limousine/Kombi neben der Standard-Ausführung die Version de Luxe hinzu, später abgestuft als S (bessere Sitze, Zündanlass-Lenkschloss, elektromagneti-

Trabant 601 Limousine, 1964

Trabant 601 Limousine

Trabant 601 Hycomat, 1965

Trabant 601 Universal de Luxe, 1966

scher Abblendschalter) und S de Luxe (farbig lackiertes Dach, aufgewertetes Interieur, beleuchteter Motorraum).
Im Herbst 1966 begann außerdem die Fertigung des überwiegend militärisch genutzten Kübelwagen 601 A (=Armee, die Version für die Forstwirtschaft trug den Zusatz F) mit teilweisem Blechaufbau, Türausschnitten, Rohr-Stoßfängern und außen angebrachtem Ersatzrad (ebenfalls Werk Meerane). Anlässlich der Weltfestspiele 1973 in Ost-Berlin gab es eine Kübel-Kleinserie in Weiß für die Organisation. Erst 1978 wurde diese Version als 601 »Tramp« auf bestimmten Exportmärkten angeboten, insgesamt wurde sie als Zweitakter 11.000 mal hergestellt. Ebenfalls selten in der DDR zu sehen war der von 1967 bis 1973 in 1.300 Exemplaren gebaute Lieferwagen (Blech statt hinterer Seitenscheiben).
Weitere Modifikationen: Ab Juli 1965 rechteckiges Kombiinstrument (1968 wieder Rundinstrument), Schmutzfänger für die Hinterräder, neuer Ansauggeräuschdämpfer. Ein Jahr später Armaturenbrett mattschwarz lackiert. Ab 1967 wartungsfreie Spurstangen-Gelenke ohne Schmiernippel, Licht/Scheibenwischer-Betätigung über Dreh- statt Druckschalter. Ab September 1967 Duplex-Bremsen vorn, ab Februar 1969 überarbeiteter 600-cm^3-Motor mit 26 PS Leistung (Kraftstoff 88 Oktan, 105 km/h). Mitte 1969 Innenraum-Zwangsentlüftung durch Schlitze in der C-Säule, dreiteilige Abgasanlage. 1972/73 Interieur, Heizung und Belüftung weiter verbessert, 26- statt 24 Liter-Tank, Zündkerzen M14 statt bisher M18, Scheibenwischer-Intervallschaltung.
Ab April 1974 Zweitaktmischung 1:50 (Kraftstoff 79 oder 88 Oktan, 108 km/h) durch Nadellagerung der Kolbenbolzen, ab Oktober 1974 Übersetzung IV.

Trabant 601 Hycomat Cockpit, Kupplungspedal weggeklappt, 1965

Gang und Antrieb (3,95 statt 4,33) geändert, neues kunstlederbezogenes Armaturenbrett, Warnblinkanlage, durchgehende Nadelfilzablage unter dem Armaturenbrett. 1975 Gurtpeitschen statt loser Gurtenden; November 1976 verbesserte Krümmer-Vorschalldämpfer-Heizung, mechanische Heckklappen-Stütze für den Universal. 1977 Fondablage für Universal S de Luxe, Plastikradkappen (statt Aluminium), 1978 Fensterkurbeln vom Wartburg 353.
Ab Januar 1980 Bremsen mit Zweikreis-Hydraulik, U-Profil-Stoßfänger mit Plastik-Ecken, elektrische Scheibenwaschanlage (S de Luxe), Nebelschlussleuchte/Rückscheinwerfer; 1981/82 Kraftstoffhahn-Fernbedienung, Wischwasch-Anlage für Heckscheibe des

Trabant 601 de Luxe, einmillionstes Exemplar, 1973

Trabant 601 Limousine und Universal de Luxe, 1970

Kombis, erstmals Benzinuhr (de Luxe). Ab September 1982 Automatikgurte bei 12 mm breiteren Mittelsäulen, Gasdruckfedern für Universal-Heckklappe. Ab 1983 Drehstrom-Lichtmaschine und 12 Volt-Bordnetz, heizbare Heckscheibe und Halogen-H4-Lampen; Kopfstützen aus PUR-Schaumstoff (S de Luxe), sowie Kraftstoffverbrauchs-Momentan-Anzeige (KVMA).

Außerdem Gleichlauf-Gelenkwellen statt Scharniergelenke zum Antrieb der Vorderräder aus dem neuen Werk Mosel. Ausstellbare Fondfenster ab 1984. Ein Jahr später wälzgelagerte, reibungsreduzierte Kurbelwelle, elektronische Zündung; 1986 neues Getriebegehäuse, Zweikreisblinkgeber und Spurstangen vom Wartburg 353.

1968, 1981, 1982 und 1985 gelangten unterschiedliche Vergaser zum Einsatz – zunächst Versionen des BVF 28 HB, ab Juli 1984 der »Sparvergaser« 28 H 1-1. Insgesamt waren es zehn verschiedene Vergaser-Ausführungen. In der zweiten Jahreshälfte 1988 kamen – als Vorgriff auf den Viertakt-Trabant – hintere Schraubenfedern statt der bisherigen Querblattfeder und neue Spurstangengelenke außen, dazu eine Frontscheibe aus Verbundglas.

Trabant 601 A Kübel, 1980

Trabant 601 Tramp, 1978

Trabant 601 A Kübel/Tramp mit unterschiedlichen Cockpits, 1983

Trabant 601 Limousine S, U-Profil-Stoßfänger mit Kunststoff-Ecken, 1980

Trabant 601 Universal S de Luxe, Glas-Hebedach, 1988

Preise Trabant P601 und 1.1

Binnenmarkt in Mark	**1982**	**1989**	**1990**	**9/1990***
P601 S de Luxe Limousine	10.952			
P601 Limousine		13.000		
P601 Universal		15.000		
1.1 Limousine			19.865	
P601 Limousine				10.887 DM
P601 Universal				11.947 DM
P601 Tramp				13.144 DM
* Währungsumstellung				
Export in DM:	**1964/65**	**1966/67**	**1968/69**	
P601 Limousine	3.330	3.450	3.600	
P601 Universal	3.810	3.810	4:100	

Trabant 601
1963 – 1990
Trabant 601 Universal
1965 – 1990
Trabant 601 A
1966 – 1990

Motor	P 60/61 (10/62 – 10/86)	P 63/64 (10/68 – 4/74) / P 65/66 (4/74 – 6/90)
Zylinderzahl	2 (Reihe), quer vor Vorderachse	2 (Reihe), quer vor Vorderachse
Bohrung x Hub	72 x 73 mm	72 x 73 mm
Hubraum	595 cm³	595 cm³
Leistung	23 PS (17 kW) bei 4000/min	26 PS (19 kW) bei 4000/min
Drehmoment	5,2 mkg (51 Nm) bei 2750/min	5,4 mkg (53 Nm) bei 3000/min
Verdichtung	7,6 : 1	7,6 : 1
Vergaser	1 Flachstromvergaser BVF 28 HB	1 Flachstromvergaser BVF 28 HB 1984: BVF 28 H 1-1
Ventile	Einlass-Drehschieber (Zweitakter)	Einlass-Drehschieber (Zweitakter)
Kurbelwellenlager	3	3
Kühlung	Luft/Axialgebläse	Luft/Axialgebläse
Schmierung	Zweitaktgemisch 1:33	P 63/64: Zweitaktgemisch 1:33 / P 65/66: Zweitaktgemisch 1:50
Batterie	6 V 56 Ah (im Motorraum), Kübelwagen: 6 V 84 Ah	6 V 56 Ah (im Motorraum), Kübelwagen: 6 V 84 Ah, ab 1983 P66: 12 V 38 Ah
Lichtmaschine	Gleichstrom 220 W	Gleichstrom 220 W, ab 1983 P66: Drehstrom 580 W
Anlasser	0,6 PS (0,4 kW)	0,6 PS (0,4 kW)
Kraftübertragung	Frontantrieb	
Kupplung	Einscheiben-Trockenkupplung, a.W. Hycomat-Halbautomatik	
Schaltung	Krückstockschaltung unter Lenkrad	
Getriebe	4 Gang (Freilauf im IV. Gang, nicht sperrbar)	
Synchronisierung	I–IV	
Übersetzungen	I. 4,08, II. 2,32, III. 1,52, IV. 1,03 bzw. 1,103 (ab Oktober 1974), R: 3,94 bzw. 3,83	
Antriebs-Übersetzung	4,33 bzw. 3,95 (ab Oktober 1974)	
Fahrwerk	Plattformrahmen, Selbsttragende Duroplast-Kunststoffkarosserie auf Stahlblech-Gerippe, Kübelwagen: Duroplast-Stahl-Mischbauweise auf Stahlblech-Gerippe	
Vorderradaufhängung	Dreieckquerlenker unten, Querblattfeder oben, hydr. Teleskop-Stoßdämpfer	
Hinterradaufhängung	Pendelachse mit Dreieckquerlenker, Querblattfeder (ab 1988: Schraubenfedern), hydr. Teleskop-Stoßdämper	
Lenkung	Zahnstange	
Fußbremse	Hydraulisch, 4 Räder, vorn/hinten Trommeln (∅= 200 mm), Gesamt-Bremsfläche 462 cm² bzw. 471 cm² (ab März 1966)	
	Mechanisch, auf Hinterräder	
Allgemeine Daten	Limousine, 2türig, Kombi, 3türig, ab 1966: Kübelwagen, 2türig	
Radstand	2020 mm	
Spur	1206/1255 mm	
Gesamtmaße	Limousine 3555 x 1504 x 1437 mm, Kombi 3560 x 1510 x 1467 mm, Kübelwagen 3500 x 1600 x 1500 mm	
Reifen	5,20–13 bzw. 145 SR 13 (a.W. ab 1973)	
Felgen	4 J x 13	
Bodenfreiheit	15,5 cm	
Wendekreisdurchmesser	10 m	
Leermasse	Limousine 620 kg, Kombi 660 kg, Kübelwagen 645 kg	
Zuläss. Gesamtmasse	Limousine 1000 kg, Kombi 1040 kg, Kübelwagen 1020 kg	
Höchstgeschwindigkeit	Limousine 100, Kombi 95 km/h	105 km/h bzw. 108 km/h (ab Oktober 1974)
Beschleunigung 0–80 km/h	24 sec	21 sec bzw. 20 sec (ab Oktober 1974)
Verbrauch	Limousine 8,5/100 km, Kombi/ Kübelwagen 9 L/100 km	Limousine 8,5/100 km (1984: 8,3 L/100 km), Kombi/ Kübelwagen: 9,0 L/100 km
Kraftstofftank	24 Liter (im Motorraum)	24 Liter (im Motorraum), ab Herbst 1972: 26 Liter (im Motorraum)

Alternativen und Versuchsträger

Die AWZ-Entwickler ahnten, dass ein kompletter Nachfolger des Trabant erst in sehr ferner Zukunft kommen würde. Darum wurde bis Mitte der 60er-Jahre an Antriebsalternativen gearbeitet – allen voran am Kreiskolbenmotor. Zunächst betrieben das ZEK in Karl-Marx-Stadt und das VEB Zschopauer Motorradwerk (MZ) ab 1960 eine entsprechende Entwicklung auf eigene Faust. Ab 1961 begannen dann offiziell die Arbeiten an Kreiskolbenmotoren für Pkw, nunmehr zusammen mit den Eisenacher Automobilbauern. Im Februar 1965 kam es schließlich zum Abschluss eines offiziellen Lizenzvertrags mit NSU. Ab 1967 wurde mit einer Jahresproduktion von 200.000 Kreiskolbenmotoren in der DDR gerechnet, die vor allem AWZ und dem Zweiradhersteller MZ zugute kommen sollten. AWE hätte lediglich beliefert werden sollen. Motorenproduzent sollte das Automobilwerk Zwickau werden. Für den Trabant war ein Einscheibenmotor vorgesehen, mit 549 cm³ Kammervolumen und 34 PS Leistung – immerhin vier fahrfertige Funktionsmuster entstanden. Zuvor waren bereits 66 Funktionsmuster in unterschiedlicher Reife gebaut worden. Die Entwicklungsarbeiten waren anfangs sehr viel versprechend, aber die Abdichtung des Verbrennungsraumes – dadurch Rattermarken auf der Trochoiden-Lauffläche, in der Folge extrem giftige Abgase und hoher Kraftstoffverbrauch – bekam man nie in den Griff. Nach abschlägigen Gutachten wurde 1969 der Lizenzvertrag gekündigt, bis dahin waren vier Millionen DM Lizenzgebühr an NSU geflossen. Aus heutiger Sicht war dies jedoch die richtige Entscheidung: Der Übergang vom Zweitakt- zum Wankelmotor wäre ein Fass ohne Boden gewesen.
Im Bemühen, den »Anschluss zum internationalen Stand zu halten« (so ein internes IFA-Papier), schuf

P602 V, verlängerter Radstand, Fließheck, 1966

P603, Kunststoff-Karosserie mit Fließheck, 1968

AWZ Mitte der 60er-Jahre eine Reihe von Modellen und Funktionsmustern – u.a. mit schraubengefederter Vorderachse (P602) sowie mit Schrägheck-Karosse und 32-Liter-Tank im Heck, wahlweise mit Kreiskolbenmotor (P602 V). Auch ein auf 28 PS leistungsgesteigerter Zweitakter war in Arbeit. Allein die 602-Expertisen kosteten 1.779.000 Mark, das 602 V-Projekt schlug mit 736.000 Mark zu Buche, ohne dass sich echte Serienchancen herauskristallisierten.
Nächster ernsthafter Versuch war der P603 mit dreitürigem Aufbau aus Kunststoff, der Bezug auf den P602 V nahm. Vorgesehen waren vordere Federbeine sowie Querlenker und Schraubenfedern hinten. Der dreitürige 720-Kilo-Schrägeckkombi hatte einen Radstand von 2330 mm und kam auf mindestens 130 km/h. Insgesamt entstanden neun Musterfahrzeuge: einer mit Wartburg-Zweitakter, sechs mit vorn quer eingebauten, wassergekühlten 1000-cm³-Viertaktern von Skoda, zwei mit Kreiskolbenmotor. Den Serienstart erhofften sich die Entwickler für 1970. Stattdessen kam im Dezember 1968 die Weisung aus Berlin, das Projekt zu beenden. 5.451 000 Mark waren bis dahin ausgegeben worden.
Parallel arbeiteten die Automobiltechniker weiter an der Verbesserung und Nachfolge des Zweitakt-Trabant 601. Das Projekt »Prognose-Pkw« beschäftigte sich Ende der 60er konkret mit dem nächstfolgenden Modell. Fahrfähige Funktionsmuster im Maßstab 1 : 1 entstanden zwar nicht, wohl aber Pläne für das weitere technologische Vorgehen: AWZ sollte Fahrwerk und Karosserie fertigen – und AWE hätte Motor und Getriebe verantwortet. Immerhin 1.835.000 Mark

P760, Wabengrill und Fließheck, 1970 – 1973

P610/IV, Rundscheinwerfer, horizontale Gürtellinie, nach 1973

P610/VI (FM 18), Rechteckscheinwerfer, verlängerte Motorhaube, 1979

P610 Z Kombi, 1981

war dieses letztendlich nicht umgesetzte Projekt teuer.

Mit Blick auf den verworfenen P603 machten sich derweil die Zwickauer und Eisenacher Entwickler 1970 an das RGW-Auto P760 (»Nachfolge-Pkw«). In Zusammenarbeit mit AWE und Skoda sollte ein neues Modell entstehen, grundsätzlich frontgetrieben von Skoda-Viertaktern und verzögert via Scheibenbremsen. Die für AWZ vorgesehene zweitürige Schrägheck-Limousinenversion (Ganzstahlaufbau) sollte einen 1100-cm^3-Vierzylinder mit 50 PS erhalten. Das 4,1 m lange und 1,6 m breite Auto hatte einen Radstand von 2450 mm, wog 820 Kilo und war für 400 Kilo Zuladung ausgelegt. Vorn saßen McPherson-Federbeine, die Querlenker/Dämpfer-Hinterachse hing an einer Querblattfeder. Wegen ihrer ungewöhnlichen Form wurde die AWZ-Version später mit dem Spitznamen »Hängebauchschwein« geschmäht. Zwischen Januar 1970 und September 1973 entstanden vier 760-Funktionsmuster in Zwickau (Kosten: 23.568.000 Mark).

Geplant waren vom Zwickauer und vom Eisenacher P760 sowie von der Skoda-Version insgesamt 360.000 Fahrzeuge pro Jahr, die künftig sowohl in

Trabant P602 mit Kreiskolbenmotor KKM 51, 1968 (Karosserie-Umbau 1980)

der Tschechoslowakei als auch in der DDR hergestellt werden sollten. Am 3. April 1973 musste dieses Projekt ebenfalls abgeblasen werden – obwohl sich Eisenach und Zwickau auf eine Billiglösung verständigt hatten: Statt getrennter Herstellung modifizierter Typen (Grundtyp in Sachsen, Sondertyp in Thüringen) an beiden Standorten hätte AWZ die komplette Montage leisten und AWE nur zuliefern sollen. Statt 7,2 Milliarden hätte dies »nur« 4,5 Milliarden Mark gekostet.

Aber noch im Juni 1973 stellte das SED-Politbüro den Werken in Zwickau und Eisenach in Aussicht, das Gemeinschaftsauto P610 entwickeln zu dürfen. Skoda sollte nicht mehr als Entwicklungspartner einbezogen werden, sondern nur die Motoren liefern (genau wie später auch der rumänische Renault-Lizenznehmer Dacia). Die VVB Automobilbau in Karl-Marx-Stadt erklärte dazu: »Unter Beachtung der zur Zeit gegebenen technischen Erkenntnisse wird für die zukünftigen Pkw der DDR die Verwendung eines Viertakt-Ottomotors mit berücksichtigt.« Quer eingebaut, mit 1100 (P1100) oder 1300 cm³ Hubraum (P1300), sollten die Vierzylinder hochmoderne Fahrzeuge antreiben. Deren stilistische und technische Verwandtschaft zum P760 blieb zumindest bei der AWZ-Version unübersehbar. Das 45-PS-Trabant-Modell P610 sollte 3595 mm lang und 1570 mm breit sein, der c_W-Wert wurde mit 0,36 ermittelt. 730 Kilo schwer, war eine Nutzmasse von 410 Kilo vorgesehen.

Mindestens 20 Funktionsmuster (FM1 bis FM20) für AWZ und AWE entstanden von September 1973 bis Dezember 1979. Der Trabant-Hersteller wollte künftig immerhin 150.000 Einheiten pro Jahr fertigen. 1983 sollte die Serienproduktion des AWZ P610 C beginnen. Doch am 15. November 1979 beendeten die staatlichen Entscheidungsträger auch dieses Projekt – trotz verbindlicher Absprachen mit der CSSR (die daraufhin die Entwicklung des späteren Typ Favorit vorantrieben). Der Verlust für AWZ und AWE betrug stolze 35 Millionen Mark.

Unbeirrt wurden daneben am aktuellen Trabant diverse Modifikationen vorgenommen. So wurde eine elektronische Benzineinspritzung erprobt, auch Versuchsmuster mit einem vierzylindrigen 1050-cm³-Viertakter (40 PS) liefen bereits. Ein quer eingebauter Dreizylinder-Dieselmotor wurde 1984 im Trabant getestet.

Unter dem Codenamen P601 Z entstand Anfang der 80er-Jahre ein Funktionsmuster mit neuer Karosse und längerem Radstand – Kostenpunkt: 1.068.000 Mark. Nebenbei entwickelte man ein Szenario für die schrittweise Ablösung des »alten« Trabant: Zunächst sollte er einen neuen Schrägheck-Aufbau bekommen (445.000 Mark Projektkosten), erst später wären Motor und Fahrwerk erneuert worden.

Sehr viel realistischer war der 1980 kreierte Trabant Pick-up (Umbaukosten 220.000 Mark), für den in Griechenland – wo schon der Trabant 601 Kübelwagen lief – ein Absatzmarkt gefunden worden war. Aber mit dem Eintritt Griechenlands in die EG galten dort neue, ungünstigere Zollbestimmungen. Der sogenannte 601 WE II (1980 – 1982) griff nochmals das P610-Thema auf, unter der Karosse saß aber die bekannte 601-Technik.

Inzwischen hatte die DDR-Regierung ein Lizenzgeschäft mit VW eingefädelt: Gekauft wurde eine Fertigungsstraße für 1100- und 1300-cm³-Vierzylinder (Alpha-Baureihe), wie sie im Polo verwendet wurden. Aufgebaut wurde sie in Karl-Marx-Stadt.

Trabant 601 Pick-up Funktionsmuster, 1980

Trabant 601 WE II, 1982

Trabant 601 mit Dieselmotor, 1984

AWZ-Projekte 1953 – 1991

Zeitraum	Code	Erklärung
10/1953 – 09/1954	P50	P70-Nachfolger (Limousine, Kombi), 4 Funktionsmuster 1 : 1
1955/56	P50	verfeinerte Ausführung, 2 Modelle 1 : 5, 6 Funktionsmuster 1 : 1
1/1959 – 04/1960	P504	Neues P50-Heck, 2 Holzmodelle 1 : 1
2/1961 – 08/1961	P100	je 1 Funktionsmuster AWZ und AWE
4/1962 – 12/1967	P602	P601-Überarbeitung, 6 Modelle
10/1965 – 06/1966	P602 V	601-Schrägheck-Limousine, 1 Funktionsmuster, 5 KKM-Modelle 1 : 5
09/1963 – 03/1969	KKM 550	Kreiskolbenprojekt, insg.66 Pkw-Funktionsmuster, 100 Motoren
07/1966 – 12/1968	P603	601-Nachfolger, versuchsw. Dreizylinder-Zweitakter, KKM und Skoda-Viertakter
07/1968 – 04/1969	»Prognose-Pkw«	601-Nachfolger, technische Konzeption
01/1970 – 09/1973	P760	601-Nachfolger mit Viertaktmotor, 4 Funktionsmuster
09/1973 – 12/1979	P610	601-Nachfolger mit Viertkatmotor, 1100 cm³ als P1100, 1300 cm³ als P 1300, insgesamt 20 Funktionsmuster (FM 1 bis 20)
01/1980 – 10/1980	P601 Pick-up	1 Funktionsmuster
01/1980 – 05/1981	P601 Z	601 mit neuer Karosserie und größerem Radstand, 1 Funktionsmuster
06/1981 – 10/1984	P601 N und 601 C	Stufenplan für 601-Nachfolge, N(eue) Schrägheck-Karosserie, danach C= neues Fahr- und Triebwerk
1986	P601 M	601 mit Viertakter, 1 Funktionsmuster, 1 Modell 1 : 1
07/1988 – 12/1988	1.1	601 mit Viertaktmotor und strömungsoptimierter Ganzstahlkarosse, Modelle 1 : 5
02/1988 – 12/1988	1.1 E	601 mit Viertaktmotor und Bug-/Heck-Facelift, 1 Funktionsmuster
05/1989 – 11/1989	X03	1.1-Nachfolger auf VW-Bodengruppe, Modelle
1990	P601 C	601-Nachfolger mit Zweizylinder-Viertakter auf Zastava-Basis
1990/91	Caro	1.1-Funcars, Funktionsmuster

Trabant 1.1 (1990 – 1991)

Die letzte zweitaktende Trabant-Limousine lief am 29. Juni 1990 vom Band; der Kombi folgte am 23. Juli 1990. Im Mai 1990 hatte derweil die Serienproduktion des Viertakt-1.1 begonnen. Dieser besaß den von Barkas Karl-Marx-Stadt in Lizenz gefertigten 40 PS-VW-Vierzylinder sowie erstmals McPherson-Federbeine und Scheibenbremsen vorn.
Die Kunststoff-Karosserie war nur unwesentlich verändert worden, der Tank (einschließlich von außen zugänglichem Tankverschluss) saß nun hinten, und dies reduzierte den Innenraum. Größere Plastik-Stoßfänger wurden verbaut, Motor- und Kofferraumhaube gerieten kantiger. Und die Spurweiten wurden entsprechend vergrößert. Auffällig im Innenraum: der neue Instrumententräger und die Knüppelschaltung. Als Alternative war 1988 der 1.1 E mit geänderter Bug- und Heckpartie geformt worden, es blieb bei einem Funktionsmuster. Auch ein Nachfolgemodell mit VW-Bodengruppe (Polo) wurde durchgerechnet. Parallel dazu erwog man, den VW-Viertakter gegen einen von Zastava in Lizenz gebauten Fiat-Motor zu ersetzen.
Obwohl die Werkleitung endlich die Produktion entsprechend der prognostizierten Nachfrage umgestellt hatte – nunmehr sollten 80 Prozent Kombis entstehen – stockte der Absatz. Am 30. April 1991 ging der letzte Trabant 1.1 übers Band. 39.474 Viertakter entstanden in Zwickau, 496 davon waren Tramp-Kübelwagen. Ironie des Schicksals: 444 jungfräuliche Universal mit Viertakt-Motor kamen 1994 aus der Türkei zurück, wo sie nicht verkauft werden konnten. Für rund 20.000 DM gingen sie als limitierte Sammleredition an Liebhaber des einstigen DDR-Volkswagens.

Trabant 1.1 Limousine, 1990

Trabant 1.1 Universal, 190

Trabant 1.1 Kübel Prototyp, 1988

Trabant 1.1 Tramp, 1990

Trabant 1.1 Caro Tramp (optisches Tuning durch IVM), 1990

Trabant 1.1 E, Funktionsmuster, 1988

Trabant 1.1 Pickup, 1990

Trabant 1.1 Caro Limousine, 1990

	Trabant 1.1 1990 – 1991
Motor	Barkas BM 820
Zylinderzahl	4 (Reihe), quer vor Vorderachse
Bohrung x Hub	75 x 59 mm
Hubraum	1043 cm³
Leistung	40 PS (30 kW) bei 5300/min
Drehmoment	7,4 mkg (73 Nm) bei 3000/min
Verdichtung	9,5 : 1
Vergaser	1 Fallstromvergaser Solex 32 TLA
Ventile	Hängend (Stößel, Kipphebel), 1 obenliegende Nockenwelle (Antrieb durch Zahnriemen)
Kurbelwellenlager	5
Kühlung	Pumpe/7,0 Liter Wasser
Schmierung	Druckumlauf/ 3,5 Liter Öl
Batterie	12 V 44 Ah (im Motorraum)
Lichtmaschine	Drehstrom 53 A
Kraftübertragung	Frontantrieb
Kupplung	Einscheiben-Trockenkupplung
Schaltung	Knüppel in Wagenmitte
Getriebe	4 Gang
Synchronisierung	I–IV
Übersetzungen	I. 3,250, II. 2,053, III. 1,342, IV. 0,955, R:.3,08
Antriebs-Übersetzung	4,267
Fahrwerk	Plattformrahmen,
	Selbsttragende Duroplast- Kunststoffkarosserie auf Stahlblech-Gerippe
Vorderradaufhängung	Federbeine, Schraubenfedern, Dreieckquerlenker unten
Hinterradaufhängung	Schräglenkerachse mit Schraubenfedern, hydr. Teleskop-Stoßdämpfer
Lenkung	Zahnstange (16,5 : 1)
Fußbremse	Hydraulisch, 4 Räder (Zweikreis), vorn Scheiben, hinten Trommeln
Handbremse	Mechanisch, auf Hinterräder
Allgemeine Daten	Limousine, Kübelwagen, 2 türig, Kombi, 3türig
Radstand	2020 mm
Spur	1284/1255 mm
Gesamtmaße	Limousine: 3410 x 1515 x 1440 mm, Kombi: 3560 x 1510 x 1470 mm, Kübelwagen: 3500 x 1510 x 1500 mm
Reifen	145 R 13, 155/70 SR 13
Felgen	4.0 J x 13
Bodenfreiheit	15 cm
Wendekreisdurchmesser	10 m
Leermasse	Limousine: 700 kg, Kombi 740 kg, Kübelwagen: 725 kg
Zuläss. Gesamtmasse	Limousine: 1085 kg, Kombi: 1125 kg, Kübelwagen: 1100 kg
Höchstgeschwindigkeit	125 km/h
Beschleunigung 0 - 100 km/h	22 sec
Verbrauch	8 L/100 km
Kraftstofftank	28 Liter (hinten)

Pkw aus dem Automobilwerk Eisenach

Erst durch den Erwerb des thüringischen Dixi-Werks war die Münchner Motorrad- und Flugmotoren-Firma BMW 1929 zum Pkw-Hersteller avanciert. Grundsätzlich alle weiß-blauen Serien-Automobile entstanden in der Eisenacher Dependance der Bayerischen Motoren-Werke – abgesehen von den Autos, die bei Spezialkarossiers gebaut wurden. BMW machte sich einen Namen als Hersteller von sportlichen Sechszylinder-Autos. Im stark kriegsbeschädigten bayerischen Stammwerk dauerte es indes bis Anfang der 50er-Jahre, bis dort eine eigenständige Pkw-Fertigung aufgebaut war.

Die Eisenacher Fertigungsstätten waren ebenfalls größtenteils zerstört. Dennoch wurde bereits im November 1945 in Eisenach die Produktion wieder aufgenommen. Das Werk firmierte zunächst als Fabrik innerhalb der sowjetischen »Aktiengesellschaft für Maschinenbau vormals BMW«, dann ab August 1946 als »Staatliche Aktiengesellschaft Awtowelo Werk BMW Eisenach«. Der zugkräftige Name »BMW« blieb erst einmal erhalten. Die Sowjets wussten um das Image der Marke und förderten ihren weiteren Fortgang. Geplant waren je 3.000 Motorräder und Autos jährlich – eine utopische Zahl angesichts der schwierigen wirtschaftlichen Lage.

Neben dem Vorkriegs-Motorrad R35 entstanden hier der 321 und 326, der aus dem 326 abgeleitete Typ 340 (in unterschiedlichen Versionen) und schließlich der weiterentwickelte 327. Dabei half natürlich die Genehmigung der Sowjets zur Bergung der mäßig lädierten Presswerkzeuge für 321 und 326 aus dem zerstörten Ambi-Budd-Werk in Berlin. Nebenher entstanden noch 161 allradgetriebene BMW 325/3-Kübelwagen, die 1952 an die kasernierte Volkspolizei geliefert wurde. Versuchsweise wurden damals auch Kleinbusse in Eisenach aufgebaut. Dazu kamen Sport- und Rennsportwagen, die nur in wenigen Exemplaren entstanden. Die Typen 321, 340 und 327 wurden etwa 19.000 mal exportiert – vor allem nach Benelux und Skandinavien.

Erst im Juni 1952 ging der Betrieb wieder in deutsche Hände über – unter der neuen Bezeichnung VEB IFA Automobilwerk EMW Eisenach (Eisenacher Motoren-Werk). Bis dahin waren rund 9.000 BMW 321, 18.822 Exemplare des 340 und etwa 41.000 Zweiräder R35 entstanden.

Großer Messeauftritt des Wartburg 311 in Leipzig, 1957

1950 hatte BMW München einen Prozess gegen den Düsseldorfer Importeur der Ost-Wagen angestrengt und laut Urteil vom 17. November des Jahres gewonnen – ab sofort war der Vertrieb .von Ostzonen-Pkw mit BMW-Logo in den Westzonen verboten. Das bedeutete letztlich, dass alter Name und altes Markenzeichen von den Thüringern nicht mehr verwendet werden durften. Aber weil entsprechend dem damals gültigen Allierten Gesetz nicht direkt gegen das Eisenacher Werk prozessiert werden durfte, liefen die Autos noch bis Mitte 1952 mit dem bisherigen Logo weiter. Besonders linientreue staatliche Dienststellen versahen später selbst „echte" BMW mit dem neuen Zeichen.

Die Produktion der großen Sechszylinder dauerte offiziell nur noch bis 1953, wurde aber auf kleiner Flamme im Karosseriewerk Halle-Diemitz (Stammwerk) sowie nach 1955 bei spezialisierten Werkstätten weitergeführt. Doch ihre Zeit war vorüber: Schon 1953 war die Fertigung des IFA F9 von Zwickau nach Eisenach verlagert worden. Ab Dezember 1955 trug das Werk den neuen Namen VEB Automobilwerk Eisenach – AWE.

Die Thüringer machten das Beste daraus. Dem zweitaktenden Dreizylinder-F9 folgte der sehr ähnlich gestrickte Wartburg 311. Er war das richtige Auto zur richtigen Zeit und durchaus wettbewerbstauglich auch auf dem internationalen Markt. Die Vielzahl von Versionen und Projekten angesichts der wirtschaftlichen Umstände erstaunt noch heute. 1965 mutierte der rundliche 311 zum 312, der Löwenanteil der Gesamtproduktion war auf Limousinen und dann – mit weitem Abstand – auf Kombi und Camping-Limousine entfallen. Aus dem 312 wurde dann der kantige Wartburg 353 – jetzt hätte es indes eines neuen Konzepts mit modernerem Motor und selbsttragender Karosserie bedurft.

Fast unverändert blieb der 353 bis 1988 (Limousine) bzw. 1989 (Kombi) im Programm. Besonders populär und begehrt in der DDR war stets die Kombiversion

Wartburg-Produktion in Eisenach

	311 u. 313	311/1000	312	353 und 353/1	353 W	1.3
1955	162					
1956	14.223					
1957	23.285					
1958	24.326					
1959	29.020					
1960	28.801					
1961	30.232					
1962		26.209				
1963		30.003				
1964		31.998				
1965		20.669	2			
1966			11.049	14.005		
1967			21.082	30.951		
1968			4.154	34.928		
1969				37.447		
1970				40.411		
1971				43.130		
1972				45.676		
1973				48.100		
1974				51.813		
1975				9.997	44.043	
1976					55.510	
1977					57.565	
1978					58.832	
1979					56.320	
1980					58.325	
1981					60.133	
1982					61.302	
1983					64.003	
1984					71.998	
1985					74.002	
1986					74.233	
1987					71.520	
1988					59.999	12.303
1989					1.191	70.204
1990						63.068
1991						7.200
Summe	**150.049**	**108.879**	**36.287**	**356.453**	**868.976**	**152.775**

Die Endsummen sind teilweise höher als das jeweilige Additionsergebnis. Sie enthalten zusätzliche Kapazitäten, die außerhalb von AWE und den Karosseriewerken Halle/Dresden entstanden sind.

BMW/EMW- und F9-Produktion in Eisenach

	BMW 321	BMW 326	BMW 325/2	BMW/EMW 340	BMW/EMW 327	IFA F9 (309)
1945	68					
1946	1.373	15				
1947	2.055	1				
1948	2.500					
1949	2.750			250	14	
1950	250			3.405	2	
1951				6.572	—	
1952			161	8.597	141	
1953				1.363	61	7.550
1954				482	107	12.863
1955				579	180	13.492
1956						4.878
Summe	**8.996**	**16**	**161**	**21.248**	**505**	**38.783**

Dazu 1.082 EMW-340-Ersatzkarosserien 1957 bis 1959 sowie rund 100 EMW-327-Ersatzkarosserien.
Quelle: Jahresinventuren BMW/EMW Eisenach / Auswertung: Lars Leonhardt

Tourist. Allerdings sank die Attraktivität der Zweitakt-Kreation angesichts zunehmender Importe von Skoda-, Lada- und Dacia-Fahrzeugen immer weiter. Es gab sehr viele und sehr unterschiedliche Versuche, den Zweitakter durch zeitgemäßere Konstruktionen abzulösen – die aber alle durch die staatlichen Entscheidungsträger gestoppt wurden. Erst das Modell 1.3 brachte, wenn auch zu spät, den angestrebten Fortschritt. Dessen Antrieb besorgte – wie beim Trabant – ebenfalls ein VW-Viertakter. Alles in allem wurde die Hälfte aller je hergestellten Wartburg 311, 353 und 1.3 exportiert.

Stets einbezogen in die Fertigung des Wartburg waren die Karosseriewerke Halle und Dresden, wo Versionen des Kombimodells »Tourist« aufgebaut wurden. 1977 bis 1980 entstand darüber hinaus ein neuer Werksteil in Eisenach-West. Ab 1984 wurde auch enger mit dem Kraftfahrzeugwerk Gotha (nunmehr Chassisproduktion) und dem Möve-Werk Mühlhausen (Sitzfertigung) kooperiert. Gleichzeitig begann die Zusammenarbeit mit Volkswagen zum Aufbau einer neuen Zylinderkopf-Fertigung in Eisenach West.

Ende 1989/Anfang 1990 wurde mit Volkswagen, BMW, Mitsubishi und Opel über ein Joint-venture verhandelt. Noch im Frühjahr 1990 fiel die Entscheidung, mit Opel zusammenzuarbeiten – Ende dieses Jahres lief der erste Vectra vom Band. Die Wartburg-Produktion endete im April 1991.

Statistiker haben errechnet, dass damit in neun Jahrzehnten Thüringer Automobilgeschichte 1.837.08 Autos gebaut wurden.

Im September 1992 wurde das neue Eisenacher Opel-Werk in Eisenach-West eröffnet. Vom früheren Wartburg-Werk auf der Rennbahnstraße sind nur wenige Gebäude erhalten geblieben: Unter anderem residiert dort heute die reich bestückte städtische Automobilsammlung AWE (Automobile Welt Eisenach).

BMW/EMW 321 – 326 – 340 – 327 – 340 S – 342/343 – 351

Awtowelo BMW 321 (1945 – 1950)

Mit noch existierenden Werkzeugen, die teilweise von Ambi-Budd aus Berlin-Johannisthal geholt wurden, begannen die Eisenacher Techniker bereits Ende 1945 mit der Fertigung des Vorkriegs-321: Im November entstanden 14, im Dezember 39 Exemplare. Technisch war die Limousine unverändert geblieben, allerdings wurde das Kühlergitter einiger Exemplare auf sowjetischen Wunsch rot und nicht schwarz lackiert. Der 321 entstand ausschließlich in der zweitürigen Limousinenversion und behielt den bewährten 2,0-Liter-Sechszylinder, der hier 45 PS leistete.

1946 wurde für ihn ein Verrechnungspreis von 7.600 Mark kalkuliert. Allerdings blieben nur 1.848 Stück in Ostdeutschland – hauptsächlich zur Verwendung in sowjetischen Dienststellen. Der größte Teil der Produktion gelangte ins Ausland – vor allem in die Sowjetunion (5.142 Exemplare), aber auch in 17 andere Länder (2.006 Einheiten). Die Gesamtproduktion des BMW 321 zwischen 1945 und 1950 betrug 8.996 Stück.

Awtowelo BMW 326 (1946 – 1947)

Der ab 1936 gefertigte 326 war der erste größere und gleichzeitig der meistverkaufte BMW der Vorkriegszeit. Wegen der sehr komplexen Fertigung wurden 1946/47 nur 16 dieser viertürigen BMW-326-Reiselimousinen für sowjetische Dienststellen gebaut. Das Exterieur war in einigen wenigen Details gegenüber der Urversion vereinfacht worden. So waren beispielsweise die Winker nicht in die Karosserie einbezogen, sondern einfach außen aufgesetzt; die massiven Stoßfänger (ohne zweiteiligen Bügel) entsprachen denen des 335. Dank des 50-PS-Motors war der 326 bis zu 115 km/h schnell. Die Herstellung des 326 endete, weil hintere Drehstabfedern, eine Zweivergaser-Anlage und vor allem ein Langhalsgetriebe erforderlich gewesen wären – davon waren aber alle Restexemplare aufgebraucht. Diese Bauteile standen erst für den 340 zur Verfügung. Später wurden in der DDR auch Vorkriegs-326er zu 340ern umgebaut.

BMW 321 Limousine, 1946

BMW 326 Limousine, 1946

	Awtowelo BMW 321 1945 – 1950	Awtowelo BMW 326 1946 – 1947
Motor		
Zylinderzahl	6 (Reihe), längs hinter Vorderachse	
Bohrung x Hub	66 x 96 mm	
Hubraum	1971 cm³	
Leistung	45 PS (33 kW) bei 37500/min	50 PS (37 kW) bei 3750/min
Drehmoment	11,2 mkg (110 Nm) bei 2500/min	11,2 mkg (110 Nm) bei 2500/min
Verdichtung	6,0 : 1	
Vergaser	1 Steigstromvergaser Solex 30 BLVS oder Pallas SAR2	2 Fallstromvergaser Solex 26 BFLV
Ventile	Hängend (Stößel, Kipphebel), seitliche Nockenwelle (Antrieb durch Kette)	
Kurbelwellenlager	4	
Kühlung	Pumpe / 7,5 Liter Wasser	
Schmierung	Druckumlauf / 4,0 Liter Öl	
Batterie	6 V 75 Ah (im Motorraum)	6 V 75 Ah (unter Rückbank)
Lichtmaschine	Gleichstrom 130 W	
Kraftübertragung	Antrieb auf Hinterräder	
Kupplung	Einscheiben-Trockenkupplung	
Schaltung	Knüppel in Wagenmitte	
Getriebe	4 Gang (kein Freilauf)	4 Gang (I. u. II. Gg. Freilauf, nicht sperrbar)
Synchronisierung	III-IV	III–IV
Übersetzungen:	I. 3,70 II. 2,22 III. 1,51 IV. 1,00 R: 3,70	I. 3,85 II. 2,38 III. 1,54 IV. 1,0
Hinterachs-Übersetzung	4,55	4,875
Fahrwerk	Kastenrahmen, Ganzstahlkarosserie	
Vorderradaufhängung	Dreieckquerlenker oben, Querblattfeder unten, Hebel-Stoßdämpfer (doppeltwirkend)	
Hinterradaufhängung	Starrachse mit Längsblattfedern, Hebel-Stoßdämpfer (doppeltwirkend)	Starrachse mit 2 Längsfederstäben, Hebel-Stoßdämpfer (doppeltwirkend)
Lenkung	Zahnstange (14,6 : 1)	Zahnstange (14,6:1)
Fußbremse	Hydraulisch, 4 Räder, vorn/hinten Trommeln (d = 50 mm, ∅= 280 mm), Gesamt-Bremsfläche 1056 cm²	
Handbremse	Mechanisch, auf Hinterräder	
Schmierung	Zentralchassis-Schmierung (Eindruck)	
Allgemeine Daten	Limousine, 2türig	Limousine, 2 türig
Radstand	2750 mm	2750 mm
Spur	1300/1300 mm	1300/1400 mm
Gesamtmaße	4470 x 1570 x 1650 mm	4600 x 1600 x 1500 mm
Reifen	5,25-16 oder 5,50–16	5,50-16
Felgen	3.00 D x 16	3.50 D x 16
Bodenfreiheit	20 cm	20 cm
Wendekreisdurchmesser	11 m	12 m
Leermasse	1050 kg	1125 kg
Zuläss. Gesamtmasse	1600 kg	1700 kg
Höchstgeschwindigkeit	115 km/h	115 km/h
Verbrauch	9,5 L/100 km	12,5 L/100 km
Kraftstofftank	50 Liter (hinten)	65 Liter (hinten)

Awtowelo BMW 340/0 (1949 – 1951)

BMW/EMW 340/2 bis 340/7 (1952 – 1955)

Das erfolgreiche Vorkriegsmodell BMW 326 war Basis des ersten eigenständigen DDR-Autos – und diente später auch bei BMW in München als Grundlage für den »Barockengel« 501/502. Der komplette Vorderwagen bis zur A-Säule wurde neu geschaffen, die Heckpartie lediglich überarbeitet. Für die Front gab es unterschiedliche Gestaltungsvorschläge, letztlich setzte sich der Grill mit horizontalen Zierstäben durch. Es blieb aber stets beim geteilten, kleinen Heckfenster.

Die Limousine kam grundsätzlich viertürig und mit geteilter Frontscheibe daher, ein von außen zugänglicher Kofferraum war Serie. Die bis Ende 1951 gefertigten Exemplare des BMW 340/0 hatten noch eine zweiteilige, ausstellbare Windschutzscheibe, Mittel- und Seitenarmlehnen hinten, Einzelsitze, die »alte« Bosch-Elektronik, aber keine Heizung. Gegenüber dem 326 wurde das Interieur deutlich verändert, die Instrumente stammten vom 335. Die Entwicklung begann im September 1947, im April 1948 war der erste Prototyp fertig gestellt. Bis Ende 1949 entstanden die ersten schätzungsweise 250 Exemplare des

EMW 340/2 Limousine, 1953

EMW 340/2 Limousine, 1953

BMW 340/0 Limousine, weiß-blaues Logo, 1950

BMW 340/7 Kombiwagen, 1953

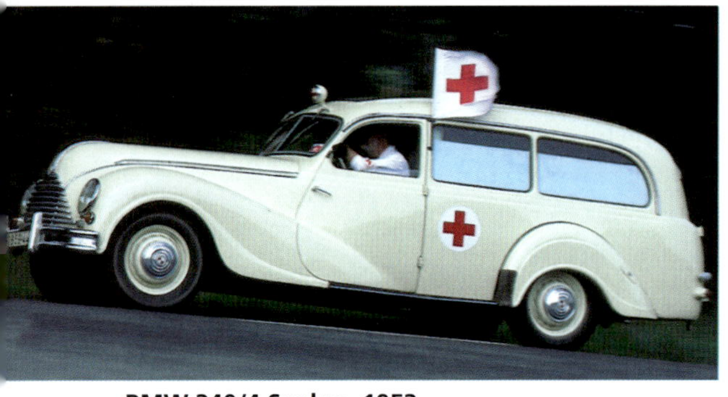

BMW 340/4 Sankra, 1953

340/0. Von April 1948 bis September 1949 hatte ein Versuchsfahrzeug die Strecke von 86.000 Kilometern erfolgreich absolviert. Und vom 17. September bis 10, Oktober 1949 nahmen weitere vier BMW 340 an einer 10.000-Kilometer-Langstreckenerprobung teil.
Vorgestellt wurde der Awtowelo BMW 340 auf dem Brüsseler Salon 1949 und auf der Leipziger Herbstmesse im gleichen Jahr. Die Auslieferung der Limousine begann in kleiner Stückzahl im Oktober 1949. Das Auto erhielt von Anfang an einen auf 55 PS leistungsgesteigerten 2,0-Liter mit Zweivergaser-Anlage. Der 340 bekam ein neues Getriebe (mit längerem Abtriebhals und kürzerer Kardanwelle) sowie Lenkradschaltung. Bei einigen Fahrzeugen wurden Motorhauben aus Aluminium eingesetzt.
Dazu kamen ab August 1951 der Kombiwagen 340/7, der Sanitätskraftwagen 340/4 mit zusätzlicher zweiter Seitentür rechts und beidseits angeschlagenen hinteren Türflügeln (anfangs mit eckigem, später mit rundlichem Heckabschluss) sowie der Kastenlieferwagen 340/3 (Nutzmasse 500 kg). Alle hatten Aufbauten der IFA-Karosserie-Werke Halle (entstanden aus den beiden Hallenser Karosseriebaufirmen Kathe und Sohn sowie Kühn), später VEB Karosseriewerk Dresden, Betriebsteil Halle-Diemitz. Zum gleichen Zeitpunkt erschien die leicht modifizierte Limousine unter der neuen Bezeichnung BMW 340/2. Neu waren u.a. die durchgehende Sitzbank vorn, die geänderte Schalter-Anordnung, die serienmäßige Ausstattung mit Warmwasserheizung und Elektrolüfter sowie der BVF-Doppelvergaser. Es blieb aber beim 55-PS-Motor, eine oft herbeigeschriebene 57-PS-Ausführung oder die Umstellung auf Palas-Vergaser ist nicht belegbar. Allerdings wurden ab Ende der 50er-Jahre im Ersatzteilhandel modifizierte »Quetschkanten-Zylinderköpfe« angeboten, die über 60 PS leisteten.
Im Gefolge der juristischen Auseinendersetzung wegen der Namensrechte änderte sich die offizielle Typenbezeichnung im Januar 1952: Nach rund 6.300 ausgelieferten 340er-Modellen hießen die Fahrzeuge nach der Übergabe des Werks in Volkseigentum ab 5. Juni 1952 »EMW 340/2« (EMW = Eisenacher Motoren-Werk). Ab August trugen sie ein rot-weißes Logo entsprechend den Thüringischen Landesfarben. Zuvor war das Propeller-Markenzeichen in typischem weiß-blau gehalten.
In der DDR liefen die BMW/EMW-340-Limousinen hauptsächlich als Dienstwagen in Verwaltung und Industrie; außerdem blieben sie bis Mitte der 60er-Jahre in den Städten der DDR die meist gefahrenen Taxis. Offizieller Auslauftermin der Fertigung in Eisenach war im April 1953, tatsächlich lief aber eine Kleinserienproduktion in Eisenach und Halle weiter.
Bis zum endgültigen Produktionsstopp 1955 wurden 20.953 bzw. 21.249 Wagen hergestellt (nicht eingerechnet die 166 Armee-Kübelwagen 325/3): Davon waren 12.775 Exemplare der /2-Limousine, 943 Lieferwagen 340/3, 518 Sankra 340/4, 364 Kombis 340/7 (darunter 50 ab Werk als »Landfilmwagen« ausgestattete Fahrzeuge) und 600 Fahrgestelle 340/5. Auf Letztere bauten ausländische Karossiers ihre Schöpfungen auf, bekannt geworden sind verschiedene Bestattungsfahrzeuge. Aber auch nach 1954/55 entstanden noch Hunderte von 340-Exemplare aus Restteilen, allerdings wurde über deren Zahl nicht mehr Buch geführt.

Preise BMW/EMW 321, 327 und 340 in DM-Ost

321 Limousine (1948)	10.500 *
327/1 Kabriolett (1952)	17.740
327/3 Coupé (1952)	18.590
340/2 Limousine (1952)	15.000
340/3 Lieferwagen (1952)	10.550
340/4 Sankra (1952)	13.200
340/7 Kombi (1952)	14.835

* Exportpreis: 13.600,- sF

Stückzahlen im Detail
BMW/EMW 340 (1949 – 1955)
BMW/EMW 327 (1949 – 1955)

	340/0 340/2 Limousine	340/3 Lieferwagen	340/4 Sankra	340/5 Chassis	340/6 Rechtslenker	340/7 Kombi	327/1 327/2 Kabriolett	327/3 Coupé
1949	250						14	
1950	3.405						2	
1951	6.570	1	1					
1952	7.142	665	355	400	4	31	141	
1953	872	130	161	200			60	1
1954	232	144				106	76	31
1955	348	3	1			227	60	120
Summe:	**18.819**	**943**	**518**	**600**	**4**	**364**	**353**	**152**

Quelle: Jahresinventuren BMW/EMW Eisenach / Auswertung: Lars Leonhardt

Awtowelo BMW 327/1 (1949 – 1951)

EMW 327/2 und 327/3 (1952 – 1955)

1949/50 wurden in Eisenach aus Restteilen 16 Exemplare des legendären Vorkriegs-Kabrioletts gebaut – sie liefen unter dem Namen BMW 327/1. Ausgeliefert wurde dabei ausschließlich die 55-PS-Version des Fahrzeugs mit Zweivergaseranlage, nun aber bestückt mit dem Motor des BMW 340. Der Karosserieaufbau blieb identisch mit dem der 50-PS-Vorkriegsvariante – also mit seitlich öffnenden Motorhaubenflügeln (»Schmetterlingshaube«) und Winkern in der A-Säule. Die Türen waren bereits von Anfang an vorn angeschlagen. Erstmals gezeigt wurde der 2+2sitzige BMW 327/1 auf dem Automobilsalon Brüssel 1949.
Erst 1952 konnten sich die Eisenacher ernsthafter dem Projekt 327 widmen, realisiert wurde es in Dresden. Das Kabriolett bekam nun durchgehende Stoßfänger, die Winker wanderten in die B-Säule. Das Cockpit wurde bei allen 327-Nachkriegs-Ausführungen mit eckigen Instrumenten bestückt. Und das Triebwerk saß unter einer nunmehr hinten angeschlagenen Frontklappe (»Alligatorhaube«), die Seitenteile blieben also stehen.
Der 337 mal gebaute 327/2 erhielt den 55-PS-Sechszylinder des 340/2 mit hängenden Solex- statt stehende BVF-Vergaser sowie einen Ölkühler (nur für die Zweitürer, nie für den 340). Die Umrüstung auf Palas-Vergaser und eine Leistungssteigerung auf 60 PS erfolgten ungeachtet der Vorankündigung nicht. Aber das anfällige Hurth-Getriebe wurde ersetzt. Vor allem in den Benelux-Staaten erfreute es sich starken Zuspruchs. Persönlichkeiten wie der Dichter und Kulturminister Johannes R. Becher zahlten in der DDR 17.740 Mark für den offenen Wagen.
Noch exklusiver war indes das ebenfalls in Dresden gebaute 327/3 Coupé, das binnen dreier Jahre in nur 152 Exemplaren entstand. Anders als beim Vorkriegsmodell waren die Türen nun vorn angeschlagen, wurde die Alligator-Haube aufgesetzt, die Positionsleuchten unter die Scheinwerfer (vorher auf den Kotflügeln) verbannt und ein großes Heckfenster installiert, im Cockpit thronten 340/2-Instrumente. Der Tankstutzen verbarg sich unter dem klappbaren Zierdeckel der Ersatzradabdeckung, einen Zugang zum Gepäckraum hatte man nur von innen.

BMW 327/1 Kabriolett, 1949

EMW 327/2 Kabriolett, 1954

EMW 327/3 Coupé, 1954

	Awtowelo BMW 340 1949 – 1951 BMW/EMW 340/2 1951 – 1955	Awtowelo BMW 340/3 bis /7 1951 – 1952 EMW 340/3 bis/7 1952 – 1955	Awtowelo BMW 327/1 1949 – 1950 BMW/EMW 327/2 1952 – 1955 EMW 327/3 1953 – 1955
Motor		BMW 340	
Zylinderzahl		6 (Reihe), längs hinter Vorderachse	
Bohrung x Hub		66 x 96 mm	
Hubraum		1971 cm³	
Leistung		55 PS (40 kW) bei 3750/min	
Drehmoment		11,2 mkg (110 Nm) bei 2500/min	
Verdichtung	6,0 : 1, ab 1951: 6,1 : 1,	6,1 : 1	6,0 : 1, ab 1951: 6,1 : 1
Vergaser		2 Fallstromvergaser Solex 32 PBI oder BVF F 323-1	
Ventile		Hängend (Stößel, Kipphebel), seitliche Nockenwelle (Antrieb durch Kette)	
Kurbelwellenlager		4	
Kühlung		Pumpe / 9,0 Liter Wasser	
Schmierung	Druckumlauf / 4,5 Liter Öl	Druckumlauf / 4,5 Liter Öl	Druckumlauf / 4,5 Liter Öl, Ölkühler
Batterie		6 V 75 Ah oder 84 Ah (im Motorraum)	
Lichtmaschine		Gleichstrom 130 W	
Kraftübertragung		Antrieb auf Hinterräder	
Kupplung		Einscheiben-Trockenkupplung	
Schaltung	Lenkradschaltung	Lenkradschaltung	Knüppel in Wagenmitte
Getriebe	4 Gang (I. u. II. Gg. Freilauf, nicht sperrbar)	4 Gang (I. u. II. Gg. Freilauf, nicht sperrbar)	4 Gang (I. u. II. Gg. Freilauf, nicht sperrbar)
Synchronisierung	II-IV	III–IV	III–IV
Übersetzungen:	I. 3,85 II. 2,38 III. 1,54 IV. 1,00 R: 3,438	I. 3,85 II. 2,38 III. 1,54 IV. 1,00 R: 3,438	I. 3,85 II. 2,38 III. 1,54 IV. 1,0 R: 3,438
Hinterachs-Übersetzung	4,55	3,90	3,90
Fahrwerk	Kastenrahmen, Ganzstahlkarosserie	Kastenrahmen, Kombi- und Sanitätswagen: Holz-Stahl-Bauweise, Lieferwagen: Kastenrahmen aus Holz	Kastenrahmen, Ganzstahlbauweise
Vorderradaufhängung		Dreieckquerlenker oben, Querblattfeder unten, Hebel-Stoßdämpfer (doppeltwirkend)	
Hinterradaufhängung	Starrachse mit Dreieckschublenker, Längsfederstäbe, Hebel-Stoßdämpfer (doppeltwirkend)	Starrachse mit Dreieckschublenker, Längsfederstäbe, Hebel-Stoßdämpfer	Starrachse mit Längsblattfedern Hebel-Stoßdämpfer (doppeltwirkend)
Lenkung	Zahnstange (15,5:1)	Zahnstange (15,5:1)	Zahnstange (14,6:1)
Fußbremse		Hydraulisch, 4 Räder, vorn/hinten Trommeln (d = 50 mm, ∅= 280 mm), Gesamt-Bremsfläche 1056 cm²	
Handbremse		Mechanisch, auf Hinterräder	
Schmierung		Zentralchassis-Schmierung (Eindruck)	
Allgemeine Daten	Limousine, 4türig	Kombi- und Lieferwagen, 2türig, Sanitätswagen, 3türig	Kabriolett, Coupé, 2türig
Radstand	2870 mm	2884 mm	2750 mm
Spur	1300/1400 mm	1300/1400 mm	1300/1300 mm
Gesamtmaße	4600 x 1765 x 1630 mm	Kombi-/Sanitätswagen: 4850 x 1825 x 1660 mm, Lieferwagen: 4630 x 1780 x 1700 mm	4500 x 1600 x 1420 mm
Reifen	5,50-16 oder 5,75–16	Kombi-/Sanitätswagen: 6,00–16 Extra	5,50-16 oder 5,75–16
Felgen	3.50 D x 16	4.00 x 16 Tiefbett	3.00 D x 16
Bodenfreiheit		20 cm	
Wendekreisdurchmesser	12 m	12,5	11 m
Leermasse	1280 kg	1350, Sanitätswagen 1400 kg	1110 kg
Zuläss. Gesamtmasse	1700 kg	1750 kg	1400 kg
Höchstgeschwindigkeit	120 km/h	120 km/h	125 km/h
Verbrauch	11,5 L/100 km	11,5 L/100 km	12 L/100 km
Kraftstofftank	65 Liter (hinten)	65 Liter (hinten)	50 Liter (hinten)

Awtowelo BMW 340/1 (1948 – 1949)

Awtowelo BMW 342 / 343 (1949 – 1951)

Awtowelo 351 (1950 – 1952)

Neben den EMW/BMW-Serienmodellen wurden 1948/49 auf Basis des neuen 340 zwei Exemplare eines neuen Zweisitzers aufgebaut – der Sportwagen 340/S (80 PS, 328-Motor, mit kleiner Motorhaube und 328-Instrumenten) und der Roadster 340/1 (55 PS, 340-Motor, mit Verdeck, größerem Grill, Türklinken und 340-Instrumenten, nachgerüstet später mit einer hinteren Notsitzbank). Sie nutzten als Basis Getriebe (hier aber mit Knüppelschaltung) und Fahrwerk der Limousine. Sie hatten jedoch einen Leichtmetallaufbau (Gewichtsreduzierung auf 800 kg) und einen 100-Liter-Tank. Der 340/1 verfügte bereits rundum über eine Drehstabfederung. Gezeigt wurden sie auf der Leipziger Frühjahrsmesse 1949, sie waren als potenzielle Nachfolger des BMW 327/328 gedacht. Zu einer Serienproduktion kam es allerdings nie, obwohl eine Zahl von 800 bis 1.000 Exemplaren genannt worden war.

Ebenfalls im Hinblick auf den Export wurden zwischen 1949 und 1951 mehrere repräsentative Ausstellungsmuster auf 340-Basis für internationale Messen hergestellt – sie gingen in die Sowjetunion. Es handelte sich um die Typen 342 und 343. Ersterer hatte einer Kühlerpartie im Stil des späteren Münchner BMW 501. Der 342 trug einen Haifisch-Grill, wie er bei US-Wagen jener Zeit üblich war, er bekam außerdem hintere Schraubenfedern und moderne Teleskopstoßdämpfer. Bei beiden Autos waren die vorderen Kotflügel im Ponton-Stil gerade durchgezogen und die Türen vorn angeschlagen. Sie waren 20 cm länger als die 340-Limousine, 10 cm breiter und etwas niedriger. Die Vorderachsen wurden über Torsionsfederstäbe beruhigt. Der Motor beider Nachfolgetypen war von 55 auf 65 PS erstarkt. Diese Fahrzeuge erlangten aber genau so wenig die Serienreife wie das ab 1950 vorbereitete Nachfolgemodell des 340, intern 340/8 genannt. Grund war die nach der Rückgabe des Werks an die DDR erfolgte Umprofilierung der Eisenacher Produktionsstätte.

Beim Wissenschaftlichen Büro für Automobilbau der UdSSR (WTB) in Chemnitz wurde derweil 1950/51 das sehr sachlich wirkende Projekt 351 angegangen. Die Entwicklungsarbeiten waren hoffnungsvoll, wurden aber dennoch beendet, nachdem das Thüringer Werk wieder in deutschem Besitz war. Motorisch hatte man auf den bewährten Eisenacher 2,0-Liter-Sechszylinder mit Zweivergaser-Anlage (Solex) zurückgegriffen, er leistete 54 PS bei 4250 U/min. Auch für dieses Projekt entstand in Eisenach ein zusätzlicher Entwurf, der jedoch lediglich in Form eines nicht fahrfertigen 1:1-Modells realisiert wurde.

BMW 340/1 Sport-Roadster, 1949

BMW 342 Prototyp, 1950

BMW 343 Prototyp, 1950

BMW 342 mit Panorama-Heckscheibe
und großer Heckklappe, 1950

Awtowelo 351 Prototyp, 1951

IFA F9 (1953 – 1956)

Noch im März 1953, unmittelbar nach der Verlagerung aus Zwickau, lief die ins IFA Werk Eisenach verlegte Produktion des F9 an (bis 1955 intern als EMW 309 bezeichnet). Die bisherige Konstruktion mit der geteilten Frontscheibe wurde zunächst unverändert weitergebaut – äußerlich ist kein Unterschied zwischen den Zwickauer und den frühen Eisenacher Exemplaren festzustellen. Auch die Motorenfertigung war nach Thüringen umgezogen.

Es begann mit der Limousine (wahlweise mit Schiebedach 309/8), dann folgten das Kabriolett 309/2 (Winker hinter den Türen, ab 1953 im Karosserie-Werk Dresden gebaut), der Kombi (309/9, ab 1953 Karosserie-Werk Halle) mit seitlich öffnender Hecktür, der Holz/Stahl-Kombi (309/7), die Kabrio-Limousine (309/3, ab 1954 im Karosserie-Werk Meerane, Winker in der B-Säule), der Pick-up-Lieferwagen (309/5 im Karosserie-Werk Halle) sowie ein Polizei-Einsatzfahrzeug (309/4 in Dresden und Meerane). Sie alle waren bereits in Zwickau entwickelt worden. Bis zu sieben Karosserie-Ausführungen waren zeitweise in Produktion. Eine viertürige Version des F9 gab es jedoch nie. Es blieb auch stets bei der ursprünglichen Stahlblech-Karosserie. Die Versuche, wenigstens eine Heckklappe aus Kunststoff zu fertigen, wurden nach Einzelexemplaren wieder eingestellt.

In Eisenach erfuhr der F9 eine Reihe technischer und wenige optische Veränderungen. Im März 1954 ab Chassis-Nr. 55.501 bekam der Zweitürer eine höhere Motorleistung (neuer Aluminium-Zylinderkopf mit zentral statt seitlich platzierten Zündkerzen, versetzter Lüfterwelle, verbesserter Ansauganlage): Die Dauerleistung wuchs auf 30 PS zwischen 3000 und 3600/min; die Höchstleistung kletterte auf 32 PS bei 3600 bis 3800/min. Gleichzeitig kamen nun die durchgehende Windschutzscheibe und die große Panorama-Heckscheibe zum Einsatz (»Vollsichtkarosserie«). Vereinzelte Exemplare für den Export sollen noch größeren Heckscheiben vom DKW F89 erhalten haben (Nachrüstung durch den Importeur).

Im gleichen Jahr wurde der vor dem Motor sitzende Zündverteiler durch die später auch im Wartburg 311 eingesetzte Zündanlage mit drei Unterbrecherkontakten und Zündspulenkästen ersetzt. Ein neuer Auspuff mit Vorschalldämpfer kam ab Fahrgestellnummer 62.054. Überarbeitet wurde nun auch das Fahrwerk, ein leicht modifizierter Instrumententräger kam zum Einsatz (eine weitere Version sollte 1956 folgen). Noch eine Neuerung war der 40-Liter-Tank im Heck, der eine Unterdruck-Kraftstoffpumpe erforderlich machte. Außerdem gab es eine Scheibenwasch- und Heizungsanlage mit Defroster. Ab 1955 erhielt der F9 ein neues Lenkrad und die modische Lenkrad- statt der Krückstockschaltung. Mindestens fünf unterschiedliche Instrumententräger wurden im F9 während seiner Laufzeit eingesetzt.

Die Gesamtproduktion von Sommer 1953 bis Mai 1956 lag bei insgesamt 38.783 Einheiten aus AWE-Fertigung. Darunter waren 859 Schiebedach-Limousinen (309/8), 3.005 Kombis mit Stahlblechaufbau (309/9) und 17 Kombis in Holz/Stahl-Bauweise (309/7), 680 Kabriolimousinen (309/3) sowie 1.329 Kabrioletts (309/2). Über die Hälfte aller je ausgelieferten F9 ging in den Export.

Noch lange Jahre wurden Ersatzkarossen gefertigt. Die ab 1960 ausgelieferten Aufbauten unterschieden sich durch einen schmalen Grill mit Alu-Ziergitter und Zierleisten auf der Haube: Derartige Fahrzeuge waren noch jahrzehntelang auf der Straße. Manche F9-Karossen wurden auch auf »überlebende« VW-Kübelwagen aufgebaut.

F9 309/0 Limousine, 1953

F9 309/1 Limousine mit Schiebedach, 1953

F9 309/2 Kabriolett (1956) und 309/0 Limousine (1953)

F9 309/3 Kabriolimousine, 1955

F9 309/4 Kübelwagen, 1953

F9 309/5 Schnell-Lieferwagen, 1954

F9 309/9 Kombi, 1954

	IFA F 9 1953 – 1956
Motor	**EMW 309-1**
Zylinderzahl	3 (Reihe), längs vor Vorderachse
Bohrung x Hub	70 x 78 mm
Hubraum	900 cm³
Leistung	28 PS (21 kW) bei 3600/min, ab 1954: 30 PS (22 kW) bei 3000/min
Drehmoment	7,5 mkg (74 Nm) bei 2500/min
Verdichtung	6,25 : 1, ab 1954: 6,9 : 1
Vergaser	1 Flachstromvergaser BVF H 32/0
Ventile	Kolbensteuerung (Zweitakter)
Kurbelwellenlager	4
Kühlung	Thermosyphon, 10,0 Liter Wasser
Schmierung	Zweitaktgemisch 1:25
Batterie	6 V 75 bzw. 84 Ah (im Motorraum)
Lichtmaschine	Gleichstrom 130 W
Anlasser	0,6 PS (0,4 kW)
Kraftübertragung	Frontantrieb
Kupplung	Einscheiben-Trockenkupplung
Schaltung	Krückstockschaltung an Armaturentafel, ab 1955: Lenkradschaltung
Getriebe	4 Gang (alle Gänge mit Freilauf, sperrbar)
Synchronisierung	Keine
Übersetzungen	I. 3,500, ab 1954: 3,273 II. 2,060, ab 1954: 2,133 III. 1,350, ab 1954: 1,368 IV. 0,985, ab 1954: 0,956 R: 4,44, ab 1954: 5,138
Antriebs-Übersetzung	4,857, Kombi: 5,67
Fahrwerk	Kastenprofilrahmen, Ganzstahlkarosserie
Vorderradaufhängung	Dreieckquerlenker unten, Querblattfeder oben, hydr. Kolben-Stoßdämpfer, 1954: Teleskopstoßdämpfer
Hinterradaufhängung	Starre Rohrachse mit Querblattfeder oben, hydr. Kolben-Stoßdämpfer
Lenkung	Zahnstange (15:1)
Fußbremse	Hydraulisch, 4 Räder, vorn/hinten Trommeln (d= 35 mm, ∅= 230 mm), Gesamt-Bremsfläche600 cm²
Handbremse	Mechanisch, auf Hinterräder
Schmierung	Chassis-Zentralschmierung (Eindruck)
Allgemeine Daten	Limousine, Kabriolett, Kabriolimousine, 2 türig, Kombi, 3türig
Radstand	2350 mm
Spur	1184/1260 mm
Gesamtmaße	Limousine: 4200 x 1600 x 1450 mm, Kombi: 4200 x 1650 x 1570 mm, Cabrio: 4200 x 1600 x 1500 mm
Reifen	5,00–16, Kombi: 5,50–16
Felgen	3.25 D x 16
Bodenfreiheit	20 cm
Wendekreisdurchmesser	11 m
Leermasse	Limousine: 900 kg, Cabrio: 920 kg, Kombi: 960 kg
Zuläss. Gesamtmasse	Limousine/Cabriolet: 1250 kg, Kombi: 1400 kg
Höchstgeschwindigkeit	Limousine/Cabrio: 110 km/h, Kombi: 90 km/h
Beschleunigung 0–100 km/h	Limousine/Cabrio: 39 sec, Kombi: 52 sec
Verbrauch	Limousine/Cabrio: 10 L/100 km, Kombi: 11 L/100 km
Kraftstofftank	30 Liter (im Motorraum), ab 1954: 40 Liter (hinten)

Preise F9 und Wartburg 311 bis 313

Binnenmarkt (DM-Ost)		Export 1958 – 1961 (DM-West)
F9 Limousine (1955)	13.200	
F9 Limousine m. Schiebedach	13.300	
F9 Kabriolett	14.000	
F9 Kabriolimousine (1953/55)	15.000	
F9 Kombiwagen	12.650	
F9 Kübel	10.650	
311/0 Limousine	14.700	5.300, ab 1959: 5.100
311/008 Limousine m. Schiebedach	15.100	
311/1 Luxus-Limousine	16.300	6.120, ab 1959: 5.780
311/108 Luxus-Limous. m. Schiebed.	16.700	
311/9 Kombi 3türig	15.200	6.300
311/4 Kübel	17.800	
311/5 Camping-Limousine 5türig	16.200	6.900
311/2 Kabriolett	16.370	7.100
311/3 Reise-Coupé	16.700	7.100
311/7 Schnelltransporter	12.700	
313/1 Sport-Wagen	19.800	9.620, ab 1959: 8.625
Wartburg 1000:		
311/0 Limousine (1962)	15.200	5.300, ab 1963: 4.640, ab 1965: 4.860
311/008 Limousine m. Schiebedach	15.600	
311/1 Limousine de Luxe	16.800	5.930, ab 1963: 4.950, ab 1965: 5.150
311/108 Limous. de Luxe m. SD	17.200	
311/4 Kübel	18.300	
311/9 Kombi	15.700	6.435, ab 1965: 6.710
311/920 Kombi m. Heckklappe	15.735	
311/921 Kombi de Luxe mit Heckkl.	16.800	
311/7 Schnelltransporter	13.200	
311/5 Camping-Limousine	16.700	7.060
311/3 Reise-Coupé	17.200	7.290
311-300 HT Roadster	19.500	
312/0 Limousine (1965)	15.970	4.860
312/008 Limousine m. Schiebedach	16.370	
312/1 Limousine de Luxe	17.570	5.150
312/108 Limous. de Luxe m. SD	17.970	
312/5 Camping-Limousine	17.470	
312/920 Kombi m. Heckklappe	16.470	
312/921 Kombi de Luxe m. Heckkl.	17.570	
312-300 HT Roadster	20.000	
312/7 Schnelltransporter	12.850	

F9 309/7 Holz/Stahl-Kombi, 1954

Wartburg 311 – 313 – P100 – 311/1000 – 312

Wartburg 311 (1956 – 1962)

Der weiterhin frontgetriebene Wartburg basierte auf dem IFA F9 und übernahm im Wesentlichen dessen Kastenprofilrahmen, Motor und Getriebe, hatte aber eine neue Karosserie. Am Anfang standen drei von engagierten Technikern in Eigenregie aufgebaute Prototypen: Sie saßen auf dem kurzen F9-Fahrgestell – zwei hatten zwei Türen (F9 P), der dritte vier Türen (F9 R), Die Panorama-Heckscheibe stammte von den F9-Exportwagen. Das im April 1955 intern präsentierte Auto überzeugte so, dass die zuständigen Entscheider für die Produktion votierten – aber als größeren Viertürer mit 10 cm mehr Radstand. Der 900-cm³-Motor leistete nunmehr 37 PS.

Der Anlauf der Vorserie – noch als EMW 311 – erfolgte im Oktober 1955, die ersten zwölf Fahrzeuge wurden im Bezirk Erfurt ausgeliefert. Am 30. Juni hatte die Fahrerprobung der ersten Limousine begonnen, ab dem 14. Juli war das zweite Fahrzeug im Versuch. Dann sollen auch eine Handvoll Cabrios entstanden sein. Auf der Leipziger Frühjahrsmesse 1956 wurden gleich mehrere neue Modelle vorgestellt: Limousine

EMW F9/P Prototyp zweitürig, 1955

Wartburg 311/1 Limousine de Luxe (kleines Grill, farbiges Logo), 1956

311/0 (Standard) – der 311/1 (Luxus) kam erst 1957 –, Kabriolett 311/2 (mit dick gefüttertem Verdeck, voll versenkbaren Seitenscheiben und Ledersitzen) und Kombi 311/9 (mit rundlichem Heck, seitlich öffnender Hecktür und Ersatzrad unter der schmalen Abdeckung des Laderaums). Ebenfalls zu sehen war der 311/5a Schnelltransporter mit offener Ladefläche. Die Serienproduktion der neuen Autos lief ab Mitte 1956 – wobei das Kabriolett in Dresden und der Kombi in Halle entstanden. Erstmals wurden sie nun als »Wartburg« bezeichnet.

Das Reise-Coupé 311/3 (grundsätzlich zweifarbig, mit großer, damals noch einteiliger Panorama-Heckscheibe und vollversenkbaren Seitenfenstern, Fertigung ab Mitte 1957 in Meerane) und die Camping-Limousine 311/5 (ein Luxuskombi mit umlegbaren Sitzen und hinterem Faltschiebedach, Produktion zuerst in Eisenach, ab 1959 in Dresden) gingen nach ihrer Präsentation auf der Leipziger Frühjahrsmesse 1957 in Serie. Wobei die Camping-Limousine letztlich die Kunden erreichen musste, denen mit dem ebenfalls vorgestellten 311er Bellevue Appetit gemacht worden war: Zwei jener Landaulets 311/4 mit Plexiglasabdeckung vorn und textilem Klappverdeck hinten entstanden in Halle. Sie fanden noch auf einer Messe in Brüssel ihre Käufer. Eine Serienherstellung der Autos wäre letztlich zu teuer geworden. Die Bezeichnung 311/4 bekamen künftig die Einsatzwagen für Polizei und Feuer-

Wartburg 311/2 Kabriolett, 1957

Wartburg 311/4 Bellevue Prototyp, 1957

Wartburg 311/5 Camping-Limousine (kleines Grill, frühe mehrteilige Seiten-Zierleiste), im Hintergrund 313/1-Prototyp, 1957

Wartburg 311/3 Coupé (dreifarbig, kleiner Grill, gerade Zierleiste, Scheinwerferhutzen als Extra), 1957

Wartburg 311/4 Kübelwagen (kleines Grill), 1959

wehr. Sie blieben bis 1964 im Programm, davon entstanden insgesamt rund 900 Exemplare. In noch kleinerer Stückzahl produziert wurde der erwähnte Pick-up-Schnelltransporter 311/5a für 500 kg Nutzmasse – zunächst mit Ganzstahlkarosserie auf dem Kombi basierend (Fertigung in Halle), ab 1960 als 311/7 mit eigenständigem Stahl- oder eckigem Stahl-/Holz-Aufbau (produziert in Eisenach).

Form und Farbgestaltung aller zivilen Wartburg-Modelle waren elegant und vollkommen zeitgemäß. Erkennbar ist die erste Serie am farbigen AWE-Logo (bis Dezember 1955 sogar farbiges EMW-Logo), dem kleinen Kühlergrill, den zweiteiligen Stoßfängern vorn, den gegenläufigen Scheibenwischern und dem krallenartigen Motorhaubenverschluss. Diese Fahrzeuge ließen sich nur per Start-Knopf anlassen. Die Wagen bis Baujahr 1961 hatten noch eine Thermosiphon-Motorumlaufkühlung. Sie verfügten aber über Scheinwerfer (200 mm Lichtaustritt) und schmale Rückleuchten (von Bosch).

Bereits ab Januar 1958 – noch vor der nächsten Leistungssteigerung – bekam der 311 ein teilsynchronisiertes Vierganggetriebe. Ebenfalls 1958 wurden die Bremsbeläge verbreitert, überdies kamen nun vorn Duplex-Bremsen wie beim Wartburg Sport (313/1) zum Einsatz. Dadurch mussten die Antriebswellen (ein Schwachpunkt von F9 und 311) geändert werden.

Ab der Leipziger Frühjahrsmesse 1959 erhielt der Wartburg den großen chromverzierten Kühlergrill, wie ihn bereits der Sportwagen 313/1 präsentiert hatte. Es blieb bis 1960 bei der mehrteiligen seitlichen Zierleiste. Neu war der 38-PS-Motor, der ab Mitte 1958 gebaut wurde. Dazu erhielten nun alle Modelle bessere Bremsen und parallel angeordnete Scheibenwischer. Außerdem wurde ab sofort in allen Modellen ein 40-Liter-Tank eingebaut. Ab 1960 bekamen alle Wartburg dreiteilig-durchgehende Stoßfänger sowie ab Jahresende IFA-Einheitsscheinwerfer.

Der 900-cm³-Motor blieb bis 1961 im Programm. Zum Jahresanfang erfolgte nochmals eine Leistungssteigerung zuerst auf 40 PS (nicht mehr für Cabrio), dann zum Jahresende sogar auf 42 PS (neuer, heute sehr gesuchter Zylinderkopf mit Quetschkante). In jenem Jahr ersetzte man den 40- durch einen 44-Liter-Tank.

Bis Ende 1961 entstanden insgesamt 150.000 Wartburg 311 (zu erkennen am bis dahin eingesetzten farbigen Firmenzeichen) – davon 100 Pick-ups (Schnelltransporter), 3.000 Camping-Limousinen, 5.000 Reise-Coupés und 13.000 Kombis. Rund 2.000 Cabrios waren zwischen 1956 und erstes Halbjahr 1960 gebaut worden – dann endete ihre Fertigung. Dafür ging nun die Produktion des Coupés nach Dresden.

Wartburg 311/5a Schnell-Lieferwagen, 1956

Wartburg 311/8 Limousine de Luxe (Schiebedach), 1959/60

Wartburg 311/5 Camping-Limousine (alte Seiten-Zierleiste, geteilte Stoßfänger) und 311/2 Kabriolett; großes Grill, farbiges Logo, 1959/60

Wartburg 311/3 Coupé (großer Grill, neue Zierleiste), 1959

Wartburg 311/9 Kombi, 1959/60

Wartburg-Mercedes 170 V Schwarze (1956 – 1960)

Genau wie F9-Karossen auf Fahrgestelle von VW Käfer oder Kübelwagen gesetzt wurden, genauso karossierten Spezialbetriebe Vorkriegs-Chassis mit Wartburg-Aufbauten. Eines der bekanntesten Beispiele lieferte die Görlitzer Firma Schwarze, die Mitte/Ende der 50er-Jahre 15 Limousinen sowie mindestens einen Kombi und ein Cabriolet auf Mercedes-170-V-Fahrgestelle setzte.
Wegen des längeren Mercedes-Radstands verlängerte Schwarze den Vorbau des Eisenacher Gefährts und passte die Kühlerattrappe in die Motorhaube ein. Unverändert blieb die Leistung des 1700er Viertakters bei 38 PS – sie entsprach damit der des 900-cm³-Wartburg. Aus Eisenach stammten auch die Innenausstattung und Teile der Bremsanlage. Aber anders als der Wartburg (mit Lenkradschaltung) verfügte der Schwarze-Wagen über einen Mittelschalthebel auf dem Kardantunnel. Der 46 Liter-Tank war vor der vorderen Spritzwand platziert.
Als sich Anfang der 60er-Jahre die meisten Handwerker in Genossenschaften zusammenschließen mussten, endete die Zeit privaten Unternehmertums in Görlitz und anderswo, wo ähnliche »Kleinserien« entstanden. Die schwarz lackierten Limousinen mit Karostreifen waren indes noch in den 70er-Jahren als Taxi unterwegs.

Wartburg-Mercedes 170 V Limousine, 1960

	Wartburg-Mercedes 170 V Schwarze 1956 – 1960
Motor	**M 136**
Zylinderzahl	4 (Reihe), vorn längs
Bohrung x Hub	73,5 x 100 mm
Hubraum	1697 cm³
Leistung	38 PS (28 kW) bei 3200 U/min
Drehmoment	10,2 mkg (100 Nm) bei 1800 U/min
Verdichtung	6,0 : 1
Vergaser	1 Steigstromvergaser Solex 30 BFLVS
Ventile	Stehend, seitliche Nockenwelle (Antrieb durch Zahnräder)
Kurbelwellenlager	3
Kühlung	Pumpe/ 9,0 Liter Wasser
Schmierung	Druckumlauf / 5,0 Liter Öl
Batterie	6 V 100 Ah (unter Fahrersitz)
Lichtmaschine	Gleichstrom 90 W
Kraftübertragung	Antrieb auf Hinterräder
Kupplung	Einscheiben-Trockenkupplung
Schaltung	Knüppel in Wagenmitte
Getriebe	4 Gang
Synchronisierung	I–IV
Übersetzungen	I. 4,025, II. 2,28, III. 1,42, IV. 1,0
Antriebs-Übersetzung	4,125
Fahrwerk	Ovalrohrrahmen (X-Form), Ganzstahl-Karosserie
Vorderradaufhängung	2 Querblattfedern
Hinterradaufhängung	Pendelachse mit Schraubenfedern,
Lenkung	Schnecke und Rolle
Fußbremse	Hydraulisch, 4 Räder (Einkreis), vorn/hinten Trommeln (d= 240 mm), Gesamt-Bremsfläche 546 cm²
Handbremse	Mechanisch, auf Hinterräder
Schmierung	Chassis-Zentralschmierung (Eindruck)
Allgemeine Daten	Limousine, 4türig, Kombi, 3türig
Radstand	2845 mm
Gesamtmaße	4500 x 1570 x 1500 mm
Reifen	5.50-16
Felgen	3,25 D 16
Bodenfreiheit	20,5 cm
Wendekreisdurchmesser	11,5 m
Leermasse	1150 kg
Zuläss. Gesamtmasse	1525 kg
Höchstgeschwindigkeit	100 km/h
Beschleunigung 0–100 km/h	35 sec
Verbrauch/100 km	11,0 L/100 km
Kraftstofftank	43 Liter (im Motorraum)

Wartburg 313/1, 1959

Wartburg Sportwagen 313/1 (1957 – 1960)

Wartburg 313/1, 1959

Der 313/1 war der ungewöhnlichste Wartburg jener Zeit. Er debütierte als »Sportwagen-Coupé« 1957 auf der Leipziger Frühjahrsmesse und wurde dann im Karosserie-Werk Dresden überwiegend manuell gefertigt. Der Zweisitzer basierte auf dem 311 (gleicher Radstand), erhielt aber eine längere Motorhaube mit funktionslosen »Entlüftungsschlitzen«, das große Ziergitter, Parallel-Scheibenwischer und durchgehende Stoßfänger.

Der Innenraum – mit Ablagemöglichkeit hinter den vorderen Sitzen – war relativ groß. Komfortabel geriet seine Ausstattung mit Kurbelfenstern (keine Steckscheiben), Instrumenten-Blendschutz, Voll-Leder-Ausstattung und Heizgebläse. Der 900-cm³-Motor wurde dank zweier Vergaser (anfangs zwei Flachstrom, ab Mitte 1958 Doppelvergaseranlage) und höherer Verdichtung auf 50 PS leistungsgesteigert.

Gegen Aufpreis gab es ein Hardtop aus Stahl (mit Panorama-Heckscheibe aus Plexiglas, ab 1958 aus Glas), das sich so aufsetzen ließ, dass das ebenfalls optionale Stoffverdeck zusammengelegt an seinem Platz verbleiben konnte. Das bis 1960 nur 469 mal gebaute Fahrzeug ging zu einem Drittel in den Export. Selbst nach den USA wurden acht Stück verkauft, dort wurden übrigens auch Limousine, Coupé, Kombi und Kabriolett angeboten.

Größtes Manko des 313/1 war sein beschränktes Platzangebot für nur zwei Personen. Deshalb entstanden sowohl in Eigenregie, als auch vom Werk unterstützt viersitzige Versionen: Dafür wurde der versteifende Metallkragen im Heck aufgeschnitten, um hinten eine schmale Sitzbank unterbringen zu können. Das Stoffverdeck ließ sich dann nicht mehr einsetzen, aber der Coupé-Aufsatz passte weiterhin. Vom Karosseriebaubetrieb Neumann in Spremberg/Lausitz kamen darüber hinaus zwei viersitzige Sonderkarosserien. Eins war ein 313/1 mit verlängertem Coupédach und großzügiger geschnittenem Innenraum. Das andere Auto war ein Zwitter aus 313/1 und 311 Coupé, das in behördlichem Auftrag entstanden war.

Neumann-Coupé auf 311-Basis, 1960

	Wartburg Sport 313/1 1957–1960
Motor	AWE 311
Zylinderzahl	3 (Reihe), längs vor Vorderachse
Bohrung x Hub	70 x 78 mm
Hubraum	900 cm³
Leistung	50 PS (37 kW) bei 4500/min
Drehmoment	9,0 mkg (88 Nm) bei 3750/min
Verdichtung	7,9 : 1
Vergaser	2 Flachstromvergaser BVF H 362-5, 1958: BVF Doppelvergaseranlage HH 362-1
Ventile	Kolbensteuerung (Zweitakter)
Kurbelwellenlager	4
Kühlung	Thermosyphon, 10,0 Liter Wasser
Schmierung	Zweitaktgemisch 1:25
Batterie	6 V 84 Ah (im Motorraum)
Lichtmaschine	Gleichstrom 130 W
Anlasser	0,6 PS (0,4 kW)
Kraftübertragung	**Frontantrieb**
Kupplung	Einscheiben-Trockenkupplung
Schaltung	Lenkradschaltung
Getriebe	4 Gang (alle Gänge mit Freilauf, sperrbar)
Synchronisierung	Keine, ab 1958: II-IV
Übersetzungen	I. 3,273, II. 2,133, III. 1,238, IV. 0,826, R: 4,438
Antriebs-Übersetzung	4,857
Fahrwerk	Kastenprofilrahmen, Ganzstahlkarosserie
Vorderradaufhängung	Dreieckquerlenker unten, Querblattfeder oben, hydr. Teleskop-Stoßdämpfer
Hinterradaufhängung	Starre Schwebeachse mit Querblattfeder oben, hydr. Kolben-Stoßdämpfer, beidseits Längslenker
Lenkung	Zahnstange (15:1)
Fußbremse	Hydraulisch, 4 Räder, vorn/hinten Trommeln (∅= 230 mm), Gesamt-Bremsfläche 920 cm²
Handbremse	Mechanisch, auf Hinterräder
Allgemeine Daten	Roadster mit Hardtop, 2 türig
Radstand	2450 mm
Spur	1190/1260 mm
Gesamtmaße	4360 x 1610 x 1350 mm
Reifen	5,90–15
Felgen	4.0 J x 15
Bodenfreiheit	19 cm
Wendekreisdurchmesser	12,5 m
Leermasse	970 kg
Zuläss. Gesamtmasse	1270 kg
Höchstgeschwindigkeit	140 km/h
Beschleunigung 0–100 km/h	27 sec
Verbrauch	11,0 L/100 km
Kraftstofftank	40 Liter (hinten)

Wartburg P100 (1961) und 313/2 HS (1961 – 1963)

Großer Hoffnungsträger in der Mittelklasse war der P100 – eine Auftragsarbeit, die AWE und AWZ parallel im Rahmen eines staatlichen Wettbewerbs durchführten. Die Mitte 1961 fertig gestellte Eisenacher Limousinen-Ausführung hatte – anders als das Zwickauer Modell – einen Unterflur-Mittelmotor und Heckantrieb. Dabei handelte es sich um einen auf ein Liter Hubraum gebrachten, 48 PS starken Wartburg-Dreizylinder. Das mit einer Ganzstahlkarosserie versehene Auto lief damit 130 km/h. Vollsynchronisiertes Vierganggetriebe sowie Scheibenbremsen hatte lediglich der in Zwickau entstandene P100. Das AWE-Exemplar verfügte aber über Schraubenfedern vorn.
Gleichzeitig arbeiteten die Techniker an einem Wankel-Motor und an einem Vierzylinder-Viertakt-Boxer (zunächst gedacht für den Wartburg Typ 314 mit selbstragender Karosserie, ein Ideenträger von 1957). Zu der für 1964 vorgesehenen Serienproduktion des P100 kam es nicht, nicht zuletzt mangels Werkzeugmaschinen. Es blieb in Eisenach bei nur einem fahrfertigen Prototyp. Auch nicht in Serie ging die seitliche Schiebetür, die sowohl bei einer P100-Version als auch bei je einem 311 Kombi von 1960 und 1964 (S. 93) versuchsweise installiert wurde.
Noch vor dem P100 waren in Eisenach die Arbeiten an einem Nachfolger des Wartburg 313/1 gestartet. Er sollte ein markant gestylter, sehr eigenständigerer 2+2Sitzer werden. Es gibt zwar stilistische Ähnlichkeiten zur Renault Floride, aber bereits 1958 hatte AWE-Chefgestalter Hans Fleischer einen Wartburg mit dieser neuen Frontpartie gezeichnet. Die äußere Form des 313/2 HS ließen sich die Eisenacher übrigens in der DDR und .in der Schweiz patentrechtlich schützen.
Der Zweisitzer hatte den vergrößerten, dank Zweivergaseranlage rund 60 PS starken Wartburg-Motor quer vor der angetriebenen Hinterachse – diese Anordnung war für den P100 nochmals aufgegriffen worden. Der Gangwechsel erfolgte über eine Knüppelschaltung. Seine schraubengefederte Einzelradaufhängung und die selbsttragende Karosserie waren fortschrittliche Features, die aber nie realisiert wurden. Drei Prototypen entstanden bis 1963, zu einer Serienumsetzung kam es nie.

P100 von AWE, 1961

Wartburg 313/2 HS Prototyp, 1961

Wartburg 313/2 HS Prototyp (unrestauriert), 1961

Wartburg 311/1000 (1962 – 1965)

1962 erhielt der Wartburg einen 1,0-Liter-Motor mit nunmehr 45 PS, der auch dem nachfolgenden Zwischentyp 312 und schließlich anfangs sogar dem Nachfolger 353 erhalten bleiben sollte. Dieser Motor hatte bereits den P100 und den 313/2 angetrieben. Offizielle Bezeichnung des hubraumgrößeren, aber ansonsten kaum veränderten Autos war »Wartburg 1000« bzw. 311/1000, fälschlicherweise wurde es – zeitweise sogar vom Hersteller – auch Typ 312 genannt. Neu beim Exterieur waren die Form der Rückleuchten (ab Januar 1963) und das nunmehr schwarzweiße Firmen-Logo (neu ab Mitte 1961).

Die viertürige Camping-Limousine mit dem inzwischen mehrteilig gelb eingefärbten Plexiglas-Dachaufsatz lief bis 1965, genau wie das Reise-Coupé – nunmehr mit Dachstegen im Heckfenster. In beiden Fällen wurde das zuvor aus Westdeutschland zugelieferte gewölbte Sekurit-Glas nicht mehr eingesetzt. 1965 fielen auch die vorderen Dreieckfenster beim Coupé weg.

Wartburg 311/1000 Standard Limousine, 1963

Wartburg 311/1000 Coupé mit hinteren Stegfenstern, 1964

Der weiterhin zweitürige Kombi kam Anfang 1964 mit modernisierter, steil stehender Heckpartie und nunmehr nach oben klappender Hecktür. Nur eine konstruktive Fingerübung blieb eine weitere Schiebetür-Version mit modischen Heckflossen (1964). Ebenfalls als 311/1000 gefertigt wurden der Schnell-Lieferwagen und der Polizei-Einsatzwagen, nur das ursprüngliche Kabriolett war jetzt nicht mehr im Programm.
Aber offensichtlich sah man Chancen, mit einem offenen Fahrzeug einen Mehrgewinn einzufahren. Das in Dresden entwickelte, vor allem im Frontbereich gegenüber allen anderen Wartburg stark modifizierte Auto wurde im März 1965 präsentiert und ab Juli 1965 produziert. Das neue Hardtop-Coupé 311/300 HT bekam serienmäßig ein abnehmbares Coupédach aus Kunststoff, ganz am Anfang war kein Stoffverdeck lieferbar. Der Neue behielt zunächst das alte 15-Zoll-Fahrwerk mit Blattfedern.
Fast 109.000 Dreielfer mit 1,0-Liter-Maschine entstanden, darunter waren 4.800 Pick-ups (Schnell-Lieferwagen), 9.000 Kombis und über 200 Hardtop-Coupés.

Wartburg 311/1000 Kombiwagen, Versuchsfahrzeug mit Schiebetüren, 1964

Wartburg 311/1000 Kombiwagen, neues Heck, 1964

Wartburg 311/1000 (311/7) Schnell-Lieferwagen, mit Anhänger vom VEB Feuerlöschgerätewerk Görlitz, 1963

Wartburg 311/300 HT, 1965

Wartburg 311/300 HT, Coupédach, 1965

Stückzahlen Wartburg 311, 311/1000 und 313/1

	311/0,/1,/8 Limousine	312/2 Kabriolett	311/3 Coupé	311/4 Einsatzfz.	311/5 Camping	311/7 Pickup	311/9 Kombi	313/1 Sport
1955	162	5	—	—	—	—	—	—
1956	12.010	880	—	—	102	—	1.225	—
1957	19.383	630[1]	100	—	79	85	2.610	21
1958	21.064		350	—	220	—	2.006	239
1959	24.439	288	511	265	690	10	2.800	105
1960	23.741	100	949	257	1.069	—	2.550	100
1961	22.882	117	1.345	99	846	1.850	3.210	
1962	20.617	—	651	80	930	1.180	2.751	
1963	23.814		814	90	1.161	300	2.801	
1964	26.700		599	100	1.596	597	3.000	
1965	17.284		168	—	1.669	916	614	
Summe	**212.096**	**1.903**	**5.487**	**891**	**8.362**	**4.938**	**23.568**	**469**

Quelle: Stück, [1] Stückzahl für 1957/58

	Wartburg 311 1956 – 1961	Wartburg 311/1000 (Wartburg 1000) 1962 – 1965	Wartburg 312 (Wartburg 1000) 1965 – 1966
Motor	AWE 311	AWE 312	AWE 312/1
Zylinderzahl	3 (Reihe), längs vor Vorderachse	3 (Reihe), längs vor Vorderachse	3 (Reihe), längs vor Vorderachse
Bohrung x Hub	70 x 78 mm	73,5 x 78 mm	73,5 x 78 mm
Hubraum	900 cm³	992 cm³	992 cm³
Leistung	37 PS (27 kW) bei 4000/min, Mitte 1958: 38 PS (28 kW) bei 3600/min, 1961. 40 PS (29 kW) bei 4000/min, Ende 1961: 42 PS (31 kW) bei 4000/min	45 PS (32 kW) bei 4200/min	45 PS (32 kW) bei 4250/min
Drehmoment	8,3 mkg (81 Nm) bei 2200/min	9,3 mkg (91 Nm) bei 3000/min	9,3 mkg (91 Nm) bei 3000/min
Verdichtung	6,7 : 1, 1961: 7,4 : 1	7,4 : 1	7,6 : 1
Vergaser	1 Flachstromvergaser BVF H 362	1 Flachstromvergaser BVF H 362	1 Flachstromvergaser BVF H 362, ab 1966: 1 Fallstromvergaser BVF 36-F1

	Wartburg 311 1956 – 1961	Wartburg 311/1000 (Wartburg 1000) 1962 – 1965	Wartburg 312 (Wartburg 1000) 1965 – 1966
Ventile	Kolbensteuerung (Zweitakter)	Kolbensteuerung (Zweitakter)	Kolbensteuerung (Zweitakter)
Kurbelwellenlager	4	4	4
Kühlung	Thermosyphon/ 10,0 Liter Wasser	Pumpe/ 8.0 Liter Wasser	Pumpe/ 8,0 Liter Wasser
Schmierung	Zweitaktgemisch 1:25, ab 1958: Zweitaktgemisch 1:33	Zweitaktgemisch 1:33	Zweitaktgemisch 1:33
Batterie	6 V 84 Ah (im Motorraum)	6 V 84 Ah (im Motorraum)	6 V 84 Ah (im Motorraum)
Lichtmaschine	Gleichstrom 130 W, 1961: 180 W	Gleichstrom 220 W	Gleichstrom 220 W
Kraftübertragung	Frontantrieb	Frontantrieb	Frontantrieb
Kupplung	Einscheiben-Trockenkupplung	Einscheiben-Trockenkupplung	Einscheiben-Trockenkupplung
Schaltung	Lenkradschaltung	Lenkradschaltung	Lenkradschaltung
Getriebe	4 Gang (Freilauf, abschaltbar)	4 Gang (Freilauf, sperrbar)	4 Gang (Freilauf, sperrbar)
Synchronisierung	Keine, ab 1958: II–IV	II–IV	II–IV
Übersetzungen	I. 3,273, II. 2,133, III. 1,368, IV. 0,956, R: 4,438	I. 3,273, II. 2,133, III. 1,368, IV. 0,956, R: 4,438	I. 3, 273, II. 2,133, III. 1,368, IV. 0,956, R: 4,438
Antriebs-Übersetzung	4,857, Kombi: 5,67	4,857, Kombi: 5,67	4,429, Kombi: 4,857
Fahrwerk	Kastenprofilrahmen, Ganzstahl-Karosserie	Kastenprofilrahmen, Ganzstahl-Karosserie	Kastenprofilrahmen, Ganzstahl-Karosserie
Vorderradaufhängung	Dreieckquerlenker unten, Querblattfeder oben, hydr. Teleskop-Stoßdämpfer,	Dreieckquerlenker unten, Querblattfeder oben, hydr. Teleskop-Stoßdämpfer,	Doppel-Dreieckquerlenker oben/unten, Schraubenfedern, hydr. Teleskop-Stoßdämpfer,
Hinterradaufhängung	Starre Schwebeachse, mit Querblattfeder oben, hydr. Teleskop-Stoßdämpfer, beidseits Längslenker	Starre Schwebeachse mit Querblattfeder oben hydr. Teleskop-Stoßdämpfer, beidseits Längslenker	Schrägpendelachse mit Schraubenfedern, hydr. Teleskop-Stoßdämpfer, Drehstab-Querstabilisator
Lenkung	Zahnstange (15:1)	Zahnstange	Zahnstange (19,9–17:1)
Fußbremse	Hydraulisch, 4 Räder vorn/hinten Trommeln (∅= 230 mm), Gesamt-Bremsfläche 600 cm², ab Herbst 1957: 920 cm²	Hydraulisch, 4 Räder vorn/hinten Trommeln (∅= 230 mm), Gesamt-Bremsfläche 920 cm²	Hydraulisch, 4 Räder vorn/hinten Trommeln (∅= 230 mm), Gesamt-Bremsfläche 920 cm²
Allgemeine Daten	Limousine, 4türig, Kombi, 3türig, Camping-Limousine, 5 türig Kabriolett, Reise-Coupé, Pickup, 2 türig	Limousine, 4türig, Kombi, 3türig, Camping-Limousine, 5 türig Hardtopcoupé 311/1000-300 HT, Pickup, 2türig	Limousine, 4türig, Kombi, 3türig, Camping-Limousine, 5 türig ab 9/65: 312/1000-300 HT, Pickup, 2 türig
Radstand	2450 mm	2450 mm	2450 mm
Spur	1190/1260 mm	1190/1260 mm	1260/1300 mm
Gesamtmaße	Limousine: 4300 x 1570 x 1450 mm, Cabrio: 4300 x 1570 x 1450 mm, Reise-Coupé: 4210 x 1570 x 1450 mm, Camping-Limousine: 4210 x 1570 x 1450 mm, Kombi: 4250 x 1570 x 1475 mm	Limousine: 4300 x 1570 x 1450 mm Reise-Coupé 4210 x 1570 x 1450 mm Hardtopcoupé 4300 x 1570 x 1390 mm Camping-Limousine 4210 x 1570 x 1450 mm Kombi 4250 x 1570 x 1475 mm	Limousine 4300 x 1590 x 1520 mm Hardtopcoupé 4300 x 1570 x 1440 mm Kombi 4350 x 1570 x 1500 mm Cabrio 4370 x 1570 x 1440 mm
Reifen	5,90-15, Kombi: 6,50-15	5,90-15, Kombi: 6,40-15	6,00-13
Felgen	4.0 J x 15	4,5 J x 15	4.5 x 13
Bodenfreiheit	19 cm	19 cm	19 cm
Wendekreisdurchmesser	12,5 m	12,5 m	11,5 m
Leermasse / Zul. Gesamtmasse	Limousine 960/1330 kg, Cabrio 1010/1350 kg, Reise-Coupé 1010/1350 kg, Camping-Limousine: 1040/1420 kg, Kombi 1070/1470 kg	Limousine 930/1300 kg, Reise-Coupé 970/1325 kg, Hardtopcoupé (2 Sitze) 905/1325 kg, Camping-Limousine: 1000/1390 kg, Kombi 1070/1450 kg	Limousine 935/1305 kg, Hardtopcoupé 905/1325 kg, Kombi 1050/1445 kg Camping-Limousine: 1040/1420
Höchstgeschwindigkeit	114, Kombi 100 km/h	122, Kombi 105 km/h	122, Kombi 105 km/h
Beschleunigung 0–100 km/h	35 sec	29 sec	29 sec
Verbrauch	10,0 L/100 km, Kombi 10,5 L/100 km	10,5 L/100 km, Kombi 10,5 L/100 km	10, Kombi 10,5 L/100 km
Kraftstofftank	40 Liter, ab 1961: 44 Liter (hinten)	44 Liter (hinten)	44 Liter (hinten)

Wartburg 312 (1965 – 1967)

Im September 1965 debütierte der Typ 312 (die Baureihe müsste korrekterweise 312/1 heißen – aber unter dieser Bezeichnung läuft auch eine Karosserieversion des 312) mit Fahrwerk und weiteren technischen Features des künftigen Typs 353 (Schraubenfeder-Radaufhängungen vorn und hinten, 13- statt 15 Zoll-Räder, keine Schmierstellen mehr, neues Lenkrad mit abgepolsterter, tiefer gezogener Nabe). Karosserie, Einkreis-Bremsanlage, Motor (nunmehr geschlossenes Kühlsystem) und teilsynchronisiertes Getriebe blieben aber weitgehend unverändert.

Der ab Oktober 1965 ausgelieferte neue Roadster – nunmehr 312/300 HT – bekam ebenfalls das 353-Fahrwerk. Der größte Teil dieser rund 750 Fahrzeuge (2+2sitzig dank schmaler Rückbank) bekam jenen neuen Unterbau. Dazu kam nun ein vollversenkbares Stoffverdeck mit angenähten Seitenfenstern. Seine kantige Frontpartie (neuer Grill, nach vorn verlängerte Motorhaube) und das gestrecktere Heck waren schon während der Erstpräsentation stark in der Kritik. Man war eben stilistisch harmonischere Autos aus Eisenach gewöhnt.

Vom 312/1-Zwischenmodell entstanden vom 1. September 1965 bis zur Produktionseinstellung Mitte 1966 exakt 36.287 Exemplare – davon 25.036 Limousinen (Standard, de Luxe, de Luxe Schiebedach), 7.356 Camping-Limousinen, 2.842 Kombis, 485 Hardtop-Coupés und 512 Pick-ups (Schnelltransporter). Ein Drittel aller 312er gingen in den Export.

Die Limousine blieb nur bis Juni 1966 im Programm. Aber Kombi, Camping-Limousine, Schnell-Transporter und 312/300 HT wurden noch bis Anfang 1967 hergestellt. Ab Juli 1966 wurden Fallstrom- statt Flachstromvergaser eingesetzt. Und Autos, die nach dem Juli 1967 gebaut wurden, bekamen bereits das Vollsynchron-Getriebe des späteren Wartburg 353. Speziell für den Export gab es ab 1966 Versionen von Limousine und Camping-Limousine mit neuen, horizontalen Grillzierstäben.

Wartburg 312/0 Standard Limousine, September 1965

Wartburg 312/5 Camping-Limousine, 1966

Wartburg 312/9 Kombi, 1966

Wartburg 312/5 Camping-Limousine, Exportausführung (waagerechte Grill-Zierleisten), 1966

Wartburg 312/300 HT (farbiges Logo nachgerüstet), Ende 1965

Antriebsalternativen

Mehrfach versuchten die Eisenacher Automobilbauer, neue Technik in die Autos zu bringen. Anfangs hatte man sich noch an jene Direktive des RGW gebunden gefühlt, der zufolge die DDR nur Personenwagen mit Zweitaktmotoren bis 1000 cm³ zu bauen habe. Dennoch war klar, dass der Viertakter zukunftträchtiger sein würde. So entstanden 1957 bis 1960 vier einsatzbereite, 1088 cm³ große Vierzylinder-Viertakt-Boxermotoren mit 45 PS. Weil aber sowohl Produktionsmittel als auch Sonderwerkstoffe nicht oder nur schwierig zu beschaffen waren, wandten sich die Automobilentwickler dem Kreiskolbenmotor zu – nicht zuletzt deshalb, weil im Mai 1960 die VVB anwies, alle Arbeiten am Viertaktmotor einzustellen. Zunächst wurden in Eigenregie recht ermutigende Ergebnisse mit einem 550 cm³ großen Motor erzielt, der 50 PS (37 kW) bei 5000/min leistete. Aber dann musste auf eine teure NSU-Lizenz zurückgegriffen werden. Nach vier weiteren Jahren und erheblichen Aufwendungen stoppten die Arbeiten; der Lizenzvertrag wurde 1969 gekündigt (mehr dazu im Kaptel AWZ/Trabant).

AWE-Motor B11, 1957 – 1960

Stückzahlen Wartburg 312

	312/0, /1, /8 Limousine	312/5 Camping	312/7 Pickup	312/9 Kombi	312/300 HT Roadster
1964	2	—	—	—	—
1965	9.283	971	270	303	222
1966	15.751	3.333	242	1.439	260
1967	—	3.052	—	1.100	3
Summe	25.036	7.356	512	2.842	485

Quelle: Stück / Recherchen Dr. Dietrich

Wartburg 353, 353/1, 353 W (1966 – 1989)

Offiziell wurde die neue Limousine (Type 100/104) mit Beginn der Serienfertigung im August 1966 vorgestellt. Hauptmerkmale des 353 blieben Frontantrieb und Zweitaktmotor. Der Nachfolger des Typs 312 behielt den 45-PS-Motor und die im Herbst 1965 eingeführten Schraubenfeder-Radaufhängungen. Völlig neu war die sehr sachlich gestaltete Karosserie (c_W-Wert 0,49), der 312-Aufbau ließ sich durch sie komplett ersetzen. Das tragende Kastenprofil-Chassis hätte problemlos sehr unterschiedliche Karosserieversionen ermöglicht – entsprechende Überlegungen gab es durchaus. Einstieghöhe und Sitzfläche waren bauartbedingt höher als bei anderen Autos. Frühe Exemplare des Wartburg 353 bis Dezember 1966 erkennt man an der durchgehenden Reihe von Belüftungsschlitzen (Heizung) in der Motorhaube. Das vollsynchronisiertes Getriebe kam im Juli 1967, daneben wurden jetzt und nochmals im Juni 1968 verbesserte Stoßdämpfer eingebaut.

Der Kombiwagen Wartburg »Tourist« (Typ 900/904) debütierte im Oktober 1967. Standard- und Luxus-Modell entstanden sowohl im Karosserie-Werk Halle als auch im Werk Dresden. Ab 1968 war die Limousine auf Wunsch mit Stahlschiebedach (Aufpreis 400 Mark) zu haben. Im Mai 1969 stieg im Modell 353/1 dank des neuen 40er Fallstromvergasers (bisher 36er) und der neuen Kurbelwelle mit vollen Hubscheiben die Motorleistung von 45 auf 50 PS. Neu war weiterhin die leichter zu bedienende Tellerfeder- statt der Randfederkupplung. Darüber hinaus wurde der Schalthebel um fünf Zentimeter verlängert und die Gepäckraumklappe per Feder selbstanhebend ausgeführt. Den Tourist gab es ab August 1969 auf

Wartburg 353 Limousine, durchgehende Reihe von Kühlschlitzen in Motorhaube vor Frontscheibe, 1966

Wartburg 353 Limousine, 1967 – 1970

Wartburg 353 Tourist, 1968

Wartburg 353 Tourist als Knight-Rechtslenkerausführung für den britischen Markt, 1970

Wartburg 353 Limousine der Volkspolizei, verchromte Türgriffe, 1970

Wunsch mit hinterer Wisch-Wasch-Anlage. Rundinstrumente statt Breitskalen (de-Luxe-Version mit Tages-Kilometerzähler) kamen ab Juni 1969.
Anfang 1971 erhielt der Wartburg neue verchromte Türgriffe mit aus Sicherheitsgründen zurückverlegtem Betätigungsknopf. Ab August 1971 gab es erstmals als Sonderausstattung Pneumant-Radialreifen 165 SR 13, zum selben Zeitpunkt kam ein leistungsstärkerer Kühler zum Einsatz. Im Dezember 1971 folgte ein neues Heizungssystem mit Defroster. Anfang 1972 spendierte man dem Wartburg eine neue Innenraumentlüftung (veränderte hintere Dachsäulen) sowie neue kleinere Vollgummihörner statt bisheriger Stahl-Gummi-Hörner für Stoßfänger. Ab Mitte 1972 standen als Sonderausstattung Schalensitze, Knüppelschaltung mit Schaltstange unter dem Wagenboden (nur aus modischen Gründen, technisch eher unsinnig), Gürtelreifen 165 SR 13 sowie Halogen-Nebelscheinwerfer und Nebelschlussleuchte bereit.
Im April 1975 lief die Fertigung des äußerlich fast unveränderten Wartburg 353 W (Vorstellung auf der Leipziger Herbstmesse 1974). Wichtigste Merkmale: Scheibenbremsen vorn und Zweikreis-Hydraulik, Drehstrom-Lichtmaschine, Halogen-Scheinwerfer, auf Wunsch Scheinwerfer-Wischer, Sicherheits-Lenksäule, Sitzgurte und Instrumententräger nunmehr mit zwei Rundinstrumenten. Ab September 1978 bot AWE als Extra eine beheizte Heckscheibe, ab September 1980 ließen sich die Vordersitze mit Kopfstützen ausstatten. Im Jahr zuvor Jahr entstanden in Eisenach drei Pritschenwagen für den Transport der Werks-Rallyewagen (Wartburg 353 »Rallye Trans«) – an einer serienmäßigen, kürzeren Pickup-Version wurde bereits gearbeitet. Ab 1981 bekam der 353 schwarze Kunststoff-Türgriffe statt der verchromten Griffe. Viel wichtiger: Durch die ab 1982 eingesetzten Jikov-Registervergaser sank der Verbrauch des Wartburg.
1982 entstand ein erstes Exemplar des 353 W MED – ein Notarztwagen, der ab 1984 in kleiner Stückzahl an medizinische Einrichtungen ging und im Karosserie-Werk Halle gebaut wurde. Er wurde im Herbst 1983 zusammen mit dem neuen Wartburg 353 Trans (Ladefläche, Plane und Spriegel), Nutzmasse 400 kg erstmals präsentiert. Von diesem Pick-up entstanden bis 1988 exakt 6.309 Einheiten. Davon gab es einige wenige Versionen mit langem Radstand, eigenständig gefertigt von unabhängigen Karosseriebaubetrieben und nicht etwa im Eisenacher Werk. 1984 ersetzte eine S-Version die bisherige de-Luxe-Ausführung (jetzt mit mattschwarzen Türfensterrahmen, Instrumententräger wiederum wie beim 353 W de Luxe

Wartburg 353 W Tourist de Luxe, 1977

von 1975 mit Kunstleder im Holz-Look, Nebelleuchten, Knüppelschaltung, heizbarer Heckscheibe). Ab sofort waren bei allen 353 zuvor verchromte Karosserieteile schwarz Kunststoffpulver-beschichtet. Das betraf auch das Ziergitter im Kühlergrill.

Ein Jahr später erschien der Wartburg mit modernisierter, nunmehr in Wagenfarbe lackierter Frontpartie mit vier horizontalen Schlitzen (statt Gitter) sowie nach vorn verlegtem Kühler und elektrischem, thermostatisch gesteuertem Kühlgebläse. So blieb der 353 W als Limousine und Trans bis Oktober 1988 und als Tourist bis März 1989 im Programm. Dann kam der erheblich teuere Viertakter. Offiziell durften die Grundpreise eingeführter Produkte in der DDR übrigens nicht erhöht werden – dies geschah vielmehr mittels einer gepfefferten Aufpreispolitik. Schon Anfang der 80er-Jahre kostete eine vernünftig ausgestattete Wartburg-Limousine locker über 22.000 Mark.

Preise Wartburg 353, 353 W und 1.3

Binnenmarkt, in Mark		**Export (BRD bis 1969) in DM**
353 Limousine Standard (1967)	16.950	5.500
353 Limousine Luxus (1967)	17.950	5.965
353 Tourist Standard Kombi (1967)	17.700	
353 Tourist Luxus Kombi (1967)	18.800	6.035
353 W Limousine (1986)	16.950	
353 W Tourist S (1986)	20.770	
1.1 Limousine (1989)	30.200	
1.1 Limousine S (1989)	31.580	
1.1 Tourist (1989)	33.775	
1.1 Tourist S (1989)	35.190	
Binnenmarkt, in DM		
1.3 Limousine (1990)	13.540	
1.3 Limousine S (1990)	14.450	
1.3 Tourist (1990)	15.590	
1.3 Tourist S (1990)	16.490	
1.3 Trans (1990)	16.160	
1.3 Limousine (Ende 1990)	10.300	

Wartburg 353 W »Rallye-Trans«, Werkumbau auf Basis 353 W, 1978

Wartburg 353 W Tourist (Chromgrill, Kunststoff-Hörner auf Stoßfänger, geschwärzte Türgriffe, Heckscheibenwischer), 1982 – 1984

Wartburg 353 W Limousine, Feuerwehr-Einsatzleitwagen (in Wagenfarbe lackierter Grill), 1985

Wartburg 353 W MED, Notarztwagen, 1983

Wartburg 353 W Trans, 1985 – 1988

	Wartburg 353 (Wartburg 1000) 1966 – 1967	Wartburg 353 Wartburg 353 Tourist 1967 – 1969	Wartburg 353/1 Wartburg 353/1 Tourist 1969 – 1974	Wartburg 353 W Wartburg 353 W Tourist 1975 – 1982 1982 – 1989
Motor	AWE 353		AWE 353/1	
Zylinderzahl	3 (Reihe), längs vor Vorderachse		3 (Reihe), längs vor Vorderachse	
Bohrung x Hub	73,5 x 78 mm		73,5 x 78 mm	
Hubraum	992 cm³		992 cm³	
Leistung	45 PS (33 kW) bei 4250 U/min		50 PS (37 kW) bei 4250 U/min	
Drehmoment	9,3 mkg (91 Nm) bei 3000 U/min		10 mkg (98 Nm) bei 3000 U/min	
Verdichtung	7,6 : 1 (OZ 88)		7,5 : 1 (OZ 88)	7.5 : 1 (OZ 88)
Vergaser	1 Fallstromvergaser BVF 36 F 1-11		1 Fallstromvergaser BVF 40 F 1-11	1 Fallstrom-Registervergaser BVF 40 F1-11 od. Jikov 32 SEDR
Ventile	Kolbensteuerung (Zweitakter)		Kolbensteuerung (Zweitakter)	
Kurbelwellenlager	4		4	
Kühlung	Pumpe/ 8,0 Liter Wasser		Pumpe/ 8,0 Liter Wasser	
Schmierung	Zweitaktgemisch 1: 33		Zweitaktgemisch 1: 33, ab 1973: 1: 50	
Batterie	12 V 42 Ah (Motorraum)	12 V 42 Ah, ab 1982: 12 V 38 Ah (im Motorraum)	12 V 42 Ah	12 V 42 Ah, ab 1982: 12 V 38 Ah (im Motorraum)
Lichtmaschine	Gleichstrom 220 W		Gleichstrom 220 W	Drehstrom 12 V 42 A
Anlasser	0,8 PS (0,6 kW)		0,8 PS (0,6 kW)	
Kraftübertragung	Frontantrieb		Frontantrieb	
	Motor vor, Getriebe hinter der Vorderachse		Motor vor, Getriebe hinter der Vorderachse	
Kupplung	Einscheiben-Trockenkupplung		Einscheiben-Trockenkupplung	
Schaltung	Lenkradschaltung		Lenkradschaltung, ab 1972 auf Wunsch: Knüppelschaltung	
Getriebe	4 Gang (Freilauf, sperrbar)	4 Gang (Freilauf, sperrbar)	4 Gang (Freilauf, sperrbar)	4 Gang (Freilauf, sperrbar)
Synchronisierung	II–IV	I–IV	I–IV	I-IV
Übersetzungen	I. 3,273, II. 2,133 III. 1,368, IV. 0,956 R: 4,44	I. 3,769, II. 2,160 III. 1,347, IV. 0,968 R: 3,385	I. 3,769, II. 2,160 III. 1,347, IV. 0,906 R: 3,385	I. 3,769, II. 2,160 III. 1,347, IV. 0,906 R: 3,385
Antriebs-Übersetzung	4,429	4,222	3,29	4,222
Fahrwerk	Kastenprofilrahmen, Ganzstahl-Karosserie		Kastenprofilrahmen, Ganzstahl-Karosserie	
Vorderradaufhängung	Doppel-Dreieckquerlenker, Schraubenfedern, hydr. Teleskop-Stoßdämpfer		Doppel-Dreieckquerlenker, Schraubenfedern, hydr. Teleskop-Stoßdämpfer	
Hinterradaufhängung	Schräglenkerachse mit Schraubenfedern, Querstabilisator, hydr. Teleskop-Stoßdämpfer		Schräglenkerachse mit Schraubenfedern, Querstabilisator, hydr. Teleskop-Stoßdämpfer	
Lenkung	Zahnstange (19,9 bis 17:1)		Zahnstange (19,9 bis 17:1)	
Fußbremse	Hydraulisch, 4 Räder, vorn/hinten Trommeln (∅= 230 mm), Bremsfläche 820 cm²		Hydraulisch, 4 Räder (Zweikreis), vorn Scheibenbremsen (∅= 238 mm), hinten Trommeln, Gesamt-Bremsfläche 524 cm²	
Handbremse	Mechanisch, auf Hinterräder		Mechanisch, auf Hinterräder	
Allgemeine Daten	Limousine, 4türig	Limousine, 4türig, Kombi, 5türig	Limousine, 4türig, Kombi, 5türig, Pickup, 2türig	
Radstand	2450 mm		2450 mm	
Spur	1260/1300 mm		1260/1300 mm	1280/1300 mm
Gesamtmaße	4220 x 1642 x 1495 mm	4220 x 1642 x 1495 mm, Kombi 4380 x 1642 x 1495 mm	4220 x 1642 x 1495 mm, Kombi 4380 x 1642 x 1496 mm Pickup: 4195 x 1642 x 1485 mm	
Reifen	6,00-13		6.00 x 13Limousine / Kombi ab 1971 a.W.: 165 SR 13	
Felgen	4,5 J x 13		4,5 J x 13	
Wendekreisdurchmesser	10,5 m		10,5 m	
Leermasse	910 kg	Limousine 910 kg, Kombi 970 kg	Limousine 910 kg, Kombi 970 kg	Limousine 910 kg, Kombi 970 kg, Pickup 840 kg
Zuläss. Gesamtmasse	1300 kg	Limousine 1300 kg, Kombi 1410 kg	Limousine 1300 kg, Kombi 1410 kg	Limousine 1300 kg, Kombi 1410 kg
Höchstgeschwindigkeit	125 km/h	125 km/h	130 km/h	130 km/h, Pickup: 120 km/h
Beschleunigung 0–100 km/h	27 sec	27 sec	21 sec	21 sec
Verbrauch/100 km	10,0 L/100 km	10,0; Kombi 10,5 L/100 km	10,5; Kombi 11 L/100 km	10,5; Kombi 11 L/100 km
Kraftstofftank	44 Liter (hinten)	44 Liter (hinten)	44 Liter (hinten)	44 Liter (hinten)

Alternativen und Versuchsträger

Der Wartburg 353 bot ungeachtet der mittlerweile antiquierten Rahmenbauweise eine gute Basis für weitergehende Entwicklungen. Absolut unzeitgemäß blieb dagegen sein Zweitaktmotor, der letztlich auf eine DKW-Konstruktion der Vorkriegszeit zurückging. Versuche, 1968 einen zweitaktenden V6-Motor (»Müller-Andernach«) einzusetzen, führten zwar zu einem fahrfertigen Funktionsmuster. Die nicht lösbaren Abgasprobleme sowie Streitigkeiten mit dem westdeutschen Konstruktionsbüro Müller-Andernach bedeuteten aber das Aus. Bereits 1961 hatten die erwähnten Arbeiten am Kreiskolbenmotor begonnen – ursprünglich war sogar erwogen worden, den unmittelbar vor der Serieneinführung stehenden Wartburg 353 mit einem solchen Aggregat auszustatten: ein bei Barkas gefertigter Zweischeiben-Motor mit 2 x 549 cm³ Kammerinhalt.

Insgesamt fünf fahrfertige Funktionsträger mit Kreiskolbenmotor entstanden, vier Trabant und Wartburg 353 – denn die tatsächlichen Hauptnutzer sollten AWZ und Zweiradhersteller MZ werden. 1969 endeten die Arbeiten am Kreiskolben-Konzept, der Lizenzvertrag mit NSU wurde gekündigt. Die erst Ende der 80er erfolgte Umstellung auf den Viertaktmotor war der bessere Schritt – kam aber um Jahre zu spät.

Wartburg 354 Steilheckcoupé (Modell), 1966/67

Wartburg 353/3 Coupé-Entwurf, 1968

Nicht nur unter der Motorhaube wurde an neuen Konzepten gearbeitet, auch die Gesamtkarosse sollte weiterentwickelt werden. Dafür steht der Entwurf eines modernen, eigenständigen Steilheck-Coupés, den die Designer Clauss Dietl und Lutz Rudolph 1966/67 zusammen mit dem Karosserie-Werk Halle geschaffen hatten. Auch eine viel einfacher ausgeführte Coupé-Version von 1968, die bis zur Frontscheibe dem 353 entsprach, führte nicht einmal zu einem 1:1-Modell. Ein anderer, hochmodern wirkender Entwurf eines Steilheck-Coupés datierte von 1973/74.

1969 hatten die Eisenacher Designer auf Basis des 353 aber bereits eine sehr formschöne Schrägheck-Limousine mit großer Heckklappe auf die Räder gestellt. Dass Volkswagen erst viel später mit dem ähnlich gestalteten Passat herauskam, haben die AWE-Designer immer wieder gern betont. Das bis 1973 in zunächst vier Exemplaren gebaute Modell 355 verfügte über einen Aufbau aus glasfaserverstärktem Kunststoff und saß auf dem erwähnten Kastenprofilrahmen. Antrieb durch 1,0-Liter-Zweitakter mit 55 PS. Die Serienfertigung sollte Ende 1973 anlaufen, ab 1974 waren jährlich 5.000 Exemplare geplant – aber die Serienfreigabe durch die staatlichen Stellen wurde verweigert. Eines der vier Fahrzeuge diente als Versuchsträger für immer neue Verbesserungen: 1974 getunter 1,0-Liter-Zweitakter,

Wartburg-Steilheckcoupé (Modell), 1973/74

Wartburg 355, 1969

Wartburg 355, 1969

Wartburg 353/400, 1970

1975 Scheibenbremsen, 1980 Renault-Motor (74 PS). 1979 entstand in Privatinitiative noch ein weiterer Wartburg 355 mit leicht geänderter Karosserie, aber der bekannten Zweitakt-Technik.
Martialischer wirkte der Kübelwagen Wartburg 353/400 mit Kunststoff-Aufbau, der 1970 erprobt wurde und auf Interesse von Exportvertretern stieß. Daraufhin wurden 1971 weitere fünf Funktionsmuster aufgebaut. Sie sollten als Jagdwagen auf Kundenfang gehen. Bei der Erprobung hatte sich ungewollt erwiesen, dass die Konstruktion schwimmfähig war – ein weiteres Argument für einen eventuellen Export. Eingesetzt wurden aber wiederum 1,0-Liter-Zweitakt-Motoren mit 55 PS. Dann starb auch dieses Projekt, dennoch wurden 1977 zwei weitere Jagdwagen aufgebaut, angetrieben von Renault-Viertaktern. Es handelte sich um Versuchsmotoren, die ursprünglich für Tests des geplanten Wartburg 1300 vorgesehen waren.
Mit einigen Seitenblicken auf den verworfenen P603 von AWZ machten sich derweil die Zwickauer und Eisenacher Entwickler 1970 an das RGW-Auto P760 (»Nachfolge-Pkw«). Die beiden DDR-Betriebe und Skoda wollten ein neues Modell entwickeln, grundsätzlich frontgetrieben von Skoda-Viertaktern und verzögert via Scheibenbremsen. Die viertürige AWE-Version mit quer eingebautem 60-PS-Skoda-Motor (1300 cm^3) und Stufenheck kam eleganter daher als

Wartburg 353/400, Jagdfahrzeug von Erich Mielke, 1971

AWE P360, 1974

die sächsische »Hängebauchschwein«-Variante: Sie ähnelte dem späteren Skoda S 105/120. 1974 – anlässlich des 25. Jahrestags der DDR – wurde erneut ein Prototyp vorgestellt: der in Eisenach konstruierte Typ P360. Auch er wurde letztlich von den Entscheidungsträgern verworfen. Geplant war die Fertigung von insgesamt 360.000 Fahrzeugen jährlich in der Tschechoslowakei und in der DDR. Das Projekt endete jedoch 1973.

Abgelöst wurde es ab Mitte 1973 durch die gemeinsam mit AWZ betriebene Gemeinschaftsentwicklung P610. Skoda sollte nur noch die Motoren liefern, genau wie später auch der rumänische Renault-Lizenznehmer Dacia. Quer eingebaut, mit 1100 (P1100) oder 1300 cm³ Hubraum (P 1300), sollten die Vierzylinder hochmoderne Fahrzeuge antreiben. Deren stilistische und technische Verwandtschaft zum P760 blieb zumindest bei der Kombi-Heckvariante von AWZ unübersehbar. Für AWE war ein eigenständig wirkender, viertüriger Stufenheck-Viertürer Typ P610 M vorgesehen.

Mindestens 20 Funktionsmuster (FM1 bis FM20) für AWZ und AWE entstanden bis 1979. AWE plante 80.000 Stück. 1984 sollte der Viertakt-Wartburg 610 M anlaufen, auch bei ihm handelte es sich um eine Stufenheck-Limousine. Doch im November 1979 endete auch dieses Projekt. Kurz zuvor war nach ermutigenden Tests überlegt worden, den äußerlich

AWE P610 M, 976

Wartburg 353 W mit Dreizylinder-Viertaktmotor AWE 234, 1982

Wartburg 353 Tourist mit VW-Vierzylinder längs (»Riesenschnauzer«), 1989

kaum veränderten Wartburg 1300 mit Dacia-Triebwerk herauszubringen. Hubraumerweiterungen bis 1800 cm³ waren im Gespräch.
Seit 1968, direkt nach dem Ende des Müller-Andernach-Projekts, Jahre arbeitete AWE unabhängig von allen Import-Ideen auch an einem eigenen Vierzylinder-Viertaktmotor (AWE 1600 Typ 400) mit 1592 cm³ und 83 PS. Daraus wurde nichts, die Entwicklung musste auf Weisung abgebrochen werden. Daraufhin verlegte man sich 1981 bis 1984 auf die Entwicklung eines 60 PS starken Dreizylinder-Viertakters mit 1,2 Liter Hubraum. Rund ein Dutzend Motoren Typ 234 wurden fertig gestellt, 1984 erreichten sie die Serienreife.

Aber inzwischen war mit Volkswagen vereinbart worden, in der DDR 1100- und 1300-cm³-Vierzylinder zu bauen. Die Zylinderkopffertigung für diesen Motor erfolgte in einem neu errichteten Industriegebäude in Eisenach-West (Gries); die Köpfe wurden dann zur Montage nach Karl-Marx-Stadt geliefert. Das Projekt verschlang aber infolge diverser Nachvereinbarungen und zusätzlicher Investitionen seit 1984 letztlich 9,7 Milliarden Mark statt der ursprünglich vorgesehenen 3,6 Milliarden. Die geplante Übernahme des 1,6 Liter großen VW-Dieselmotors und die Einführung der Benzin-Einspritzung statt der bisherigen Vergaser-Technik erwiesen sich nach einer Zwischenbilanz von 1987 als zu kostspielig.

Wartburg 1.3 (1988 – 1991)

Im Oktober 1988 kam der Wartburg 1.3 mit Viertakt-1,3 Liter nach VW-Lizenz, gleichzeitig endete die Produktion der 353 Limousine. Der Tourist wurde im März 1989 abgelöst. Zuvor war noch versucht worden, den Motor wie gehabt längs einzubauen – dafür musste aber die Front um 10 cm nach vorn verlängert werden (»Riesenschnauzer«). Letztlich entschied man sich für den problematischen Quereinbau in das Rahmen-Fahrgestell (Einbausituation, Eigenschwingungen), der aber zusätzlichen Aufwand erforderte.

Damit einher gingen zahlreiche Änderungen an Fahrwerk und Karosserie (nur mittlerer Bereich von A bis B-Säule unverändert, niedrigere Motorhaube, Frontmaske nunmehr mit drei Horizontalschlitzen und Scheinwerfern mit integrierten Blinkern, vergrößerte Rückleuchten mit Nebelschlussleuchten). Die Spurweite wurde um je 10 cm verbreitert, der für 1990 vorgesehener Übergang vom neuen Viergang- auf ein längst geplantes Fünfgang-Getriebe fand aber nicht mehr statt (später sogar Automatikgetriebe vorgesehen). Wegen der hohen Investitionen sollte der Wartburg 1.3 in dieser Form unverändert bis 1995 laufen, eine Steigerung der Jahresproduktion von 75.000 auf 100.000 Einheiten war vorgesehen.

Zur Serienausstattung des 1.3 gehörten Automatikgurte, vordere Kopfstützen, 165 SR-Radialreifen und heizbare Heckscheibe; die S-Version hatte weiterhin Schiebedach mit Windabweiser und 175/70 R 13-Stahlgürtelreifen. Das Interieur wurde komplett modifiziert, der eigentlich vorgesehene komplett neue Instrumentensatz kam jedoch nicht zum Einsatz. Gegen Aufpreis konnten Leichtmetall-Räder über den Ersatzteilvertrieb bezogen werden.

Kurz vor Einstellung der Wartburg-Produktion wurden die Preise drastisch gesenkt. Und gleichzeitig wurde im letzten Moment versucht, mittels optischer Retuschen Kaufanreize zu bieten: AWE und der schwäbische Tuner Günter Irmscher zeigten auf der Leipziger Herbstmesse 1990 das innen und außen aufgewertete Modell »New Line 1«, dessen Technik aber unverändert blieb. Davon entstanden mindestens eine Limousine (und diverse weitere aus Anbauteilen) und ein Tourist. Aber zu diesem Zeitpunkt war das Kundeninteresse an den Eisenacher Wartburg-Wagen angesichts anderer Alternativen bereits erloschen.

Ebenfalls schon das drohende Aus vor Augen, installierten die Techniker um Entwicklungschef Konrad von Freyberg alternativ einen 74-PS-Renault-Vierzylinder. Der 1,4-Liter war kompakter und hatte einen günstigeren Einbauschwerpunkt. Dazu kam sein um 1.000 DM günstigerer Preis. Seine Adaption hätte die Produktionskosten erheblich gesenkt. Zu diesem Termin war aber der Fertigungsauslauf schon nicht mehr aufzuhalten.

Am 10. April 1991 wurde in Eisenach der letzte Wartburg 1.3 produziert. Insgesamt entstanden rund 356.000 Typ 353, knapp 870.000 Typ 353 W und fast 153.000 Viertakt-1.3 (darunter 919 Trans). Aus Restteilen wurden 1991/92 nochmals etwa 20 Limousinen aufgebaut.

Wartburg 1.3 Tourist, 1989

Wartburg 1.3 Trans, 1989

Wartburg 1.3 Limousine New Line, 1990

Wartburg 1.3 mit 1,4-Zylinder-Renault-Motor, 1990

	Wartburg 1.3 1988 – 1991
Motor	Barkas BM 860
Zylinderzahl	4 (Reihe), quer vor Vorderachse
Bohrung x Hub	75 x 72 mm
Hubraum	1272 cm³
Leistung	58 PS (43 kW) bei 5400/min
Drehmoment	9,6 mkg (94 Nm) bei 3300/min
Verdichtung	9,5 : 1
Vergaser	1 Fallstromvergaser
	BVF 34 F, Weber 34 F1-2, 34 TLA
Ventile	Hängend (Stößel, Kipphebel), 1 obenliegende Nockenwelle (Antrieb durch Zahnriemen)
Kurbelwellenlager	5
Kühlung	Pumpe/6,5 Liter Wasser
Schmierung	Druckumlauf/ 3,0 Liter Öl
Batterie	12 V 44 Ah (im Motorraum)
Lichtmaschine	Drehstrom 54 A 740 W
Anlasser	0,8 PS (0,6 kW)
Kraftübertragung	Frontantrieb
Kupplung	Einscheiben-Trockenkupplung
Schaltung	Knüppel in Wagenmitte
Getriebe	4 Gang
Synchronisierung	I–IV
Übersetzungen	I. 3,250, II. 2,053, III. 1,342,
	IV. 0,955, R:.3,077
Antriebs-Übersetzung	4,267
Fahrwerk	Kastenprofilrahmen,
	Ganzstahl-Karosserie
Vorderradaufhängung	Doppel-Dreieckquerlenker, Schraubenfedern,
Hinterradaufhängung	Schräglenkerachse mit Schraubenfedern, hydr. Teleskop-Stoßdämpfer, Querstabilisator
Lenkung	Zahnstange (19,9 bis 17 : 1)
Fußbremse	Hydraulisch, 4 Räder (Zweikreis),
	vorn Scheiben (∅= 238 mm), hinten Trommeln
Handbremse	Mechanisch, auf Hinterräder
Allgemeine Daten	Limousine, 4türig,
	Kombi, 5türig
Radstand	2450 mm
Spur	1382/1360 mm
Gesamtmaße	Limousine: 4216 x 1642 x 1495 mm, Kombi: 4276 x 1642 x 1495 mm
Reifen	165/80 R 13, 175/70 R 13
Felgen	4,5 J x 13
Bodenfreiheit	15,5 cm
Wendekreisdurchmesser	10,8 m
Leermasse	Limousine: 900 kg, Kombi 950 kg
Zuläss. Gesamtmasse	Limousine: 1320 kg, Kombi: 1400 kg
Höchstgeschwindigkeit	140 / 135 km/h
Beschleunigung 0 - 100 km/h	20 sec
Verbrauch	8,0 L/100 km
Kraftstofftank	44 Liter (hinten)

Melkus RS 1000 (1969 – 1979)

Neben AWE und AWZ gab es noch einen privaten »Automobilhersteller« in der DDR – der in sehr überschaubarer Zahl einzig und allein Rennfahrzeuge herstellte. Heinz Melkus (1928 – 2005) , Konstrukteur und Rennfahrer mit dem DDR-Titel »Meister des Sports«, fertigte in seinem Dresdner Betrieb seit 1959 Rennwagen der kleinen Formeln und unterhielt die zweitgrößte private Fahrschule der DDR. Gleich nach der politischen Wende baute er den ersten BMW-Händlerbetrieb in der DDR auf.

1969 stellte Melkus einen ungewöhnlichen Rennsportwagen mit Flügeltüren vor. Der nach FIA-Reglement der Gruppe 4 entsprechende Zweisitzer war für Rundstrecken- und Bergrennen konzipiert, ließ sich aber auch im normalen Straßenverkehr einsetzen. Seinen ersten Einsatz erlebte das Auto im September 1969 beim Dresdner Autobahnspinne-Rennen.

Speziell für dieses Auto war eine Arbeitsgemeinschaft gegründet worden – mit Vertretern des ADMV (Sport), der Berliner Hochschule für bildende Kunst (Design), des AWE (mechanische Hauptbaugruppen), des VEB Blechverformungswerks Leipzig (Ansaug- und Abgasanlage), der Dresdner Firma König (Getriebe) sowie natürlich der H. Melkus KG (Chassisbau, Endmontage). Rahmen, Radaufhängungen, einige Karosserieteile und der leistungsgesteigerte Zweitaktmotor stammten vom Wartburg 353. Die Herstellung der Plastikkarosserie mit Flügeltüren und komplett hochklappbarem Heck besorgte der VEB Robur-Werke Zittau.

Der Dreizylinder – mit angeflanschtem Fünfgang-Getriebe (basierend auf einem Wartburg-Getriebe) – saß in Mittelmotorlage vor der Hinterachse. Vorn im Bug war der vorgeschriebene Kofferraum (60 x 40 x 20 cm) untergebracht. Dort befanden sich auch Batterie und Elektrik, Waben-Flachkühler, Gebläse, Heizung und Scheibenwaschanlage. Den Innenraum dominierten ein winziges Holzlenkrad, übersichtliche Rundinstrumente, Schalensitze und ein knackig-kurzer Schaltknüppel. Windlauf (leicht geändert) und Frontscheibe stammten vom Wartburg 353, alle anderen Fenster waren aus Piacryl-Kunststoff. Vorder- und Hinterteil des RS 1000 bestanden aus glasfaserverstärktem Polyester, Bodenwanne und Mittelzelle waren aus Metall gefertigt.

Dank diverser Windkanaluntersuchungen der 1:5 Modelle erreichte der RS einen c_W-Wert von 0,29. Die Achslastverteilung vorn/hinten lag bei 45:55. Statt Einkreis- kam hier eine Zweikreis-Bremsanlage zum Einsatz, an den Rädern saßen stark verrippte Bremstrommeln aus einer Magnesium-Legierung. Auf Wunsch wurden vorn die Scheibenbremsen des Polski-Fiat 125 p (ab 1974 auch vom Wartburg W353) installiert. Die drei Vergaser taten üblicherweise Dienst in MZ-Motorrädern (BVF, später auch Jikov), zusammen mit dem Doppelauspuff verhalfen sie dem Motor zu 70 PS. Mittels einfacher Umrüstung mit Rennvergaser und Rennauspuff wurden für den Wettbewerbseinsatz 90 bis 100 PS mit dem Einliter-Motor erreicht.

Ausschließlich für Wettbewerbsfahrzeuge bohrte Melkus ab 1972 diesen Motor auf, der damit einen Hubraum von 1119 bzw. 1250 cm³ erreichte. Gleichzeitig wurde die Verdichtung erhöht. Damit wurde mehr Drehmoment bei gleich bleibender oder nur wenig erhöhter Maximalleistung erreicht. Einige wenige Exemplare wurden auf besonderen Kundenwunsch mit Motoren von Lada und Moskwitsch aus-

Melkus RS 1000, 1969

Melkus RS 1000, 1979

Melkus RS 1000 Renn-Ausführung, 1976

gerüstet, ein RS 1000 erhielt sogar einen BMW-2002-Triebwerk.
Exportiert wurden die Fahrzeuge, die in der DDR 28.600 Mark kosteten, übrigens niemals. Vertrieben wurden sie jedoch nicht über den IFA-Vertrieb, sondern »direkt ab Werk«: Kaufberechtigt waren nur Sportfahrer mit entsprechender Fahrerlizenz, die dem ADMV eine Freigabebescheinigung entlocken konnten. Die Lieferzeit war mit rund zwei Jahren DDR-untypisch kurz.
Zwischen 1969 und 1979 stellte die H. Melkus KG. nach eigenen Angaben 101 Sportcoupés des Typs Melkus RS 1000 auf die Räder, die behördliche Genehmigung war exakt für diese Zahl erteilt worden. Die zweite Hälfte des Gesamtkontingents lief ab 1974, von diesen Fahrzeugen wurde aber nur noch wenige im Rennsport eingesetzt – Reglementsänderungen ließen nun 1600 cm³ zu, und der RS 1000 fuhr hinterher. Im Straßenverkehr machte er aber eine überaus gute Figur.
Andere Quellen sprechen von 104 bis 110 Exemplaren, weil offensichtlich doch noch einige Exemplare aus Restteilen nachgefertigt wurden. Es zeigte sich, dass die Beliebtheit dieser Autos auch in der Nach-Wende-Zeit nicht abnahm.
Darum legte die Melkus GmbH in Dresden ab Ende 2005 nochmals 15 komplette Neuaufbauten des Rennsportcoupés auf, basierend auf die alte Typ-Genehmigung – nur so müssen sie nicht den heute geltenden Abgas- und Crashnormen entsprechen. Diese RS 1000 sind originalgetreu mit Dreivergaser-Wartburg-Motoren bestückt, die Leistungsausbeute liegt bei 70 PS. Auslieferungsbeginn soll Ende 2006 sein, der Fahrzeugpreis liegt bei rund 40.000 Euro. Melkus plant, zumindest eine abgespeckte Lightwight-Rennversion mit 90 PS aufzubauen.

	Melkus RS 1000 1969 – 1974	Melkus RS 1000 1974 – 1979
Motor	AWE 353/1 (leistungsgesteigert)	AWE 353/2 (leistungsgesteigert, Rennausführung 1972 – 1979))
Zylinderzahl	3 (Reihe), längs vor Hinterachse	3 (Reihe), längs vor Hinterachse
Bohrung x Hub	73,5 x 78 mm	73,5 x 78 mm Rennausführung: 78 x 78 mm
Hubraum	992 cm³	992 cm³ Rennausführung: 1119 und 1250 cm³
Leistung	70 PS (52 kW) bei 4500/min, Rennausführung 90 – 100 PS (66 – 73 kW) bei 5250/min	70 PS (52 kW) bei 4500/min, Rennausführung 90 – 100 PS (66 – 73 kW) bei 5250/min
Drehmoment	12 mkg (118 Nm) bei 3500/min	12 mkg (118 Nm) bei 3500/min; Rennausführung: 13 mkg (128 Nm) bei 3500/min
Verdichtung	8,3 : 1	8,3 : 1 Rennausführung: 9,5 : 1
Vergaser	3 Zentralschwimmervergaser BVF 28 N1/3, Rennvergaser	3 Zentralschwimmervergaser BVF 28 N1/3, BVF M6/36 oder Jikov 36
Ventile	Kolbensteuerung (Zweitakter)	Kolbensteuerung (Zweitakter)
Kurbelwellenlager	4	4
Kühlung	Pumpe/8,0 Liter Wasser Kühler vorn	Pumpe/10,0 Wasser, Kühler vorn
Schmierung	Zweitaktgemisch 1:33	Zweitaktgemisch 1:33
Batterie	12 V 44 Ah (vorn)	12 V 44 Ah (vorn)
Lichtmaschine	Gleichstrom 220 W	Gleichstrom 220 W
Kraftübertragung	Antrieb auf Hinterräder	
Kupplung	Einscheiben-Trockenkupplung	
Schaltung	Knüppel in Wagenmitte	
Getriebe	5 Gang	
Synchronisierung	I–V (Freilauf, sperrbar)	
Übersetzungen	I. 3,769, II. 2,160, III. 1,347, IV. 0,906, V. 0,794, R: 4,44	
Antriebs-Übersetzung	4,222	
Fahrwerk	Kastenrahmen, Leichtmetall-Kunststoff-Karosserie	
Vorderradaufhängung	Doppel-Dreieckquerlenker unten, Schraubenfedern oben, Teleskop-Stoßdämpfer	
Hinterradaufhängung	Schräglenkerachse mit Schraubenfedern, Querstabilisator	
Lenkung	Zahnstange	
Fußbremse	Hydraulisch, 4 Räder (Zweikreis), vorn/hinten Trommeln, a.W. Scheibenbremsen vorn	
Handbremse	Mechanisch, auf Hinterräder	
Allgemeine Daten	Rennsportcoupé, 2türig	
Radstand	2450 mm	2450 mm
Spur	1340/1380 mm	1340/1380 mm
Gesamtmaße	4000 x 1700 x 1070 mm	4000 x 1700 x 1070 mm
Reifen	4.50 bis 6.50-13, 155 bis 175 SR 13	175 SR 13
Felgen	5 J x 13 bis 6 J x 13	7 J x 13 bis 9 J x 13
Wendekreisdurchmesser	10,5 m	10,5 m
Bodenfreiheit	150 mm	150 mm
Leermasse	690 kg	700 kg
Zuläss. Gesamtmasse	940 kg	950 kg
Höchstgeschwindigkeit	165 km/h	158 km/h, Rennausführung: 170 - 200 km/h
Beschleunigung 0–100 km/h	14 sec	13,4 sec
Verbrauch/100 km	12 L/100 km	12 L /100 km
Kraftstofftank	2 x 30 Liter (beidseits unterhalb der Türen)	2 x 30 Liter (beidseits unterhalb der Türen)

Als ein weiteres Projekt bereitet das Team um Peter Melkus zusammen mit dem Wartburg-Spezialisten Marco Brauer eine Kleinstserie des RS 2000 vor – mit zwei zusammengefügten Wartburg-Dreizylindern ähnlich dem einstigen Müller-Andernach-Projekt: Ihr so entstandener V6 hat aber zwei miteinander gekoppelte Kurbelwellen und bringt rund 100 PS.

Daneben treibt Melkus die Arbeiten an einem modernen Mittelmotor-Coupé voran. Die Fertigungsvorbereitungen werden vom Ingenieurunternehmen EDAG unterstützt, die Produktion könnte Ende 2007 beginnen. Das mit einem aktuellen Vierzylinder-Viertaktmotor bestückte Coupé – denkbar sind bis 20 Einheiten jährlich – soll mindestens 50.000 Euro kosten.

Pkw-Importe in die DDR

Skoda-Armada, vorn Octavia (letztes Ausführung mit neuem Grill)

Ohne Importe hätte die große und immer größer werdende Nachfrage nach Autos in der DDR niemals befriedigt werden können. Aber trotz Planwirtschaft war das Pkw-Import/Export-Geschäft der DDR nicht frei von spontanen Entscheidungen. Dies hing mit der Außenhandelsbilanz zusammen, die eben auch über Konsumgüter kompensiert wurde. Die zur Verfügung stehenden Kontinente wurden in oftmals harten Verhandlungen zwischen den Geschäftspartnern innerhalb des Ostblocks ausgereizt.
Ambivalenter war die Situation bei westlichen Partnern: Einerseits mussten Devisen ins Land (weshalb auch DDR-Pkw dorthin zum Dumpingpreis abgegeben wurden), andererseits mussten Außenhandelsdefizite ausgeglichen werden, auch von der jeweils anderen Seite. Die „Kompensation" – also beispielsweise Citroën- und Volkswagen-Pkw für Teilezulieferungen aus der DDR – war ein probates Mittel, Geschäfte ohne den Einsatz von Devisen abzuwickeln.
Größter Handelspartner war zweifelsohne die UdSSR – vor allem nach Serienanlauf des Lada/Shiguli Ende der 60er-Jahre. Moskwitsch und Zaporoshets waren auch allgegenwärtig, aber weniger beliebt. Andererseits gelangten niemals auf offiziellem Handelswege Zweitakt-Pkw aus der DDR in die Sowjetunion. Anders das Geschäft mit der CSSR. Hier wurden Skoda (und vereinzelt Tatra) gegen Trabant und Wartburg »getauscht«. Vor allem die Hycomat-Versionen für Behinderte erfreuten sich hier und in den anderen Ostblockstaaten großer Beliebtheit.
Polen, Rumänien und Jugoslawien schickten nur kleine Kontingente in die DDR. Aber gerade Autos aus diesen Ländern waren überaus begehrt – weil es sämtlichst Lizenzfabrikate renommierter westlicher Hersteller waren. Und weil es sich stets um Viertakt-Pkw handelte. Mit dem Ende der DDR brachen die Handelsbeziehungen schlagartig zusammen. Beispielsweise Lada hatte im vereinten Deutschland kaum noch Chancen – anders als das Skoda-Werk, das von Volkswagen übernommen und entsprechend positiv umstrukturiert wurde.
Auf den folgenden Seiten werden ausschließlich Import-Pkw aufgeführt, die aus den Ostblock-Staaten bezogen wurden. Bedauerlicherweise lassen sich keine genauen Stückzahlen und Lieferzeiträume nennen, entsprechende Unterlagen gingen zum Großteil nach der politischen Wende in der DDR verloren. Dazu kommt, dass viel mehr Fahrzeuge mit sehr unterschiedlicher Technik ins Land gelangten – um zunächst von den zuständigen Stellen auf ihre Tauglichkeit geprüft zu werden. So gab es gerade im Behördeneinsatz in Berlin die unterschiedlichsten Modelle (beispielsweise FSO Polonez, Ish, Polski-Fiat 126p usw.), die für Privatleute nie offiziell über den IFA-Handel zu bekommen waren.

Personenkraftwagen aus der Tschechoslowakei

Die tschechische Kraftfahrzeugindustrie hat uralte Wurzeln. Bis zum Zweiten Weltkrieg waren hier fast 30 Pkw-Hersteller tätig, einige von ihnen erlangten Weltruhm. Nach 1945 bauten nur noch Tatra, Skoda, Praga und Aero Personenkraftwagen, die beiden letzteren aber nur für kurze Zeit. Ende der 50er-Jahre kam Velorex in Nordböhmen hinzu: Hier wurden zweisitzige Behindertenfahrzeuge (ähnlich dem ostdeutschen Louis/Krause-Duo) mit zweitaktendem Jawa-Motor gefertigt. In die DDR gelangten ab Ende der 40er-Jahre ausschließlich Tatra- und Skoda-Pkw. Gerade die Skodas waren wegen der weit reichenden Modellvielfalt bis hin zum schicken Sportcoupé in Ostdeutschland ganz besonders gefragt.

Skoda 1101/1102, 1949

Skoda-Pkw

Der Markenname Skoda steht sowohl für Personenkraftwagen, als auch für Werkzeugmaschinen und Waffen. Die in Pilsen ansässige Mutter-Gesellschaft hatte nach dem Ersten Weltkrieg den kränkelnden Automobilhersteller Laurin & Klement (Jungbunzlau/Mlada Boleslav) übernommen. Hier waren seit 1905 Automobile entstanden, 1913 hatte dieses Unternehmen den Wettbewerber RAF (Reichenberg/Liberec) übernommen. Mit dem Skoda-Label ausgestattet waren auch Sechs- und Achtzylinder-Luxuswagen. In Lizenz wurde hier sogar der große Hispano-Suiza gefertigt.

Erster Großserientyp war der ab 1933 gebaute Einliter-Typ Skoda 420 Popular, der später einen 1,1-Liter-Motor erhielt. Nach dem Zweiten Weltkrieg feierte er als Skoda 1101/1102 Popular in Mlada Boleslav fröhliche Urständ. Gleichzeitig wurde hier auch – in kleiner Stückzahl – der Tatra T600 Tatraplan gebaut. Der Popular wurde ebenfalls, aber nur in kleinster Stückzahl in die DDR exportiert, er soll vor allem Parteikadern in Berlin und in den Bezirkshauptstätten zugute gekommen sein.

Erste Neuentwicklung der Nachkriegszeit war der modernisierte, geräumigere und stärkere Skoda 1200 aus dem Jahr 1952, basierend auf dem früheren 1102. In immer weiter modifizierter Form (1201, 1202), aber stets auf der gleichen Grundkonstruktion basierend, wurde dieses Modell bis 1973 gefertigt – zum Schluss nur noch als Kombiwagen 1202 mit seitlich öffnender Heckklappe und Knüppelschaltung. Der in den Werken Mlada Boleslav, Kvasiny und Vrchlabi gebaute Viertürer entstand insgesamt

Skoda 1200 Limousine, 1952

Skoda 1202 SW, 1961

Skoda 1201 Station Wagon, 1955

Skoda 450, 1957

Skoda 440, 1955

Skoda Octavia, 1959

Skoda Octavia Combi, Limousine, Felicia mit Hardtop (alle mit Heckflossen), 1961

Skoda Octavia Combi, 1961

127.000 mal, die Hälfte davon entfiel auf den 1202 Combi. In der DDR waren die 1200er die ersten populären Importfahrzeuge neben den sowjetischen Pobjeda. Etwa 2.000 Limousinen und 6.000 Kombiwagen dürften ins Land gekommen sein.

Parallel dazu gab es den etwas kleineren Schwestertyp: der nur zweitürige 440 bzw. 445 (westliche Exportbezeichnung »Orlik«) und sein unmittelbarer Nachfolger, der Octavia. Äußerlich unterschieden sich 440/445 und Octavia/Octavia Super nur durch den Kühlergrill. Der tatsächliche Fortschritt lag im Fahrwerk, wo nunmehr vordere Schraubenfedern statt der bisherigen Blattfedern ihren Dienst versahen.

Beim 440/Octavia handelte es sich um 1,1-Liter-Wagen, die es schon bald alternativ mit dem 1,2-Liter der größeren Baureihe gab. Nur in kleiner Stückzahl kamen die Cabrio-Ableitungen (450 bzw. Felicia) in den ostdeutschen Verkauf. Für den DDR-Markt wurde jedoch wegen der miserablen Benzinqualität die Verdichtung und damit die Leistung des 1,2-Liters zurückgenommen. Anfang bis Mitte der 60er-Jahre erhielten Octavia und Felicia modische Heckflossen. Für den Felicia wurde übrigens auch ein Fiberglas-Hardtop offeriert. Insgesamt entstanden 396.000 Limousinen, 16.000 Cabrios und 54.000 Kombiwagen auf Octavia-Basis. Folgende Stückzahlen kamen

Skoda Octavia Combi (letztes Facelift, horizontale Heckleuchten), 1973

Skoda MB 1000 (Dachfinne, Panorama-Heckscheibe, großes hinteres Kühlgitter), 1964

in die DDR: 6.000 Skoda 440/445, 500 Skoda 450/Felicia und über 70.000 Octavia (Statistik nur bis 1969).

Mitte der 60er-Jahre kam das ebenfalls importierte Heckmotor-Modell 1000 MB heraus, preislich etwas oberhalb des bisherigen Octavia. 349.000 Exemplare des neuen Viertürers entstanden, über 60.000 gingen in die DDR. Anfangs gab es den MB 1000 mit großer Panorama-Heckscheibe, großen Lufteinlässen hinten und durchlaufender, mittiger Sicke über das gesamte Dach. Später wurde seine Form versachlicht – erst mit feiner ausgeführten Lufteinlässen, dann mit einer neuen Front und einer kleineren Heckscheibe, die sich 1:1 mit der Frontscheibe austauschen ließ. Weder die 1100er Version noch das schicke 1000 MBX Coupé (zusammen weitere produzierte 100.000 Einheiten) wurden in der DDR angeboten. Und bis Anfang der 90er-Jahre sollte es bei Skoda nie wieder ein neues Kombimodell geben. Fertigung und Export des etwas aufgefrischten Octavia Combi mit der horizontal mittig geteilten Heckklappe liefen darum weiter. In der DDR musste dafür genauso viel angelegt werden, wie für einen zweitaktenden Wartburg Tourist.

Nur geringfügig überarbeitet erschien 1969 der 602.000 mal gebaute S 100, der mindestens 142.000 mal eingeführt wurde. Die davon abgeleitete 1,1-Liter-Version (S 100 Luxus und S 110, rund 500.000 Einheiten) wurde allerdings nicht in die DDR exportiert – wohl aber bis zirka 1975 das 110 R Sportcoupé (57.000 produzierte Einheiten, davon 300 bis 400 in die DDR). Während der S 100 preislich unterhalb des Wartburg 353 lag, musste für den von 1970 bis 1980 gebauten Zweitürer erheblich mehr bezahlt

Skoda MB 1000 (neue Front, kleinere Heckscheibe, Kühlgitterstäbe hinten horizontal), 1966

Skoda S 110 R, 1972

werden. Auf die Nachfrage hatte dies keinen Einfluss – schließlich gab es zu diesem Zeitpunkt kein anderes Großserien-Coupé in Ostdeutschland: Das in der DDR entwickelte Wartburg-Schrägheckmodell 355 wurde übrigens auch im Hinblick auf den 110 R-Import nicht in die Serie überführt. Nur eine Handvoll Exemplare des stärkeren 110 RS kam ebenfalls ins Land.
Dennoch erlangten die in den 60er/70er-Jahren gebauten Skoda-Modelle mit Heckmotor einen negativen Ruf wegen ihrer starken Rostanfälligkeit – die ihnen im Volksmund den Beinamen »Böhmisch-mährischer Schnell-Roster (BMSR)« einbrachten. Auch ihre antiquierte Pendelachse wurde immer wieder kritisiert.
1976 folgte die neue, ebenfalls mit Heckmotoren bestückte S-Reihe, die als S 105 (erkennbar an den Solo-Rundscheinwerfern) und S 120 (mit Doppel-Rundscheinwerfern) in Ostdeutschland bestellt werden konnten. Nur in geringen Stückzahlen wurden der luxuriöse und stärkere S 120 LS/GLS eingeführt. Ab Anfang der 80er kam eine Version mit Rechteckscheinwerfern, wobei die Blinker im vorderen Stoßfänger verblieben. Erst mit dem Facelift von 1983 verfügten alle Skoda über Rechteck-Scheinwerfer mit integrierten Blinkern und tief heruntergezogene Frontschürzen. Insgesamt wurden 841.000 Skoda S 105 und 1.071.000 Skoda S 120/120 LS ausgeliefert, einige Zehntausend gelangten in die DDR. Der S 130 mit 1,3-Liter-Motor und Fünfgang-Schaltung war zwar als neues Importmodell für 1989 angekündigt, kam aber nicht mehr auf den ostdeutschen Markt. Auch das Coupé-Modell S 135 Rapid war in der DDR nicht erhältlich.
Mit den Triebwerken der Heckmotor-Reihe versehen wurde schließlich das letzte Skoda-Modell vor dem politischen Niedergang des Ostblocks – der S 136 Favorit. Seine Fertigung (insgesamt 783.000 Stück) lief bis 1995. Das modern konzipierte Frontantriebs-Auto (Bertone-Design) mit schräger Heckpartie, aber

Skoda S 100, 1970

Skoda S105 L (Rundscheinwerfer, senkrechte Heckleuchten), 1976

Skoda S120 L und GLS (Rechteckscheinwerfer, waagerechte Heckleuchten), 1981

Skoda S 120 L (Rechteckscheinwerfer mit integrierten Blinkern, waagerechte Heckleuchten), 1983

Skoda 136 Favorit, 1988

dem alten Motor kam 1989 in nur kleiner Stückzahl in die DDR. Preislich bewegte es sich deutlich oberhalb des Wartburg 353 mit Zweitakt-Motor.

Noch Mitte der 70er-Jahre hatten die verantwortlichen Funktionäre eine enge Zusammenarbeit der beiden Automobilwerke in der DDR mit Skoda angestrebt. Es entstanden unterschiedlich motorisierte Versuchsmuster, die äußerlich der letzten S-Reihe ähnelten. Zu einer Serienfertigung kam es nie.

In Westdeutschland wurden sämtliche Skoda-Baureihen in allen Versionen angeboten. Aber trotz ihres günstigen Preises erreichten sie nie die Absatzzahlen der Lada-Importe – die immerhin über moderne ohc-Motoren verfügten – zurück. Andererseits blieben sie bis zuletzt im Angebot, anders als etwa Polski-Fiat oder Zastava: Als Devisenbringer lohnten sie allemal. Etwas günstiger gestaltete sich der Absatz in Österreich.

Anfang der 90er-Jahre endete die Eigenständigkeit des Automobilherstellers Skoda. Anfangs beteiligte sich, später übernahm der VW-Konzern – der den Mitinteressenten Renault ausgestochen hatte – das angeschlagenen Unternehmen. Während der S 136 Favorit peu à peu modifiziert wurde und schließlich als Felicia (Limousine und Kombi) angeboten wurde, entstand auf Basis des VW Golf der neue Octavia. Sowohl Limousine als auch Kombi erfreuten und erfreuen sich größten Zuspruchs – dies längst auch in der Bundesrepublik Deutschland. Inzwischen werden die Skoda-Typen auch im polnischen VW-Werk in Posen/Posznan sowie für die neuen Märkte in China und Indien montiert.

	Skoda MB 1000 1964 – 1969	Skoda S 100 1969 – 1977
Motor	Typ 990-721	Typ 722
Zylinderzahl	4 (Reihe), längs hinter Hinterachse	4 (Reihe), längs hinter Hinterachse
Bohrung x Hub	68 x 68 mm	68 x 68 mm
Hubraum	988 cm³	988 cm³
Leistung	40 PS (29 kW) bei 4650/min, 1966: 43 PS (31 kW) bei 4750/min	48 PS (35 kW) bei 4750/min
Drehmoment	6,7 mkg (66 Nm) bei 3000/min, 1966: 7,2 mkg (71 Nm) bei 3000/min	7,2 mkg (71 Nm) bei 2800/min
Verdichtung	8,3 : 1	8,3 : 1
Vergaser	1 Fallstromvergaser Jikov 32 BST	1 Fallstromvergaser Jikov 32 BS 3170, 1976: Jikov 32 EDSR
Ventile	Hängend (Stößel und Kipphebel), seitliche Nockenwelle (Antrieb durch Kette)	Hängend (Stößel und Kipphebel), seitliche Nockenwelle (Antrieb durch Kette)
Kurbelwellenlager	3	3
Kühlung	Wasser, 6,2 Liter	Wasser, 6,8 Liter
Schmierung	Druckumlauf, 3,5 Liter Öl	Druckumlauf, 4,0 Liter Öl
Batterie	12 V 35 Ah (hinten)	12 V 35 Ah (hinten)
Lichtmaschine	Gleichstrom 300 W	Gleichstrom 300 W, 1973: Drehstrom 490 W
Kraftübertragung	Antrieb auf Hinterräder	Antrieb auf Hinterräder
Kupplung	Einscheiben-Trockenkupplung	Einscheiben-Tockenkupplung
Schaltung	Knüppel in Wagenmitte	Knüppel in Wagenmitte,
Getriebe	4 Gang	4 Gang
Synchronisierung	I–IV	I–IV
Übersetzungen	I. 3,8 II. 2,12 III. 1,41 IV. 0,96 R: 3,27	I. 3,8 II. 2,12 III. 1,41 IV. 0,96 R: 3,27
Antriebs-Übersetzung	4,444	4,444
Fahrwerk	Selbsttragend, Ganzstahlkarosserie	Selbsttragend, Ganzstahlkarosserie
Vorderradaufhängung	Trapez-Dreieckquerlenker (Dreiecksquerlenker oben/unten), Schraubenfedern, innenlieg. hydr. Teleskop-Stoßdämpfer, Querstabilisator	Trapez-Dreieckquerlenker (Dreiecksquerlenker oben/unten), Schraubenfedern, innenlieg. hydr. Teleskop-Stoßdämpfer, Querstabilisator
Hinterradaufhängung	Pendelachse an Längsschubstreben, Schraubenfedern, innenlieg. hydr. Teleskop-Stoßdämpfer	Pendelachse an Längsschubstreben, Schraubenfedern, innenlieg. hydr. Teleskop-Stoßdämpfer
Lenkung	Spindel und Mutter	Spindel und Mutter
Fußbremse	Hydraulisch, 4 Räder (Zweikreis, Servo) Trommeln vorn/hinten (d=40 mm,∅=230 mm), Gesamt-Bremsfläche 770 cm²	Hydraulisch, 4 Räder (Zweikreis) Scheiben vorn (∅=252 mm, Belagfläche 152 cm²), Trommeln hinten (Belag 385 cm²), Gesamt-Bremsfläche 537 cm²
Handbremse	Mechanisch, auf Hinterräder	Mechanisch, auf Hinterräder
Allgemeine Daten	Limousine, 4türig	Limousine, 4türig
Radstand	2400 mm	2400 mm
Spur	1280/1250 mm	1280/1250 mm
Gesamtmaße	4170 x 1620 x 1390 mm	4155 x 1620 x 1380 mm,
Reifen	155-14	155-14
Bodenfreiheit	18 cm	18 cm
Wendekreisdurchmesser	10,6 m	10,6 m
Leermasse	775 kg	805 kg
Zuläss. Gesamtmasse	1180 kg	1180 kg
Höchstgeschwindigkeit	125 km/h	130 km/h
Beschleunigung 0–100 km/h	27 sec	24 sec
Verbrauch	7,2 L/100 km	7,0 L/100 km
Kraftstofftank	32 Liter (vorn)	32 Liter (vorn)

	Skoda S 110 R 1970 – 1980
Motor	Typ 718 K
Zylinderzahl Hinterachse	4 (Reihe), längs hi
Bohrung x Hub	72 x 68 mm
Hubraum	1107 cm³
Leistung	52 PS (38 kW) bei 4650/min
Drehmoment	8,6 mkg (84 Nm) bei 3500 U/min
Verdichtung	9,5 : 1
Vergaser	1 Fallstrom-Registervergaser Jikov 32 DDSB
Ventile	Hängend (Stößel und Kipphebel), seitliche Nockenwelle (Antrieb durch Kette)
Kurbelwellenlager	3
Kühlung	Wasser, 6,8 Liter
Schmierung	Druckumlauf, 4,6 Liter Öl, Ölkühler
Batterie	12 V 35 Ah (hinten)
Lichtmaschine	Drehstrom 490 W
Kraftübertragung	Antrieb auf Hinterräder
Kupplung	Einscheiben-Trockenkupplung
Schaltung	Knüppel in Wagenmitte
Getriebe	4 Gang
Synchronisierung	I–IV
Übersetzungen	I. 3,8, II. 2,12, III. 1,41, IV. 0,96, R: 3,27
Antriebs-Übersetzung	4,444, 1977: 4,22
Fahrwerk	Selbsttragend, Ganzstahlkarosserie
Vorderradaufhängung	Trapez-Dreieckquerlenker, Dreiecksquerlenker oben/unten),Schraubenfedern, innenliegende, hydr. Teleskop-Stoßdämpfer, Querstabilisator
Hinterradaufhängung	Pendelachse an Längsschubstreben, Schraubenfedern, innenlieg., hydr. Teleskop-Stoßdämpfer
Lenkung	Spindel und Mutter
Fußbremse	Hydraulisch, 4 Räder (Zweikreis, Servo) Scheiben vorn (∅= 252 mm, Belagfläche 152 cm²), Trommeln hinten (Belag 385 cm²), Gesamt-Bremsfläche 537 cm²
Handbremse	Mechanisch, auf Hinterräder
Allgemeine Daten	Coupé, 2türig
Radstand	2400 mm
Spur	1280/1250 mm
Gesamtmaße	4155 x 1620 x 1340 mm
Reifen	155 SR 14
Bodenfreiheit	18 cm
Wendekreisdurchmesser	10,6 m
Leermasse	880 kg
Zuläss. Gesamtmasse	1200 kg
Höchstgeschwindigkeit	140 km/h
Beschleunigung 0–100 km/h	18,5 sec
Verbrauch	9,5 L/100 km
Kraftstofftank	32 Liter (vorn)

	Skoda Favorit 136 1988 – 1994
Motor	Typ 781
Zylinderzahl	4 (Reihe), quer über Vorderachse
Bohrung x Hub	75,5 x 72 mm
Hubraum	1289 cm³
Leistung	58 PS (43 kW) bei 5000/min
Drehmoment	9,6 mkg (94 Nm) bei 3000/min
Verdichtung	8,8 : 1
Vergaser	1 Fallstromvergaser Jikov 28-30 LEKR, ab 1993 Bosch-Einspritzung
Ventile	Hängend (Stößel und Kipphebel), seitliche Nockenwelle (Antrieb durch Kette)
Kurbelwellenlager	3
Kühlung	Pumpe/ 6,0 Liter Wasser
Schmierung	Druckumlauf/ 4,0 Liter Öl
Batterie	12 V 40 Ah (im Motorraum)
Lichtmaschine	Drehstrom 55 A
Kraftübertragung	Frontantrieb
Kupplung	Einscheiben-Trockenkupplung
Schaltung	Knüppel in Wagenmitte
Getriebe	5 Gang
Synchronisierung	I–V
Übersetzungen	I. 3,308, II. 1,913, III. 1,267, IV. 0,927, V. 0,717, R: 2,923
Antriebs-Übersetzung	3,895
Fahrwerk	Selbsttragend, Ganzstahl-Karosserie
Vorderradaufhängung	Dreieckquerlenker und Federbeine
Hinterradaufhängung	Verbundlenkerachse mit gezogenen Längslenkern, Schraubenfedern, hydr. Teleskop-Stoßdämpfer
Lenkung	Zahnstange
Fußbremse	Hydraulisch, 4 Räder (Zweikreis, Servo), Scheiben vorn (∅= 236 mm), Trommeln hinten
Handbremse	Mechanisch, auf Hinterräder
Allgemeine Daten	Schrägheck-Limousine, 4türig
Radstand	2450 mm
Spur	1400/1365 mm
Gesamtmaße	3815 x 1620 x 1415 mm
Reifen	165/70 R 13
Felgen	4,5 J x 13
Bodenfreiheit	12 cm
Wendekreisdurchmesser	11 m
Leermasse	840 kg
Zuläss. Gesamtmasse	1290 kg
Höchstgeschwindigkeit	150 km/h
Beschleunigung 0–100 km/h	14 sec
Verbrauch	7,0 L/100 km
Kraftstofftank	47 Liter (hinten)

	Skoda S 105 S / L 1976 – 1987	Skoda S 120 L / 120 LS / 120 GLS 1976 – 1989 / 1976 – 1987
Motor	Typ 742	Typ 742
Zylinderzahl	4 (Reihe), längs hinter Hinterachse	4 (Reihe), längs hinter Hinterachse
Bohrung x Hub	68 x 72 mm	72 x 72 mm
Hubraum	1046 cm³	1174 cm³
Leistung	46 PS (34 kW) bei 4800/min	52 PS (38 kW) bei 5000/min / 58 PS (43 kW) bei 5200/min
Drehmoment	7,6 mkg bei 3000/min	8,7 mkg (85 Nm) bei 3000/min / 9,2 mkg (90 Nm) bei 3250/min
Verdichtung	8,5 : 1	8,5 : 1 / 9,5 : 1
Vergaser	1 Fallstrom-Registervergaser Jikov 32 EDSR, ab 1981 Jikov 32 SEDR	1 Fallstrom-Registervergaser Jikov 32 EDSR, ab 1981 Jikov 32 SEDR
Ventile	Hängend (Stößel und Kipphebel), seitliche Nockenwelle (Antrieb durch Kette)	Hängend (Stößel und Kipphebel), seitliche Nockenwelle (Antrieb durch Kette)
Kurbelwellenlager	3	3
Kühlung	Wasser/ 12,5 Liter Wasser	Pumpe/ 12,5 Liter Wasser
Schmierung	Druckumlauf/ 4,0 Liter Öl	Druckumlauf/ 4,0 Liter Öl / 4,6 Liter Öl, Ölkühler
Batterie	12 V 35 Ah (hinten)	12 V 35 Ah (hinten)
Lichtmaschine	Drehstrom 35 A, später 55 A	Drehstrom 35 A, später 55 A
Kraftübertragung	Antrieb auf Hinterräder	Antrieb auf Hinterräder
Kupplung	Einscheiben-Trockenkupplung	Einscheiben-Trockenkupplung
Schaltung	Knüppel in Wagenmitte	Knüppel in Wagenmitte,
Getriebe	4 Gang	4 Gang
Synchronisierung	I–IV	I–IV
Übersetzungen	I. 3,8 II. 2,12 III. 1,41 IV. 0,96 R: 3,27	I. 3,8 II. 2,12 III. 1,41 IV. 0,96 R: 3,27
Antriebs-Übersetzung	4,222	4,222
Fahrwerk	Selbsttragend, Ganzstahlkarosserie	Selbsttragend, Ganzstahlkarosserie
Vorderradaufhängung	Trapez-Dreieckquerlenker, Schraubenfedern, hydr. Teleskop-Stoßdämpfer, Querstabilisator	Trapez-Dreieckquerlenker, Schraubenfedern, hydr. Teleskop-Stoßdämpfer, Querstabilisator
Hinterradaufhängung	Pendelachse mit Längsschubstreben und Schräglenkern, Schraubenfedern, hydr. Teleskop-Stoßdämpfer	Pendelachse mit Längsschubstreben und Schräglenkern, Schraubenfedern, hydr. Teleskop-Stoßdämpfer
Lenkung	Spindel und Mutter	Spindel und Mutter, später Zahnstange (GLS: immer Zahnstange)
Fußbremse	Hydraulisch, 4 Räder (Zweikreis), Scheiben vorn (∅= 252 mm, Belagfläche 76 cm²), Trommeln hinten (Belag 385 cm²), Gesamt-Bremsfläche 461 cm²	Hydraulisch, 4 Räder (Zweikreis, Servo), Scheiben vorn (∅=252 mm, Belagfläche 116 cm²), Trommeln hinten (Belag 385 cm²)
Handbremse	Mechanisch, auf Hinterräder	Mechanisch, auf Hinterräder
Allgemeine Daten	Limousine, 4türig	Limousine, 4türig
Radstand	2400 mm	2400 mm
Spur	1300/1270 mm, ab 1983: 1390/1350 mm	1300/1270 mm, ab 1983: 1390/1350 mm
Gesamtmaße	4160 x 1595 x 1400 mm, ab 1983:4200 x 1610 x 1400 mm	4160 x 1595 x 1400 mm, ab 1983: 4200 x 1610 x 1400 mm
Reifen	155 SR 14, ab 1983 165 SR 13	155 SR 14, ab 1983 165 SR 13
Felgen	4,5 J x 14, ab 1983 4,5 J x 13	4,5 J x 14, ab 1983 4,5 J x 13
Bodenfreiheit	12 cm	12 cm
Wendekreisdurchmesser	11,0 m	11,0 m
Leermasse	875 kg	875 / 890 kg
Zuläss. Gesamtmasse	1275 kg	1275 /1285 kg
Höchstgeschwindigkeit	130 km/h	140 / 150 km/h
Beschleunigung 0–100 km/h	24 sec	20 / 18 sec
Verbrauch	7,5 L/100 km	8,0 / 8,6 L/100 km
Kraftstofftank	37 Liter (hinten)	37 Liter (hinten)

Preise Skoda Octavia/ S 100 in West-Deutschland (in DM)

	Skoda Octavia/S	Skoda Octavia Combi	Skoda 1202 Combi	Skoda Felicia/S	Skoda 1000 MB/ L	Skoda S 100/ L	Skoda S 110 R
1959	4.895/5.060	—	—	6.795	—		
1960	5.045	—	—	6.950	—		
1961	4.900	6.145	6.350	6.840	—		
1962	4.193	6.190	6.595	6.885	—		
1963	4.193	6.190	6.595	6.885	—		
1966	—	5.325	—	—	4.780	—	—
1967	—	5.050	—	—	4.780/5.180	—	—
1968	—	5.250	—	—	4.980/5.380	—	—
1969					4.338/5.341	4.885/5.346	—
1970						4.885/5.346	—
1971						4.985/5.450	6.930
1972						4.985/5.450	6.930
1973						5.095/5.475	7.175
1974						5.095/5.475	7.175
1975						5.795/6.190	7.545
1976						5.998/6.438	7.965
1977						5.998/6.438	8.195
1978						—	8.195
1979						—	8.350

Preise Skoda S105 / 120 in West-Deutschland (in DM)

	Skoda S105 S	Skoda S105 L	Skoda S120 L	Skoda S120 LS	Skoda S120 GLS
1977	6.998	7.295	7.597	7.996	—
1978	6.998	7.400	7.597	8.200	—
1979	6.950	7.400	7.895	8.400	—
1980	7.200	7.850	8.150	8.650	—
1981	7.490	8.090	8.390	8.890	9.390
1982	7.490	8.090	8.390	8.890	9.390
1983	7.050	7.760	8.060	8.440	8.970
1984	7.190	7.870	8.190	9.190	9.400
1985	7.450	8.290	8.590	—	9.600
1986	7.450	8.290	8.590	—	9.600
1987	7.890	8.390	8.990	—	—
1988	—	—	8.990	—	—
1989	—	—	8.390	—	—

Preise Skoda-Pkw in der DDR (in Mark)

	Skoda Octavia/S	Skoda Octavia Combi	Skoda Felicia/S	Skoda 1000 MB	Skoda S 100	Skoda S 110 R	Skoda S 105 S	Skoda S 105 L	Skoda S 120 L	Skoda S 120 GLS
1959	14.500		—	—						
1960	14.500		18.900	—						
1962	—		18.700	—						
1965	—			14.950						
1966	—	15.500		14.900						
1970					15.840	—				
1972					15.750	—				
1974					15.750	23.138				
1975					15.870	—				
1978							15.915	17.450		
1979									18.200	
1980										21.935
1982								18.415		

	Skoda 1200 / 1201 1952 – 1958 / 1955 – 1961	Skoda 1202 1961 – 1973
Motor	Typ 955 / 980	Typ 981
Zylinderzahl	4 (Reihe), längs hinter Vorderachse	4 (Reihe), längs hinter Vorderachse
Bohrung x Hub	72 x 75 mm	72 x 75
Hubraum	1221 ccm	1221 ccm
Leistung	37 PS (27 kW) bei 4000/min, 1201: 45 PS (33 kW) bei 4200/min	47 PS (35 kW) bei 4500/min, ab 1969: 48 PS (35 kW)
Drehmoment	7,5 mkg (74 Nm) bei 2500 U/min, 1201: 8,6 mkg (84 Nm) bei 2500/min	8,3 mkg (81 Nm) bei 3000/min, ab 1969: 8,7 mkg (85 Nm)
Verdichtung	6,5 : 1, 2101: 7,0 : 1	7,5 : 1, 1969: 8,7 : 1
Vergaser	1 Fallstromergaser Solex 26 UHAD, 1 Fallstrom Jikov 32 SOP	1 Fallstromvergaser Jikov 32 SOPc, später Fallstrom Jikov 32 BS 21
Ventile	Hängend (Stößel und Kipphebel), seitliche Nockenwelle (Antrieb durch Kette)	Hängend (Stößel und Kipphebel), seitliche Nockenwelle (Antrieb durch Kette)
Kurbelwellenlager	3	3
Kühlung	Wasser, 6,5 Liter	Wasser, 6,5 Liter
Schmierung	Druckumlauf, 3,8 bzw. 3,0 Liter Öl	Druckumlauf, 3,0 Liter Öl
Batterie	12 V 75 Ah bzw. 12 V 45 Ah (im Motorraum)	12 V 50 Ah (im Motorraum)
Lichtmaschine	Gleichstrom 200 W	Gleichstrom 200 W, ab 1969: 300 W, ab 1973: Drehstrom 490 W
Kraftübertragung	Antrieb auf Hinterräder	Antrieb auf Hinterräder
Kupplung	Einscheiben-Trockenkupplung	Einscheiben-Tockenkupplung
Schaltung	Lenkradschaltung	Lenkradschaltung
Getriebe	4 Gang	4 Gang
Synchronisierung	III–IV bzw. II - IV	II-IV, später I–IV
Übersetzungen	I. 4,267 II. 2,460 III. 1,59 IV. 1,0 R: 5,608	I. 4,627 II. 2,460 III. 1,59, 1969: 1,51 IV. 1,0 R: 5,608
Antriebs-Übersetzung	4,78 bzw. 5,25	5,25
Fahrwerk	Zentralrohrrahmen, Ganzstahlkarosserie	Zentralrohrrahmen, Ganzstahlkarosserie
Vorderradaufhängung	Doppel-Querlenker (1 Dreiecksquerlenker oben, 1 Querfeder unten), hydr. Teleskop Stoßdämpfer	Doppel-Querlenker (1 Dreiecksquerlenker oben 1 Querfeder unten), Schraubenfedern hydr. Teleskop-Stoßdämpfer
Hinterradaufhängung	Pendelachse an Querblattfeder oben, hydr. Teleskop-Stoßdämpfer	Pendelachse an Querblattfeder oben, hydr. Teleskop-Stoßdämpfer
Lenkung	Schraube und Mutter	Schraube und Mutter
Fußbremse	Hydraulisch, 4 Räder Trommeln vorn/hinten, Gesamt-Bremsfläche 670 cm²	Hydraulisch, 4 Räder Trommeln vorn/hinten Gesamt-Bremsfläche 672 cm²
Handbremse	Mechanisch, auf Hinterräder	Mechanisch, auf Hinterräder
Schmierung	Chassis-Zentralschmierung	Chassis-Zentralschmierung
Allgemeine Daten	Limousine, 2türig, Kombi, 3türig	Kombi, 5türig
Radstand	2685 mm	2685 mm
Spur	1250/1320 mm	1250/1320 mm
Gesamtmaße	4500 x 1680 x 1520 mm Kombi: 4500 x 1680 x 1650 mm	4485 x 1700 x 1580 mm
Reifen	5.50-16 / 6.00-15	5.90-15
Bodenfreiheit	19 cm	19 cm
Wendekreisdurchmesser	11 m	12 m
Leermasse Zulass. Gesamtmasse	975 kg / 1150 kg	1105 kg/1750 kg
Höchstgeschwindigkeit	105 km/h / 120 km/h	100 km/h
Verbrauch	8,5 / 9,4 L/100 km	9,4 L/100 km
Kraftstofftank	35 / 38 Liter (hinten)	40 Liter (hinten)

	Skoda 440 / 445 1955 – 1959 / 1957 – 1959	Skoda 450 1958 – 1959
Motor	Typ 970 / 983	Typ 984
Zylinderzahl	4 (Reihe), längs hinter Vorderachse	4 (Reihe) längs hinter Vorderachse
Bohrung x Hub	68 x 75 mm / 72 x 75 mm	68 x 75
Hubraum	1089 / 1221 ccm	1089 ccm
Leistung	39 PS (29 kW) bei 4200/min, 45 PS (33 kW) bei 4200/min	50 PS (37 kW) bei 4500/min
Drehmoment	7,5 mkg (74 Nm) bei 2800/min, 8,6 mkg (84 Nm) bei 2500/min	7,5 mkg (74 Nm) bei 3500/min
Verdichtung	7,0 : 1	8,4 : 1
Vergaser	1 Fallstromvergaser Solex Jikov 32 SOP	1 Fallstromvergaser Jikov 32 SOPb
Ventile	Hängend (Stößel und Kipphebel), seitliche Nockenwelle (Antrieb durch Kette)	Hängend (Stößel und Kipphebel), seitliche Nockenwelle (Antrieb durch Kette)
Kurbelwellenlager	3	3
Kühlung	Wasser, 6,5 Liter	Wasser, 6,5 Liter
Schmierung	Druckumlauf, 3,0 Liter Öl	Druckumlauf, 3,0 Liter Öl
Batterie	12 V 40 Ah (im Motorraum)	12 V 40 Ah (im Motorraum)
Lichtmaschine	Gleichstrom 200 W	Gleichstrom 200 W
Kraftübertragung	Antrieb auf Hinterräder	Antrieb auf Hinterräder
Kupplung	Einscheiben-Trockenkupplung	Einscheiben-Tockenkupplung
Schaltung	Lenkradschaltung	Lenkradschaltung
Getriebe	4 Gang	4 Gang
Synchronisierung	III–IV	III–IV
Übersetzungen	I. 4,267 II. 2,460 III. 1,59 IV. 1,0 R: 5,608	I. 4,267 II. 2,460 III. 1,59 IV. 1,0 R: 5,608
Antriebs-Übersetzung	4,78 bzw. 5,25	4,78
Fahrwerk	Zentralrohrrahmen, Ganzstahlkarosserie	Zentralrohrrahmen, Ganzstahlkarosserie
Vorderradaufhängung	Doppel-Querlenker (1 Dreiecksquerlenker oben, 1 Querfeder unten), hydr. Teleskop-Stoßdämpfer	Doppel-Querlenker (1 Dreiecksquerlenker oben 1 Querfeder unten), hydr. Teleskop-Stoßdämpfer
Hinterradaufhängung	Pendelachse an Querblattfeder oben, hydr. Teleskop-Stoßdämpfer	Pendelachse an Querblattfeder oben, hydr. Teleskop-Stoßdämpfer
Lenkung	Schraube und Mutter (15,1 : 1)	Schraube und Mutter (15,1 : 1)
Fußbremse	Hydraulisch, 4 Räder Trommeln vorn/hinten, Gesamt-Bremsfläche 627 cm²	Hydraulisch, 4 Räder Trommeln vorn/hinten Gesamt-Bremsfläche 672 cm²
Handbremse	Mechanisch, Hinterräder	Mechanisch, Hinterräder
Schmierung	Chassis-Zentralschmierung	Chassis-Zentralschmierung
Allgemeine Daten	Limousine, 2türig	Cabrio, 2türig
Radstand	2400 mm	2400 mm
Spur	1210/1250 mm	1210/1250 mm
Gesamtmaße	4065 x 1600 x 1430 mm	4065 x 1600 x 1390 mm
Reifen	5.50-15, 165 x 380	5.50-15
Bodenfreiheit	18 cm	18 cm
Wendekreisdurchmesser	10 m	10 m
Leermasse	920 kg / 930 kg	930 kg
Zuläss. Gesamtmasse	1270 / 1280 kg	1230 kg
Höchstgeschwindigkeit	110 km/h / 115 km/h	128 km/h
Verbrauch	8,0 / 8,5 L/100 km	9,0 L/100 km
Kraftstofftank	32 Liter (hinten)	32 Liter (hinten)

	Skoda Octavia / Octavia Super 1959 – 1961 / 1961–1964	Skoda Octavia Combi (Super) 1961 – 1969 / 1969 – 1971
Motor	Typ 985-702 / 993-703	Typ 993 C / 703C/704
Zylinderzahl	4 (Reihe), längs hinter Vorderachse	4 (Reihe), längs hinter Vorderachse
Bohrung x Hub	68 x 75 mm / 72 x 75 mm	72 x 75 mm
Hubraum	1089 / 1221 cm³	1221 cm³
Leistung	39 PS (29 kW) bei 4500/min,	45 PS (33 kW) bei 4500/min,
	1961: 45 PS (33 kW) bei 4200/min /	1969: 48 PS (35 kW) bei 4500/min
Drehmoment	7,0 mkg (69 Nm) bei 2800 U/min bzw. 8,0 mkg (78 Nm) bei 2500 U/min, 1961: 7,5 mkg (74 Nm) bei 2500/min bzw. 8,7 mkg (85 Nm) bei 3000/min	8,3 mkg (81 Nm) bei 3000/min, 1969: 8,7 mkg (85 Nm) bei 3000/min
Verdichtung	7,0 : 1, 1961: 7,5 : 1	7,5 : 1, 1969: 7,8 : 1
Vergaser	1 Fallstromvergaser Jikov 32 SOPb/c	1 Fallstromvergaser Jikov 32 SOPc, später Jikov 32 BS 21
Ventile	Hängend (Stößel und Kipphebel), seitliche Nockenwelle (Antrieb durch Kette)	Hängend (Stößel und Kipphebel), seitliche Nockenwelle (Antrieb durch Kette)
Kurbelwellenlager	3	3
Kühlung	Wasser, 6,5 Liter	Wasser, 6,0 Liter
Schmierung	Druckumlauf, 3,0 Liter Öl	Druckumlauf, 3,0 Liter Öl
Batterie	12 V 35 Ah / 40 Ah (im Motorraum)	12 V 50 Ah (im Motorraum)
Lichtmaschine	Gleichstrom 200 W	Gleichstrom 200 W
Kraftübertragung	Antrieb auf Hinterräder	Antrieb auf Hinterräder
Kupplung	Einscheiben-Trockenkupplung	Einscheiben-Tockenkupplung
Schaltung	Lenkradschaltung	Lenkradschaltung, 1968 Knüppelschaltung
Getriebe	4 Gang	4 Gang
Synchronisierung	II–IV	II–IV
Übersetzungen	I. 4,267 II. 2,460 III. 1,59, 1961: 1,51 IV. 1,0 R: 5,608	I. 4,267 II. 2,460 III. 1,59; 1969: 1,51 IV. 1,0 R: 5,608
Antriebs-Übersetzung	4,78	4,78
Fahrwerk	Zentralrohrrahmen, Ganzstahlkarosserie	Zentralrohrrahmen, Ganzstahlkarosserie
Vorderradaufhängung	Trapez-Dreieckquerlenker (Dreiecksquerlenker oben/unten), Schraubenfedern, innenlieg. hydr. Teleskop-Stoßdämpfer, Querstabilisator	Trapez-Dreieckquerlenker (Dreiecksquerlenker oben/unten), Schraubenfedern, Innenlieg. hydr. Teleskop-Stoßdämpfer, Querstabilisator
Hinterradaufhängung	Pendelachse an Querblattfeder oben, hydr. Teleskop-Stoßdämpfer	Pendelachse an Querblattfeder oben, hydr. Teleskop-Stoßdämpfer
Lenkung	Schraube und Mutter (15,1 : 1)	Schraube und Mutter (15,1 : 1)
Fußbremse	Hydraulisch, 4 Räder (Simplex) Trommeln vorn/hinten (d=35 mm, Ø=282 mm). Gesamt-Bremsfläche 672 cm²	Hydraulisch, 4 Räder Trommeln vorn/hinten, Gesamt Bremsfläche 674 cm²
Handbremse	Mechanisch, auf Hinterräder	Mechanisch, auf Hinterräder
Schmierung	15 Schmiernippel	
Allgemeine Daten	Limousine, 2türig	Kombi,3türig
Radstand	2390 mm	2390 mm
Spur	1200/1250 mm	1200/1250 mm
Gesamtmaße	4065 x 1600 x 1430 mm	4065 x 1600 x 1430 mm, später 4005 x 1600 x 1430 mm
Reifen	5.50-15, 1961: 5.90-15	5.90-15
Bodenfreiheit	18 cm	18 cm
Wendekreisdurchmesser	10,6 m	10,6 m
Leermasse	920 kg kg	970 kg
Zuläss. Gesamtmasse	1270 kg	1365 kg
Höchstgeschwindigkeit	110 km/h / 115 km/h	125 km/h
	28 / 25 sec	25 sec
Verbrauch	8,0 / 8,5 L/100 km	8,7 L/100 km
Kraftstofftank	30 Liter (hinten)	30 Liter (hinten)

	Skoda Felicia / Felicia Super 1959 – 1964
Motor	Typ 994 / 996
Zylinderzahl	4 (Reihe), längs vor Vorderachse
Bohrung x Hub	68 x 75 mm / 72 x 75 mm
Hubraum	1089 / 1221 cm³
Leistung	50 PS (37 kW) bei 4500/min / 55 PS (40 kW) bei 5100/min, DDR: 43 PS (32 kW) bei 4200/min
Drehmoment	7,5 mkg (74 Nm) bei 3500 U/min / 8,8 mkg (86 Nm) bei 2500/min, DDR: 8,6 mkg (84 Nm) bei 2500/min
Verdichtung	8,0 : 1 / 7,5 : 1
Vergaser	2 Fallstrom Jikov 32 SOPb / Jikov 32 SOPc
Ventile	Hängend (Stößel und Kipphebel), seitliche Nockenwelle (Antrieb durch Kette)
Kurbelwellenlager	3
Kühlung	Wasser, 6,5 Liter
Schmierung	Druckumlauf, 3,5 Liter Öl
Batterie	12 V 50 Ah (im Motorraum)
Lichtmaschine	Gleichstrom 200 W
Anlasser	0,8 PS (0,6 kW)
Kraftübertragung	Antrieb auf Hinterräder
Kupplung	Einscheiben-Trockenkupplung
Schaltung	Lenkradschaltung, ab 1961 Knüppelschaltung
Getriebe	4 Gang
Synchronisierung	II–IV
Übersetzungen	I. 4,267, II. 2,460, III. 1,59 (1961: 1,51), IV. 1,0, R: 5,608
Antriebs-Übersetzung	4,78
Fahrwerk	Zentralrohrrahmen, Ganzstahlkarosserie
Vorderradaufhängung	Trapez-Dreieckquerlenker (Dreiecksquerlenker oben/unten), Schraubenfedern, innenlieg. hydr. Teleskop-Stoßdämpfer, Querstabilisator
Hinterradaufhängung	Pendelachse an Querblattfeder oben, hydr. Teleskop-Stoßdämpfer
Lenkung	Schraube und Mutter (15,1 : 1)
Fußbremse	Hydraulisch, 4 Räder (Simplex) Trommeln vorn/hinten (d=35 mm, ∅=282 mm), Gesamt-Bremsfläche 672 cm²
Handbremse	Mechanisch, auf Hinterräder
Allgemeine Daten	Cabriolet, 2türig
Radstand	2400 mm
Spur	1210/1250 mm
Gesamtmaße	4065 x 1600 x 1380 mm
Reifen	5.50-15, 1961: 5.90-15
Bodenfreiheit	18 cm
Wendekreisdurchmesser	10,6 m
Leermasse	890 / 900 kg
Zuläss. Gesamtmasse	1200 / 1230 kg
Höchstgeschwindigkeit	128 / 130 km/h
Beschleunigung 0–100 km/h	23 sec
Verbrauch	9,0 / 9,5 L/100 km
Kraftstofftank	30 Liter (hinten)

Tatra-Pkw

Die Marke Tatra zählte zu den traditionsreichsten Herstellern Europas. Gegründet im früheren Nesselsdorf/Mähren (Koprivnice), wurden hier ab 1897 Automobile hergestellt. Prägend für die weitere Entwicklung war ab 1905 Chefkonstrukteur Hans Ledwinka. Ihm sind der Zentralrohrrahmen, die konsequente Nutzung der Luftkühlung und die aerodynamische Formgestaltung zu verdanken. Den großen Vorkriegs-Typen 77, 87 und 97 folgte der T600 Tatraplan mit Vierzylindermotor. Er wurde bis 1952 rund 6.300 mal gefertigt – ein Drittel davon bei Skoda. Der Tatraplan gelangte in sehr kleiner Stückzahl (unter 100) auch in die DDR, währenddessen der bis 1950 parallel gebaute V8-Stromlinienwagen Typ 87 nicht nach Ostdeutschland kam.

Mit dem neuen V8-Modell 603 (ab 1956) stellten die Tschechen ein repräsentatives Oberklasse-Auto auf die Räder, das ausschließlich für Funktionäre in Politik und Wirtschaft bestimmt war. Für diesen Personenkreis wurde der 603 und der davon abgeleitete 2-603 auch in die DDR importiert. Von den 20.422 Einheiten gelangten etwa 3.000 Stück nach Ostdeutschland, zu Preisen oberhalb von 33.000 Mark. In Westdeutschland kostete das fünf- bis sechssitzige Auto vergleichsweise günstige 16.000 Mark. Äußerlich unterscheiden lassen sich die drei Karosserie-Versionen des 603 an den Scheinwerfern: Anfangs waren es drei, dann vier – wobei die Leuchten bei den späteren Ausführungen weiter von der Mitte wegrückten.

1963 kam ein neuer, stärkerer Motor für den 2-603. 1968 wich die durchgehende vordere Sitzbank plüschigen Einzelsesseln, bekam der 2-603 Scheibenbremsen und vor allem einen etwas stärkeren Motor. Insgesamt wurden etwas mehr als 20.000 Tatra 603 fertig gestellt.

Ab 1973 entstand der von Vignale gestylte Tatra 613. Er sollte dem gleichen illustren Kundenkreis vorbehalten bleiben. Bis Ende der 80er-Jahre wurden lediglich 5.200 Einheiten gefertigt, höchstens 300 gingen zu Stückpreisen von über 50.000 Ost-Mark in die DDR. Vom Vorgänger unterschied sich der 613 durch die glattere Karosserieform, die größere Fensterfläche und den um 25 Prozent Hubraum vergrößerten Motor, der weiter nach vorn gerückt wurde. Im Rahmen eines Facelifts ergab sich in den 80er Jahren eine modernere Frontpartie, für bestimmte Märkte gab es eine Version mit längerem Radstand und Rechteck-Scheinwerfern statt der runden Doppelleuchten. Bis 1990 verließen rund 10.000 Tatra 613 die Werkhalle. In Westdeutschland wurden die beiden Tatra-Baureihen ebenfalls angeboten, mit wenig Erfolg. Besser war auch hier die Situation in Österreich.

Tatraplan T600, 1951

Tatra 603 (frühe Ausführung mit drei Scheinwerfern), 1957

Nach dem Ende der sozialistischen Tschechoslowakei versuchte Tatra, mit einem renovierten Modell – dem T700 mit elektronischem Einspritzermotor (als Einzelstück sogar als Cabriolet vorgestellt) – an die guten, alten Zeiten anzuknüpfen. Dies scheiterte, 1997 verließen nur noch 35 Stück die Fertigungsstätte in Koprivnice. Mittlerweile ist die Pkw-Produktion eingestellt worden.

Tatra 603-2 (vier Scheinwerfer), 1963

Tatra 613-1, 1974

	Tatra 600 (Tatraplan) 1947 – 1952
Motor	
Zylinderzahl	4 (Boxer), längs hinter der Hinterachse
Bohrung x Hub	85 x 86 mm
Hubraum	1952 cm³
Leistung	52 PS (38 kW) bei 4000/min
Drehmoment	12 mkg (118 Nm) bei 2000/min
Verdichtung	6,0 : 1
Vergaser	1 Fallstrom-Doppelvergaser
	Solex 32 PBI oder 32 UBIP oder Zenith 32 JN
Ventile	Hängend (Stößel, Kipphebel), zentrale Nockenwelle (Antrieb durch Zahnräder)
Kurbelwellenlager	4
Kühlung	Luft/Axialgebläse
Schmierung	Druckumlauf/ 5,5 Liter Öl, 1 Ölkühler
Batterie	12 V 75 Ah (hinten)
Lichtmaschine	Gleichstrom 150 W
Kraftübertragung	Antrieb auf Hinterräder
Kupplung	Einscheiben-Trockenkupplung
Schaltung	Lenkradschaltung,
Getriebe	4 Gang
Synchronisierung	II–IV
Übersetzungen	I. 3,55, II. 2,26, III. 1,44, IV. 0,96, R: 4,755
Antriebs-Übersetzung	4,09
Fahrwerk	Selbsttragend, Ganzstahl-Karosserie mit Zentralträger
Vorderradaufhängung	Querblattfeder oben/unten, hydr. Teleskop-Stoßdämpfer
Hinterradaufhängung	Pendelachse mit Längsschubstreben, Torsionsstabfedern, hydr. Teleskop-Stoßdämpfer
Lenkung	Zahnstange
Fußbremse	Hydraulisch, 4 Räder (Einkreis), Trommeln vorn/hinten, Gesamt-Bremsfläche 1080 cm²
Handbremse	Mechanisch, auf Hinterräder
Schmierung	Chassis-Zentralschmierung
Allgemeine Daten	Limousine, 4türig
Radstand	2700 mm
Spur	1300/1300 mm
Gesamtmaße	4540 x 1670 x 1520 mm
Reifen	6.00-16
Bodenfreiheit	23 cm
Wendekreisdurchmesser	13,5 m
Leermasse	1170 kg
Höchstgeschwindigkeit	125 km/h
Verbrauch	11,0 L/100 km
Kraftstofftank	56 Liter (vorn)

	Tatra 603 1956 – 1963	Tatra 2-603 1963 – 1975
Motor	603 F	603 G, ab 1968 603 H
Zylinderzahl	V8 (90 Grad), längs hinter Hinterachse	V8 (90 Grad), längs hinter Hinterachse
Bohrung x Hub	75 x 72 mm	75 x 70
Hubraum	2545 cm³	2472 cm³
Leistung	95 PS (70 kW) bei 4800/min	100 PS (74 kW) bei 4800/min / 1968: 105 PS (77 kW) bei 4800/min
Drehmoment	15,8 mkg (155 Nm) bei 3000/min	16,5 mkg (162 Nm) bei 3000/min / 1968: 17mkg (167 Nm) bei 3500/min
Verdichtung	6,5 : 1	8,2 : 1
Vergaser	2 Fallstrom-Doppelvergaser Jikov/Motopal 30 SSOP	2 Fallstrom-Doppelvergaser Jikov 30 SSOP
Ventile	Hängend (Stößel, Kipphebel), zentrale Nockenwelle (Antrieb durch Kette)	Hängend (Stößel, Kipphebel), zentrale Nockenwelle (Antrieb durch Kette)
Kurbelwellenlager	5	5
Kühlung	Luft/2 Axialgebläse	Luft/ 2 Axialgebläse
Schmierung	Druckumlauf/ 8,5 Liter Öl, 2 Ölkühler	Druckumlauf/ 6,5 Liter Öl 2 Ölkühler
Batterie	2 x 6 V 75 Ah (vorn)	2 x 6 V 75 Ah (vorn)
Lichtmaschine	Gleichstrom 160 W	Gleichstrom 300 W
Kraftübertragung	Antrieb auf Hinterräder	Antrieb auf Hinterräder
Kupplung	Einscheiben-Trockenkupplung	Einscheiben-Tockenkupplung
Schaltung	Lenkradschaltung,	Lenkradschaltung,
Getriebe	4 Gang	4 Gang
Synchronisierung	I–IV	I–IV
Übersetzungen	I. 3,545 II. 2,265 III. 1,45 IV. 0,96 R: 3,428	I. 3,545 II. 2,265 III. 1,45 IV. 0,96 R: 3,428
Antriebs-Übersetzung	4,1	4,1
Fahrwerk	Selbsttragend, Ganzstahl-Karosserie	Selbsttragend, Ganzstahl-Karosserie
Vorderradaufhängung	Gezogene Kurbelarme, Schraubenfedern, Querstabilisator, hydr. Teleskop-Stoßdämpfer	Gezogene Kurbelarme, Schraubenfedern, Querstabilisator hydr. Teleskop-Stoßdämpfer
Hinterradaufhängung	Pendelachse mit Längsschubstreben, Schraubenfedern, hydr. Teleskop-Stoßdämpfer	Pendelachse mit Längsschubstreben, Schraubenfedern hydr. Teleskop-Stoßdämpfer
Lenkung	Zahnstange	Zahnstange
Fußbremse	Hydraulisch, 4 Räder (Zweikreis, später Einkreis), Trommeln vorn/hinten, Gesamt-Bremsfläche 1320 cm²	Hydraulisch, 4 Räder (Einkreis, Servo), Trommeln vorn/hinten, Gesamt-Bremsfläche 1266 cm², ab 1968 Scheibenbremsen vorn/hinten, Gesamt-Bremsfläche 312 cm²
Handbremse	Mechanisch, auf Hinterräder	Mechanisch, auf Hinterräder
Schmierung	14 Nippel	14 Nippel
Allgemeine Daten	Limousine, 4türig	Limousine, 4türig
Radstand	2750 mm	2750 mm
Spur	1420/1400 mm	1485/1400 mm
Gesamtmaße	5065 x 1910 x 1530 mm	5065 x 1910 x 1530 mm / ab 1968: 4975 x 1895 x 1530 mm
Reifen	6.50-15, 6.70-15	6.70-15
Bodenfreiheit	20 cm	20 cm
Wendekreisdurchmesser	14 m	12 m
Leermasse	1420 kg	1470 bis 1510 kg
Zuläss. Gesamtmasse	1960 kg	1960 kg
Höchstgeschwindigkeit	160 km/h	165 / 170 km/h
Beschleunigung 0–100 km/h	16,5 sec	15,5 sec
Verbrauch	13 L/100 km	12,5 / 11,8 L/100 km
Kraftstofftank	52 Liter (vorn)	52 / 60 Liter (vorn)

	Tatra 613 / 613-2 1974 – 1986	Tatra 613-3 1986 – 1990
Motor	613, ab 1980 613 E1	613 E1/1
Zylinderzahl	V8 (90 Grad), längs über Hinterachse	V8 (90 Grad), längs über Hinterachse
Bohrung x Hub	85 x 77 mm	85 x 77
Hubraum	3495 cm³	3495 cm³
Leistung	165 PS (121 kW) bei 5200/min, 1980: 168 PS (123 kW) bei 5200/min	168 PS (123 kW) bei 5200/min
Drehmoment	27 mkg (265 Nm) bei 2500/3000/min	27 mkg (265 Nm) bei 3300/min
Verdichtung	9,2 : 1	9,3 : 1
Vergaser	2 Fallstrom-Registervergaser Jikov 32-34 DDSR / 32-34 EDSR	2 Fallstrom-Registervergaser Jikov 32-34 SEDR
Ventile	Hängend (Stößel, Kipphebel), vier obenliegende Nockenwellen (Antrieb durch Zahnriemen)	Hängend (Stößel, Kipphebel), vier obenliegende Nockenwellen (Antrieb durch Zahnriemen)
Kurbelwellenlager	5	5
Kühlung	Luft/Axialgebläse	Luft/Axialgebläse
Schmierung	Druckumlauf/ 9 Liter Öl, 1 Ölkühler	Druckumlauf/ 9,5 Liter Öl, 1 Ölkühler
Batterie	12 V 75 Ah (vorn)	12 V 75 Ah (vorn)
Lichtmaschine	Drehstrom 55 A = 770 W	Drehstrom 55 A = 770 W
Anlasser	1,8 PS (1,32 kW)	1,8 PS (1,32 kW)
Kraftübertragung	Antrieb auf Hinterräder	Antrieb auf Hinterräder
Kupplung	Einscheiben-Trockenkupplung	Einscheiben-Tockenkupplung
Schaltung	Knüppel in Wagenmitte,	Knüppel in Wagenmitte,
Getriebe	4 Gang	4 Gang
Synchronisierung	I–IV	I–IV
Übersetzungen	I. 3,394 II. 1,889 III. 1,165 IV. 0,862 R: 3,244	I. 3,394 II. 1,889 III. 1,165 IV. 0,862 R: 3,244
Antriebs-Übersetzung	3,909	3,15
Fahrwerk	Selbsttragende Ganzstahl-Karosserie	Selbsttragende Ganzstahl-Karosserie
Vorderradaufhängung	Untere Querlenker, Federbeine, Zugstreben, Querstabilisator,	Untere Querlenker, Federbeine, Zugstreben, Querstabilisator
Hinterradaufhängung	Schräglenker, Schraubenfedern, hydr. Teleskop-Stoßdämpfer	Schräglenker, Schraubenfedern hydr. Teleskop-Stoßdämpfer
Lenkung	Zahnstange (19,2 : 1)	Zahnstange (19,2 : 1)
Fußbremse	Hydraulisch, 4 Räder (Zweikreis, Servo) Scheiben vorn (d= 42,9 mm, ∅= 280 mm, Bremsfläche 194 cm²), Scheiben hinten (d= 42,9 mm, ∅= 268 mm, Bremsfläche 136 cm²)	Hydraulisch, 4 Räder (Zweikreis, Servo) Scheiben vorn (d= 42,9 mm, ∅= 280 mm, Bremsfläche 194 cm²), Scheiben hinten (d= 42,9 mm, ∅= 268 mm, Bremsfläche 136 cm²)
Handbremse	Mechanisch, auf Hinterräder	Mechanisch, auf Hinterräder
Allgemeine Daten	Limousine, 4türig	Limousine, 4türig
Radstand	2980 mm	2980 mm
Spur	1520/1520 mm	1520/1520 mm
Gesamtmaße	5025 x 1800 x 1505 / 1400 mm	5000 x 1800 x 1440 mm
Reifen	215/70 HR 14	205/70 HR 14, 215/70 HR 14
Felgen	6 J x 14	6 J x 14
Bodenfreiheit	22 cm	16 cm
Wendekreisdurchmesser	12,5m	12,5 m
Leermasse	1600 bis 1670 kg	1690 kg
Zuläss. Gesamtmasse	2140 kg	2160 kg
Höchstgeschwindigkeit	190 km/h	190 km/h
Beschleunigung 0–100 km/h	12,7 sec	11,4 sec
Verbrauch	18 / 14 L/100 km	13 L/100 km
Kraftstofftank	2 x 36 Liter (hinten)	2 x 36 Liter (hinten)

Personenkraftwagen aus Polen

Im Gegensatz zum tschechischen Nachbarland war Polen bis zum Zweiten Weltkrieg industriell kaum erschlossen. Großbetriebe konzentrierten sich vor allem um die Hauptstadt Warschau. Schon früh waren Lizenz- und Vertriebsabkommen mit Fiat und General Motors abgeschlossen worden. Diese Aktivitäten endeten mit der deutschen Besetzung. Bis Ende der 40er-Jahre wurden dann zwei eigenständige Pkw-Hersteller installiert. Beide nutzten wiederum ausländische Modelle als Basis.
Das Warschauer FSO-Werk baute ab 1951 den sowjetischen Pobjeda M20 in Lizenz. Von dieser Vollhecklimousine wurde bis Mitte der 60er Jahre nur eine verschwindend kleine Anzahl in die DDR importiert, allerdings nie in der Kombi- oder Lieferwagen-Version. Der 2,1-Liter-Motor des Warszawa trieb auch kleine Nutzfahrzeuge an, die ihren Organspender bei weitem überlebten. Technisch unterschied sich der polnische übrigens nur marginal vom russischen Modell, dessen Fahrwerk weniger komfortabel ausgelegt war und das auf großen 16er Rädern saß.
Gar nicht in den DDR-Handel gelangten die Automobile aus dem Kleinwagen-Werk FSM im südpolnischen Bielsko Biala. Hier wurde ab 1971 der Syrena mit Dreizylinder-Zweitakter gefertigt – einer freundlichen Morgengabe aus Eisenach. Die Syrena-Produktion hatte indes schon 1957 begonnen – damals noch im Warschauer FSO-Werk. Mit der anfangs parallel verlaufenden Lizenz-Produktion des Fiat 126 in Bielsko Biala ab 1973/74 ging die Fertigung des Syrena Schritt für Schritt zurück. Ein Großteil der 126-Produktion ging in den Export. Später stellte das polnische Werk die Nachfolgetypen Fiat Quinquecento und Seicento sowie Motoren für Fiat und Opel her.

Warszawa M20, 1956

Polski-Fiat 125 p

Absolute Spitzengeltung hatten die ab 1967 in Lizenz gebauten Polski-Fiat 125p in der DDR. Sie verfügten zwar über die moderne Karosserie des Fiat 125, mussten sich aber mit den 1,3- und 1,5-Liter-ohv-Motoren des alten Fiat 1300/1500 begnügen. Immerhin hatten die Ostdeutschen damit die Wahl zwischen zwei Hubraumstufen. Problem war nur, dass diese Autos höheroktanigen Kraftstoff benötigten, der nicht überall verfügbar war. Die polnischen Fiat rangierten in der Hierarchie deutlich vor den Shiguli/Lada-Wagen. Preislich lagen sie nur unwesentlich über dem der etwas kleineren sowjetischen Fahrzeuge.

Ein Facelift in den 70er-Jahren bescherte dem noblen Polen ein geschwärztes Kühlergrill und entsprechend gefärbte Stoßfänger statt des bisherigen Chrom-Schmucks. Es blieb allerdings bei den charakteristischen runden Doppelscheinwerfern – der italienische 125er kam dagegen mit Rechteck-Lampen daher. Mit der Qualität der polnischen Lizenzautos stand es allerdings nicht zum Besten, vor allem was ihre Rostanfälligkeit betraf.

Nach Auslauf des Lizenzvertrags mit Fiat durfte FSO schließlich die Bezeichnung »Polski-Fiat« nicht mehr verwenden. Mit dem immer weiter ausufernden Shiguli/Lada-Angebot versiegte schließlich in den 80ern der 125p-Nachschub für die DDR. Die in Polen ebenfalls gebaute Kombi-Version wurde im sozialistischen deutschen Nachbarland nicht angeboten. Gleiches gilt für die auf dem 125p basierende, moderner gestylte Fließheck-Variante Polonez. Beide wurden jedoch in Westeuropa vertrieben.

Nach der politischen Wende ist Polens Automobilindustrie wieder dort, wo sie vor dem Zweiten Weltkrieg schon war: Abgesehen vom Polonez werden ausschließlich Lizenz-Modelle gefertigt – mittlerweile von Daewoo, Hyundai, Kia, Opel/GM, der Volkswagen-Gruppe, Chevrolet, Ford und Fiat.

Polski-Fiat 125p (Chrom-Grill), 1969

Polski-Fiat 125p (Kunststoff-Grill), 1975

Preise Polski-Fiat/FSO 125 p

	DDR (in Mark) Polski-Fiat 125 p 1300	Polski-Fiat 125 p 1500	Westdeutschland (in DM) Polski-Fiat 125 p 1300	Polski-Fiat 125 p 1500
1971	22.122			
1972	22.100		6.593	6.993
1973	22.000	23.500	6.800	7.050
1974	22.000	23.500	6.993	7.385
1975	22.000	23.500	7.570	7.980
1976	22.000	23.500	7.800	8.570
1977	22.000	23.500	8.395	8.930
1978		23.500		8.990
1979		23.500		9.190

	Polski Fiat 125p1300 (ab 1982: FSO 125p1300) 1968 – 1990	Polski-Fiat 125p1500 (ab 1982: FSO 125p1500) 1969 – 1990
Motor		
Zylinderzahl	4 (Reihe), längs über Vorderachse	4 (Reihe), längs über Vorderachse
Bohrung x Hub	72 x 79,5 mm	77 x 79,5
Hubraum	1295 cm³	1481 cm³
Leistung	60 PS (44 kW) bei 5400/min, ab 1975: 65 PS (48 kW) bei 5200/min	70 PS (52 kW) bei 5400/min, ab 1975: 75 PS (55 kW) bei 5400/min
Drehmoment	9,5 mkg (93 Nm) bei 3400/min	11,5 mkg (113 Nm) bei 3200/min
Verdichtung	9,0 : 1	9,0: 1
Vergaser	1 Fallstrom-Registervergaser Weber 34 DCHD 1-17	1 Fallstrom-Registervergaser Weber 34 DCMP 1/250 oder FSO 34 S2 C12
Ventile	Hängend (Stößel und Kipphebel), seitliche Nockenwelle (Antrieb durch Kette)	
Kurbelwellenlager	3	
Kühlung	Pumpe/ 6,7 Liter Wasser	
Schmierung	Druckumlauf/ 3,5 Liter Öl	
Batterie	12 V 48 Ah (im Motorraum)	
Lichtmaschine	Drehstrom 42 A	
Kraftübertragung	Antrieb auf Hinterräder	
Kupplung	Einscheiben-Trockenkupplung	
Schaltung	Lenkradschaltung, ab 1973 Knüppel in Wagenmitte	
Getriebe	4 Gang	
Synchronisierung	I–IV	
Übersetzungen	I. 3,75, II. 2,30, III. 1,49, IV. 1,0, R: 3,87	
Antriebs-Übersetzung	4,1	
Fahrwerk	Selbsttragende Ganzstahl-Karosserie	
Vorderradaufhängung	Dreiecksquerlenker, Schraubenfedern, Querstabilisator hydr. Teleskop-Stoßdämpfer	
Hinterradaufhängung	Starrachse mit Längsblattfedern, Längsschubstreben	
Lenkung	Schnecke und Rolle	
Fußbremse	Hydraulisch, 4 Räder (Zweikreis, Servo), Scheiben vorn/hinten (∅=227 mm, Bremsfläche jeweils 124 cm²)	
Handbremse	Mechanisch, auf Hinterräder	
Allgemeine Daten	Limousine, 4türig	Limousine, 4türig
Radstand	2505 mm	2505 mm
Spur	1300/1275 mm	1300/1275 mm,
Gesamtmaße	4225 x 1620 x 1440 mm	4225 x 1630 x 1440 mm
Reifen	5.60 S 13, 165 SR 13	165 SR 13, 185/70 SR 13
Felgen	5 J x 13	5 J x 13
Bodenfreiheit	14 cm	14 cm
Wendekreisdurchmesser	10,8 m	10,8 m
Leermasse	1090 kg	1120 kg
Zuläss. Gesamtmasse	1490 kg	1520 kg
Höchstgeschwindigkeit	145 km/h	155 km/h
Beschleunigung 0–100 km/h	20 sec	18 sec
Verbrauch	9,5 L/100 km	10,0 L/100 km
Kraftstofftank	45 Liter (hinten)	45 Liter (hinten)

Personenkraftwagen aus Rumänien

Nicht einmal eine mit den anderen Ostblockstaaten vergleichbare Automobilproduktion hat das weitgehend landwirtschaftlich geprägte Rumänien aufzuweisen gehabt. Erst Mitte der 60er-Jahre begann – unter Nutzung einer Renault-Lizenz – die Pkw-Produktion im neuen Automobilwerk Pitesti westlich von Bukarest. Beim hier gefertigten Dacia 1100 handelte es sich um den unveränderten Nachbau des Renault R8. Dieses Auto war allerdings dem Binnenmarkt vorbehalten – anders als der später in großen Stückzahlen gebaute Dacia 1300, der das rumänische Straßenbild über viele Jahre unübersehbar prägte.
Ab 1982 wurde außerdem bei Oltcit in Craiova die zweitürige Ausführung des Citroën Visa in Lizenz gebaut. Für den Binnenmarkt und auf einigen wenigen Exportmärkten trug das Auto den Namen Oltcit Club, in Frankreich wurde es als Citroën Axel vermarktet. In die DDR kam der Oltcit nie.
Nach dem politischen Umbruch übernahmen Hyundai und Daewoo wesentliche Teile der Automobilproduktion in Rumänien. Hyundai ließ bei Dacia das Modell Accent sowie Motoren fertigen, nebenher liefen die konventionellen Dacia-Typen. Daewoo fertigte indes auf den Anlagen in Craiova verschiedene Kleinwagen-Modelle. Mittlerweile ist Dacia von Renault übernommen worden und baut den erfolgreichen Logan.

Dacia

1969 begann die Montage des Dacia 1300, eines Lizenz-Nachbaus des Renault R12 – erstaunlicherweise fast zeitgleich mit dem Serienanlauf des französischen Originals. Die Limousinen-Version gab es ab 1971 auch in der DDR. Mit einem Verkaufspreis von anfangs 23.450 Mark lag der 1,3-Liter-Wagen gleichauf mit den 1500er Versionen des Polski-Fiat 125p und des Shiguli/Lada 2103. Der Dacia – mit dem Nimbus der westlichen Marke Renault in Verbindung gebracht – erfreute sich allergrößter Nachfrage, was zu Wartezeiten oberhalb der vom Wartburg führte.
Die Verarbeitungsqualität war jedoch derart schlecht, dass es in Einzelfällen sogar zu den vom IFA Vertrieb eigentlich gar nicht vorgesehenen »Wandlungen« kam. Schluderei bei der Montage, defekte mechanische Bauteile ab Werk und vor allem eine überaus rostanfällige Karosse enttäuschten die Kundschaft.
Der anfangs mit verchromten Anbauteilen und großen Rechteckscheinwerfern versehene Typ 1300 erfuhr 1979 eine Überarbeitung als Dacia 1310 und präsentierte sich fortan mit Doppelscheinwerfern, geschwärzten Stoßfängern und Grillgittern, neuem Interieur und technischen Verbesserungen wie einer Zweikreis-Bremsanlage. Der Preis in der DDR stieg um 1.500 Mark gegenüber der anfangs importierten Version. Importiert wurde der Dacia bis Ende der 80er-Jahre. In Ostdeutschland nicht zu haben waren die Versionen mit 1,1 und 1,2 sowie mit 1,4 Liter Hubraum. Ebenfalls nicht erhältlich waren die Coupé-, die Kombi-, die Fließheck- und die Pickup-Varianten.

Preise Dacia 1300/1310 in der DDR (in Mark)

1973	23.450
1974	23.450
1975	23.450
1976	23.450
1977	22.000
1978	22.500
1979	23.572*
1980	23.572*
1981	24.950
1982	24.950
1983	24.950
1984	24.950

* incl. Sicherheitsgurte

Dacia 1300, 1971

	Dacia 1300 1969 – 1979	Dacia 1310 1979 – 1990
Motor		
Zylinderzahl	4 (Reihe), längs vor Vorderachse	
Bohrung x Hub	73,0 x 77,0 mm	
Hubraum	1289 cm³	
Leistung	54 PS (40 kW) bei 5250/min	
Drehmoment	9,0 mkg (88 Nm) bei 3000/min	
Verdichtung	8,5 : 1	
Vergaser	1 Fallstrom-Registervergaser Solex 32 EISA	
Ventile	Hängend (Stößel und Kipphebel), seitliche Nockenwelle (Antrieb durch Kette)	
Kurbelwellenlager	5	
Kühlung	Pumpe/ 5,0 Liter Wasser	
Schmierung	Druckumlauf/ 3,0 Liter Öl	
Batterie	12 V 36 Ah / 45 Ah (im Motorraum)	
Lichtmaschine	Drehstrom 30 / 40 A	
Kraftübertragung	Frontantrieb	
Kupplung	Einscheiben-Trockenkupplung	
Schaltung	Knüppelschaltung	
Getriebe	4 Gang	
Synchronisierung	I–IV	
Übersetzungen	I. 3,615, II. 2,26, III. 1,48, IV. 1,032, R: 3,08	
Antriebs-Übersetzung	3,78	
Fahrwerk	Selbsttragende Ganzstahl-Karosserie	
Vorderradaufhängung	Doppel-Querlenker, Schraubenfedern, Querstabilisator	
	hydr. Teleskop-Stoßdämpfer	
Hinterradaufhängung	Starrachse mit Längsschubstreben, Schraubenfedern, Querstabilisator, hydr. Teleskop-Stoßdämpfer	
Lenkung	Zahnstange	
Fußbremse	Hydraulisch, 4 Räder (Zweikreis), Scheiben vorn (∅=228 mm, Bremsfläche 143 cm²), Trommeln hinten (Bremsfläche 214 cm²), Gesamt-Bremsfläche 357 cm²	
Handbremse	Mechanisch, auf Hinterräder	
Allgemeine Daten	Limousine, 4türig	Limousine, 4türig
Radstand	2441 mm	2441 mm
Spur	1312/1313 mm	1312/1313 mm,
Gesamtmaße	4340 x 1640 x 1430 mm	4338 x 1636 x 1435 mm
Reifen	155 SR 13	155 SR 13
Felgen	4.5 J x 13	4.5 J x 13
Bodenfreiheit	11 cm	11 cm
Wendekreisdurchmesser	10,8 m	10,8 m
Leermasse	960 kg	980 kg
Zuläss. Gesamtmasse	1360 kg	1380 kg
Höchstgeschwindigkeit	140 km/h	140 km/h
Beschleunigung 0–100 km/h	22 sec	22 sec
Verbrauch	8,0 L/100 km	8,0 L/100 km
Kraftstofftank	50 Liter (hinten)	50 Liter (hinten)

Dacia 1310, 1979

Personenkraftwagen aus der Sowjetunion

Auch in der Sowjetunion stützte sich die Automobilproduktion auf westliche Nachbauten. Hier war man bereits Anfang der 30er-Jahre zu einer Übereinkunft mit Ford gekommen, in einem neuen Automobilwerk in Nishni Nowgorod – nunmehr nach dem Nationaldichter Maxim G. umbenannt in Gorki – das Erfolgsmodell A nachzubauen. AA und AAA waren mehrachsige Nutzfahrzeuge.
Außerdem etablierten sich zwei Firmen in Moskau, die ebenfalls Pkw herstellten: Bei ZIS (Zavod imini Stalina = Stalin-Werk) – später ZIL (Zavod imini Lichatchowa) – entstanden ab 1937 ausladende Repräsentationslimousinen (»personenbefördernde Lastwagen«). Und bei MZMA (= Moskauer Kleinwagen-Werk) wurde ab 1945 der Opel Kadett gebaut. Er lief hier unter dem Namen Moskwitsch (= Moskowiter).
Erst später gesellten sich das ukrainische Kommunard-Werk ZAZ in Zaporoshje, das Automobilwerk im sibirischen Ishewsk (für Karosserie-Versionen des Moskwitsch) sowie das Lada-Werk VAZ in Togliatti dazu. Mit dem Lada (Binnenmarkt: Shiguli) begann die Massenmotorisierung der Sowjetunion – und die reichlich genutzte Chance, mit modernen Autos im Export Geld zu verdienen.
Nach dem Zusammenbruch des sozialistischen Wirtschaftssystems und dem Wegbrechen der Märkte der innerhalb des RGW ging es mit der sowjetischen Automobilindustrie steil bergab. So kamen aus Japan massenhaft Gebrauchtfahrzeuge ins Land, ganze Landstriche jenseits des Ural waren plötzlich mit rechtsgelenkten Pkw bevölkert.
Bei Moskwitsch liefen kaum noch Autos vom Band, Nachfolgemodelle wurden immer weiter nach hinten verschoben. Gleiches galt für ZAZ und noch viel mehr für ZIL. Mit Abstand größter Produzent blieb AvtoVAZ (Lada), gefolgt von GAZ (Wolga) – wobei statt des Wolga künftig Chrysler-Limousinen entstehen werden. Insgesamt sollen weiterhin jährlich knapp eine Million Autos in Russland hergestellt worden sein, darunter in zunehmenden Maße ausländische Montage-Fahrzeuge.
Zahlreiche europäische und asiatische Automobilhersteller versuchen, den Markt unter sich aufzuteilen und bauen eigenständige Montagewerke auf. Aber selbst Große wie GM scheitern an den protektionistischen Maßnahmen der russischen Politik. Andere, wie BMW, fertigen inzwischen vor Ort.

GAZ M20 Pobjeda, 1951

GAZ M21 Wolga Limousine, 1959

Pobjeda und Wolga

Unmittelbar nach dem Zweiten Weltkrieg begann bei GAZ in Gorki die Fertigung eines neuen Modells der oberen Mittelklasse – des Pobjeda (= Sieg). Dieses Fahrzeug kam in den 50er-Jahren in relativ großen Stückzahlen in die DDR, um hier u.a. als Behörden-Fahrzeug und als Taxi eingesetzt zu werden. Legendär war die Transportverpackung des Pobjeda in stabilen Holzkisten, die noch Jahrzehnte als Teil von Gartenlauben im Umland von Heidenau überlebten. In Polen lief zeitlich versetzt die Lizenzproduktion des M20 als Warszawa an.

Anschließend brachte das GAZ-Werk den Nachfolger des Pobjeda heraus: den wiederum im amerikanischen Stil gehaltenen Wolga M21. Dieses fünf- bis sechssitzige Auto durchlief mehrere Evolutionsstufen (zunächst mit horizontalen, danach mit vertikalen Grill-Zierstäben) und wurde ab Ende der 50er-Jahre als Limousine und Kombi (M22) importiert.

Mit einem Preis von rund 23.000 Mark stellte er das Spitzenprodukt für private Autokäufer dar. Letztlich machte er aber dem in Zwickau gerade neu aufge-

GAZ M21 Wolga Kombi, 1960

GAZ M24 Wolga Limousine, 1972

legten Sachsenring P240 den Garaus. Wegen seiner robusten Technik, der durchgehenden vorderen Sitzbank und des üppigen Chromzierrats erfreute sich das Auto auch zwei Jahrzehnte später großen Zuspruchs.

Ab Anfang der 70er kam der Wolga GAZ M24 ins Land. Anders als sein Vorgänger verfügte er über ein Viergang-Getriebe, begnügte sich aber mit vorderen Einzelsitzen. Dieser Wagen war in der DDR tausendfach als Taxi im Einsatz. Viele wurden bis Mitte der 80er-Jahre auf Gasantrieb umgestellt. Der Wolga M24 diente gleichermaßen als Behörden- und Polizei-Dienstfahrzeug, wurde aber auch an Privatpersonen verkauft. Ab 1972 gab es überdies die Kombiversion (M2402).

In der DDR nicht zu haben waren die in Belgien montierten Diesel-Modelle sowie das luxuriöse Spitzenmodell 3102 mit großen Rechteck-Scheinwerfern. Ende der 80er-Jahre wurde aber die etwas aufgewertete Limousine M2410 (Kunststoff-Grill, versenkte Türgriffe) importiert.

Preise Wolga in der DDR (in Mark)

	Wolga GAZ M21	Wolga GAZ M24
1961	22.700	—
1966	22.300	—
1972	—	28.000

GAZ 2402 Wolga Kombi, 1980

	Pobjeda GAZ M20 1946 – 1958
Motor	
Zylinderzahl	4 (Reihe), vorn längs
Bohrung x Hub	82 x 100 mm
Hubraum	2120 cm³
Leistung	50 PS (37 kW) bei 3600/min
Drehmoment	12,5 mkg (123 Nm) bei 2200/min
Verdichtung	6,2 : 1
Vergaser	1 Fallstromvergaser 32 K 22-E
Ventile	Stehend, seitliche Nockenwelle (Antrieb durch Zahnräder)
Kurbelwellenlager	5
Kühlung	Pumpe/ 10,5 Liter Wasser
Schmierung	Druckumlauf/ 6,0 Liter Öl
Batterie	12 V 54 Ah (im Motorraum)
Lichtmaschine	Gleichstrom 18 A
Kraftübertragung	Antrieb auf Hinterräder
Kupplung	Einscheiben-Trockenkupplung
Schaltung	Lenkradschaltung
Getriebe	3 Gang
Synchronisierung	II–III
Übersetzungen	I. 2,82, ab 1960: 3,115 II. 1,604, ab 1960: 1,772 III. 1,0 R: 3,382, ab 1960: 3,783
Antriebs-Übersetzung	5,125
Fahrwerk	Selbsttragende Ganzstahl-Karosserie
Vorderradaufhängung	Trapez-Dreieckquerlenker, Schraubenfedern, hydr. Kolben-Stoßdämpfer
Hinterradaufhängung	Starrachse mit Längsblattfedern, hydr. Kolben-Stoßdämpfer (doppeltwirkend)
Lenkung	Schnecke und Rolle
Fußbremse	Hydraulisch, 4 Räder (Einkreis), Trommeln vorn/hinten
Handbremse	Mechanisch, auf Hinterräder
Allgemeine Daten	Limousine, 4türig
Radstand	2700 mm
Spur	1364/1362 mm
Gesamtmaße	4665 x 1695 x 1640 mm
Reifen	6.00-16
Bodenfreiheit	21 cm
Wendekreisdurchmesser	13 m
Leermasse	1400 kg
Zuläss. Gesamtmasse	1850
Höchstgeschwindigkeit	105 km/h
Verbrauch	12,0 L/100 km
Kraftstofftank	55 Liter (hinten)

GAZ 2410 Wolga Limousine, 1986

	Wolga GAZ M21 1959 – 1971 Wolga GAZ M22 Kombi 1959 – 1973	Wolga GAZ M24 (2410) 1970 – 1990 Wolga GAZ M2402 Kombi 1973 – 1990
Motor		
Zylinderzahl	4 (Reihe), längs vorn	4 (Reihe), längs vorn
Bohrung x Hub	92 x 92 mm	92 x 92
Hubraum	2445 cm³	2445 cm³
Leistung	70 PS (52 kW) bei 4000/min, 75 PS (55 kW) bei 4000/min, 86 PS (63 kW) bei 4000/min	86 PS (63 kW) bei 4500/min, 100 PS (74 kW) bei 4500/min
Drehmoment	17 mkg (167 Nm) bei 2000/min, 18 mkg (177 Nm) bei 2000/min	17,5 mkg (172 Nm) bei 2300/min, 19 mkg (186 Nm) bei 2200/min
Verdichtung	6,7 : 1, 7,15 : 1, 7,65 : 1	6,7 : 1 / 7,8 : 1
Vergaser	1 Fallstrom-Doppelvergaser K-22 H, später K-105	1 Fallstrom-Doppelvergaser K-126 G9
Ventile	Hängend (Stößel, Kipphebel), seitl. Nockenwelle (Antrieb durch Zahnräder)	Hängend (Stößel, Kipphebel), seitl. Nockenwelle (Antrieb durch Zahnräder)
Kurbelwellenlager	3, später 5	5
Kühlung	Pumpe/ 11,5 Liter Wasser	Pumpe/ 11,5 Liter Wasser
Schmierung	Druckumlauf/ 6,0 Liter Öl	Druckumlauf/ 5,9 Liter Öl
Batterie	12 V 54 Ah (im Motorraum)	12 V 54Ah (im Motorraum)
Lichtmaschine	Gleichstrom 220 W, später 250 W	Drehstrom 350 W
Kraftübertragung	Antrieb auf Hinterräder	Antrieb auf Hinterräder
Kupplung	Einscheiben-Trockenkupplung	Einscheiben-Trockenkupplung
Schaltung	Lenkradschaltung	Knüppel in Wagenmitte
Getriebe	3 Gang	4 Gang
Synchronisierung	II-III	I–IV
Übersetzungen	I. 3,53 II. 1,74 III. 1,0 R: 3,738	I. 3,5 II. 2,26 III. 1,45 IV. 1,0 R:,54
Antriebs-Übersetzung	4,72, später 4,55	4,1
Fahrwerk	Selbsttragende Ganzstahl-Karosserie	Selbsttragende Ganzstahl-Karosserie
Vorderradaufhängung	Trapez-Dreieckquerlenker, Schraubenfedern, Querstabilisator, hydr. Kolben-Stoßdämpfer, ab 1963 hydr. Teleskop-Stoßdämpfer	Trapez-Dreieckquerlenker Schraubenfedern, Querstabilisator, hydr. Teleskop-Stoßdämpfer
Hinterradaufhängung	Starrachse mit Längsblattfedern, hydr. Kolben-Stoßdämpfer, ab 1963 hydr. Teleskop-Stoßdämpfer	Starrachse mit Längsblattfedern, hydr. Teleskop-Stoßdämpfer
Lenkung	Schnecke und Rolle	Schnecke und Rolle
Fußbremse	Hydraulisch, 4 Räder, Trommeln vorn/hinten, Gesamt-Bremsfläche 1120 cm²	Hydraulisch, 4 Räder (Zweikreis, Servo), Trommeln vorn/hinten, Gesamt-Bremsfläche 1130 cm²
Handbremse	Mechanisch, auf Kardanwelle	Mechanisch, auf Hinterräder
Schmierung	21 Nippel	
Allgemeine Daten	Limousine, 4türig; Kombi 5türig	Limousine, 4türig; Kombi, 5türig
Radstand	2700 mm	2800 mm
Spur	1410/1420 mm	1225/1220 mm
Gesamtmaße	21 G/S: 4835 x 1800 x 1620 mm, 21 R: 4810 x 1800 x 1620 mm, Kombi: 4055 x 1540 x 1620 mm	4760 x 1800 x 1490 mm, Kombi: 4735 x 1800 x 1540 mm
Reifen	6.70-15, Kombi: 7.10-15	7.35/185-15 / 14, 195-14, 205/70 R 14
Bodenfreiheit	19 cm	18 cm
Wendekreisdurchmesser	13,4 m	11,9 m
Leermasse	1360 bis 1400 kg, Kombi:1480 bis 1530 kg	1400 bis 1455 kg, Kombi: 1500 bis 1575 kg
Zuläss. Gesamtmasse	1850 kg, Kombi: 2000 kg	1830 kg, Kombi: 2100 kg
Höchstgeschwindigkeit	130 / 135 km/h, Kombi: 130 km/h	145 / 150 km/h, Kombi: 140 km/h
Beschleunigung 0–100 km/h	34 sec /	26 sec
Verbrauch	9,0 L/100 km, Kombi: 10,0 L/100 km	8,0 L/100 km, Kombi: 9,5 L/100 km
Kraftstofftank	60 Liter (hinten)	55 Liter (hinten)

ZIM 12 und GAZ 13

Neben Pobjeda und Wolga fertigte das Gorki-Werk auch zwei Repräsentationslimousinen. Das war zum einen der ZIM 12, der ab Anfang der 50er-Jahre an staatliche Dienststellen der DDR geliefert wurde. Vor allem das Ministerium des Inneren und die Staatsicherheit setzten diese geräumigen Viertürer mit durchzugsstarkem Reihen-Sechszylinder gern ein, im Volksmund hieß das gefürchtete Gefährt »Schwarzer Rabe«.

Die andere große Limousine war der GAZ 13 Tschaika (= Möwe), ein chromblitzendes Oberklassegefährt mit prestigeträchtigem V8. Es handelte sich um das erste Auto im Ostblock mit Automatikgetriebe. Den Motor hatten Konstrukteure von ZIS/ZIL in Moskau entwickelt. Einige wenige Tschaika-Exemplare wurden auch als Kombi, Cabriolet und Sanitätsfahrzeug ausgeliefert, auch andere Aufbauten sind entstanden. In die DDR kam der GAZ 13 ausschließlich als Funktionärswagen für führende Kader in Berlin und in den Bezirkshauptstädten.

GAZ ZIM 12, 1951

GAZ 13-Limousinen waren reichlich vorhanden im Fuhrpark der DDR-Ministerien

GAZ 13 Tschaika, 1959

	GAZ ZIM 12 1950 – 1959	GAZ 13 Tschaika 1959 – 1981
Motor		
Zylinderzahl	6 (Reihe), längs über Vorderachse	V8, längs über Vorderachse
Bohrung x Hub	82 x 110 mm	92 x 92 mm, später 100 x 88 mm
Hubraum	3480 cm³	4890 cm³, später 5500 cm³
Leistung	90 PS (66 kW) bei 3600/min	180 PS (132 kW) bei 4400/min, später 195 PS (144 kW)
Drehmoment		36 mkg (353 Nm) bei 2000/min, später 41 mkg (402 Nm)
Verdichtung	6,0 : 1	10,0 : 1, später 8,5 : 1
Vergaser	1 Fallstrom-Doppelvergaser	1 Fallstrom-Doppelvergaser
Ventile	Stehend (Stößel, Kipphebel), seitliche Nockenwelle (Antrieb durch Kette)	Hängend (Stößel, Kipphebel) 1 zentrale Nockenwelle (Antrieb durch Kette)
Kurbelwellenlager		5
Kühlung	Pumpe, Wasser	Pumpe, Wasser
Schmierung	Druckumlauf	Druckumlauf, Ölkühler
Batterie	12 V (im Motorraum)	12 V (im Motorraum)
Lichtmaschine	Gleichstrom	Gleichstrom 385 W
Kraftübertragung	Antrieb auf Hinterräder	Antrieb auf Hinterräder
Kupplung	Einscheiben Trockenkupplung	Hydraulikwandler
Schaltung	Lenkradschaltung	Drucktaster an Armaturentafel
Getriebe	3 Gang	2 Stufen
Synchronisierung	II - III	
Übersetzungen	I. 3,11, II. 1,77, III. 1,0, R: 3,70	
Antriebs-Übersetzung	4,55	
Fahrwerk	Kastenrahmen, Ganzstahl-Karosserie	Kastenrahmen, Ganzstahl-Karosserie
Vorderradaufhängung	Trapez-Dreieckquerlenker, Schraubenfedern, Querstabilisator, hydr. Teleskop-Stoßdämpfer	Trapez-Dreieckquerlenker, Schraubenfedern, Querstabilisator, hydr. Teleskop-Stoßdämpfer
Hinterradaufhängung	Starrachse mit Längsblattfedern, hydr. Teleskop-Stoßdämpfer	Starrachse mit Längsblattfedern, hydr. Teleskop-Stoßdämpfer,
Lenkung	Schnecke und Rolle	Schnecke und Rolle
Fußbremse	Hydraulisch, 4 Räder, vorn/hinten Trommeln	Hydraulisch, 4 Räder (Servo), vorn/hinten Trommeln
Handbremse	Mechanisch	Mechanisch, auf Kardanwelle
Allgemeine Daten	Limousine, 4türig	Limousine, 4türig
Radstand	3200	3250 mm
Spur	1450/1500 mm	1530/1530 mm
Gesamtmaße	5530 x 1900 x 1660 mm	5600 x 2000 x 1560 mm
Reifen	7.00-15	8.20-15
Bodenfreiheit	20 cm	
Wendekreisdurchmesser	20 m	19 m
Leermasse	1800 kg	2100 kg
Zuläss. Gesamtmasse	2200 kg	2600 kg
Höchstgeschwindigkeit	120 km/h	160 km/h
Verbrauch	17 L/100 km	18 L/100 km

Moskwitsch

Moskwitsch – Sohn der Stadt Moskau – hieß der ab 1946 im Moskauer Kleinwagenwerk MZMA gebaute Kleinwagen. Es handelte sich um den Opel Kadett, dessen Werksanlagen von den Sowjets als Reparationsleistung in Rüsselsheim abgebaut worden waren. Das bis 1958 gebaute Auto (Typ 400, 401 und 402) wurde nie in der DDR angeboten.

Importlieferungen betrafen erst den Moskwitsch 407 und ab 1963 den 403, zwei im englischen Stil gezeichnete, äußerlich fast identische Wagen der unteren Mittelklasse. Ihre Technik basierte indes weiterhin auf dem Vorkriegs-Opel. In kleiner Stückzahl kam auch die Kombiversion Typ 423 ins Land. 1960 erhielt der 407 als 407/1 ein Viergang-Getriebe.

Mitte der 60er-Jahre folgt der äußerlich modernisierte Moskwitsch 408 (trapezförmige Karosserie, größere Fensterflächen, höhere Front- und Heckscheibe, 13- statt bisher 15-Zoll-Räder). Es blieb beim 1,4-Liter-Motor der Vorgänger-Typen (von 45 auf 50 PS leistungsgesteigert). Der 408 verfügte noch über eine durchgehende Sitzbank.

Mit Rechteck-Scheinwerfern und ohne Heckflosse gab es dieses Auto ab 1970 als 408 IE (Knüppelschaltung). Preislich etwas unterhalb des Wartburg positioniert, war der Moskwitsch gleichermaßen zehntausendfach als Taxi und Dienstfahrzeug in der DDR im Einsatz. Privatleute schätzten zwar seine Robustheit, fürchteten aber den nicht unerheblichen Durst und die mangelhafte Verarbeitung.

Moskwitsch 403 Limousine, 1962

Moskwitsch 407 Limousine, 1957

Moskwitsch 423 Kombi (Basis Moskwitsch 402), 1958

Moskwitsch 408 (Rundscheinwerfer), 1960

Moskwitsch 408 IE (Rechteckscheinwerfer), 1972

Moskwitsch 2137 Kombi, 1976

Moskwitsch 2138/2140, 1976

Ish 1500 Kombi-Limousine (Moskwitsch-412-Derivat), 1984

	Moskwitsch 407 / 407/1 1957 – 1963 Moswitsch 423 Kombi 1958 – 1965	Moskwitsch 403 1963 – 1965
Motor		
Zylinderzahl	4 (Reihe), längs vorn	4 (Reihe), längs vorn
Bohrung x Hub	76 x 75 mm	76 x 75
Hubraum	1358 cm³	1358 cm³
Leistung	45 PS (33 kW) bei 4300/min	45 PS (33 kW) bei 4500/min
Drehmoment	9 mkg (88 Nm) bei 2900/min	9 mkg (88 Nm) bei 2500/min
Verdichtung	7,0 : 1	7,0 : 1
Vergaser	1 Fallstromvergaser K-44 (407/1: K-59)	1 Fallstromvergaser K-59
Ventile	Hängend (Stößel, Kipphebel), seitl. Nockenwelle (Antrieb durch Zahnräder)	Hängend (Stößel, Kipphebel), seitl. Nockenwelle (Antrieb durch Zahnräder)
Kurbelwellenlager	3	3
Kühlung	Pumpe /7,5 Liter Wasser	Wasser / 8,0 Liter Wasser
Schmierung	Druckumlauf / 4,0 Liter Öl	Druckumlauf / 4,5 Liter Öl
Batterie	12 V 42 Ah (im Motorraum)	12 V 42Ah (im Motorraum)
Lichtmaschine	Gleichstrom 200 W	Gleichstrom 200 W
Kraftübertragung	Antrieb auf Hinterräder	Antrieb auf Hinterräder
Kupplung	Einscheiben-Trockenkupplung	Einscheiben-Trockenkupplung
Schaltung	Lenkradschaltung,	Lenkradschaltung,
Getriebe	3 Gang 407/1: 4 Gang	4 Gang
Synchronisierung	II-III / II–IV	II–IV
Übersetzungen	I. 3,53 I. 3,81 II. 1,74 II. 2,242 III. 1,0 III. 1,45 – /IV. 1,0 R: 4,61/R: 4,71	I. 3,81 II. 2,242 III. 1,45 IV. 1,0 R: 4,71
Antriebs-Übersetzung	4,72 4,62	4,55
Fahrwerk	Selbsttragende Ganzstahl-Karosserie	
Vorderradaufhängung	Trapez-Dreieckquerlenker, Schraubenfedern, Querstabilisator hydr. Teleskop-Stoßdämpfer	
Hinterradaufhängung	Starrachse mit Längsblattfedern, hydr. Teleskop-Stoßdämpfer	
Lenkung	Schnecke und Rolle	
Fußbremse	Hydraulisch, 4 Räder (Einkreis), Trommeln vorn/hinten, Gesamt-Bremsfläche 775 cm²	
Handbremse	Mechanisch, auf Hinterräder	
Schmierung	15 Nippel	
Allgemeine Daten	Limousine, 4türig; Kombi, 5türig	Limousine, 4türig
Radstand	2370 mm	2370 mm
Spur	1225/1220 mm	1225/1220 mm
Gesamtmaße	4055 x 1540 x 1500 mm Kombi: 4055 x 1540 x 1600 mm	4055 x 1540 x 1500 mm
Reifen	5.60-15	5.60-15
Bodenfreiheit	20 cm	20 cm
Wendekreisdurchmesser	12,8m	11,9 m
Leermasse	980 kg, Kombi: 1030 kg	990 kg
Zuläss. Gesamtmasse	1280 kg, Kombi: 1430 kg	1300 kg
Höchstgeschwindigkeit	115 km/h, Kombi: 105 km/h	125 km/h
Beschleunigung 0–100 km/h	35 sec / 407/1: 26 sec	26 sec
Verbrauch	8 L/100 km	8 L/100 km
Kraftstofftank	35 Liter (hinten)	35 Liter (hinten)

Der Moskwitsch 403 und seine Nachfolger wurden mit leichten Modifikationen auch im Zweigwerk Ishewsk gefertigt, später entstanden dort sogar eigenständige Karosserieaufbauten. Diese Fahrzeuge kamen aber nur in kleinster Stückzahl in die DDR, um hier versuchshalber bei staatlichen Dienstellen eingesetzt zu werden. Technisch einen Quantensprung machte der bereits ab 1969 gebaute Typ 412 mit zeitgemäßem 1,5-Liter-ohc-Leichtmetall-Motor und der frischeren Optik, die er vom 408 IE übernommen hatte. Auch hier verpasste das mittlerweile mit dem Beinamen »Leninscher Komsomol« (AZLK) versehene

	Moskwitsch 408 / 408 IE 1965 – 1974 /1970 – 1976 Moskwitsch 426 Kombi 1966 – 1976	Moskwitsch 412 1969 – 1976 Moskwitsch 427 Kombi 1969 – 1976
Motor		
Zylinderzahl	4 (Reihe), längs vorn	4 (Reihe), längs vorn
Bohrung x Hub	76 x 75 mm	82 x 70
Hubraum	1358 cm^3	1478 cm^3
Leistung	50 PS (37 kW) bei 4750/min	70 PS (55 kW) bei 5800/min
Drehmoment	9,3 mkg (91 Nm) bei 2750/min	10,5 mkg (103 Nm) bei 3400/min
Verdichtung	7,1 : 1	8,8 : 1
Vergaser	1 Fallstrom-Doppelvergaser K-126 P	1 Fallstrom-Doppelvergaser
Ventile	Hängend (Stößel, Kipphebel), seitl. Nockenwelle (Antrieb durch Zahnräder)	Hängend (Stößel, Kipphebel), 1 obenliegende. Nockenwelle (Antrieb durch Kette)
Kurbelwellenlager	3	5
Kühlung	Pumpe / 7,0 Liter Wasser	Pumpe / 7,5 Liter Wasser
Schmierung	Druckumlauf / 4,0 Liter Öl	Druckumlauf / 5,0 Liter Öl
Batterie	12 V 42 Ah (im Motorraum)	12 V 42 Ah (im Motorraum)
Lichtmaschine	Gleichstrom 250 W	Drehstrom 90 A = 350 W
Kraftübertragung	Antrieb auf Hinterräder	Antrieb auf Hinterräder
Kupplung	Einscheiben-Trockenkupplung	Einscheiben-Trockenkupplung
Schaltung	Lenkradschaltung, ab 408 IE: Knüppelschaltung	Knüppelschaltung
Getriebe	4 Gang	4 Gang
Synchronisierung	II–IV	I–IV
Übersetzungen	I. 3,81 II. 2,242 III. 1,45 IV. 1,0 R: 4,71	I. 3,49 II. 2,04 III. 1,335 IV. 1,0 R: 3,39
Antriebs-Übersetzung	4,22, Kombi: 4,55	4,22, Kombi: 4,55
Fahrwerk	Selbsttragende Ganzstahl-Karosserie	
Vorderradaufhängung	Trapez-Dreieckquerlenker, Schraubenfedern, Querstabilisator, hydr. Teleskop-Stoßdämpfer	
Hinterradaufhängung	Starrachse mit Längsblattfedern	
Lenkung	Schnecke und Rolle	
Fußbremse	Hydraulisch, 4 Räder (Einkreis), Trommeln vorn/hinten, Gesamt-Bremsfläche 768 cm^2	
Handbremse		Mechanisch, auf Hinterräder
Allgemeine Daten	Limousine, 4türig; Kombi, 5türig	Limousine, 4türig; Kombi, 5türig
Radstand	2400 mm	2400 mm
Spur	1240/1230 mm	1240/1230 mm
Gesamtmaße	4090 x 1550 x 1480 mm, 426 Kombi: 4090 x 1550 x 1510 mm	4196 x 1550 x 1480 mm, 427 Kombi: 4160 x 1550 x 1525 mm
Reifen	5.90-13, 6.00-13 426 Kombi: 6.40-13	6.00-13, 6.45-13, 165 SR 13
Felgen	4 J x 13	4 J x 13
Bodenfreiheit	18 cm	20 cm
Wendekreisdurchmesser	11 m	11 m
Leermasse	990 kg, Kombi: 1020 kg	960 kg, Kombi 1100 kg
Zuläss. Gesamtmasse	1380 kg, Kombi: 1500 kg	1360 kg, Kombi: 1500 kg
Höchstgeschwindigkeit	120 km/h	140 km/h
Beschleunigung 0–100 km/h	25 sec	22 sec
Verbrauch	9,5 L/100 km	8,8 L/100 km
Kraftstofftank	46 Liter (hinten)	46 Liter (hinten)

Werk dem Moskwitsch eine Knüppelschaltung; der Instrumententräger wurde neu gestaltet. Nur marginal – etwa durch weniger Chrom und integrierte Türgriffe – unterschieden sich die Nachfolger 2138 und 2140: Ersterer behielt den alten, seitengesteuerten 1,5-Liter-Motor des 408, während der neue Basistyp 2140 mit dem leicht überarbeiteten 412-Triebwerk daherkam. Nur für den West-Export wurde ab 1981 die Luxusvariante Moskwitsch 1500 SL aufgelegt. Angesichts des überzeugenden Lada-Importangebots sahen aber nur wenige Privatkäufer noch einen Grund, den letztlich technisch veralteten Moskwitsch zu kaufen. So gelangte er Ende der 80er-Jahre nur noch in kleiner Stückzahl in die DDR. Das Nachfolge-

	Moskwitsch 2138 1975 – 1990 Moskwitsch 2136 Kombi 1975 – 1990	Moskwitsch 2140 1975 – 1990 Moskwitsch 2137 Kombi 1975 – 1990
Motor		
Zylinderzahl	4 (Reihe), längs vorn	4 (Reihe), längs vorn
Bohrung x Hub	76 x 75 mm	82 x 70
Hubraum	1358 cm³	1478 cm³
Leistung	50 PS (37 kW) bei 4750/min	70 PS (55 kW) bei 5800/min
Drehmoment	9,3 mkg (91 Nm) bei 2750/min	11,4 mkg (112 Nm) bei 3400/min
Verdichtung	7,1 : 1	8,8 : 1
Vergaser	1 Fallstrom-Doppelvergaser	1 Fallstrom-Doppelvergaser
Ventile	Hängend (Stößel, Kipphebel), seitl. Nockenwelle	Hängend (Stößel, Kipphebel), 1 obenliegende. Nockenwelle
	(Antrieb durch Zahnräder)	(Antrieb durch Kette)
Kurbelwellenlager	3	5
Kühlung	Pumpe / 7,0 Liter Wasser	Pumpe / 7,5 Liter Wasser
Schmierung	Druckumlauf / 4,5 Liter Öl	Druckumlauf / 5,0 Liter Öl
Batterie	12 V 42 Ah / 55 Ah (im Motorraum)	12 V 42 Ah / 55 Ah (im Motorraum)
Lichtmaschine	Drehstrom 250 W	Drehstrom 40 A
Kraftübertragung	Antrieb auf Hinterräder	Antrieb auf Hinterräder
Kupplung	Einscheiben-Trockenkupplung	Einscheiben-Trockenkupplung
Schaltung	Knüppel in Wagenmitte	Knüppel in Wagenmitte
Getriebe	4 Gang	4 Gang
Synchronisierung	II–IV	I–IV
Übersetzungen	I. 3,81 II. 2,242 III. 1,45 IV. 1,0 R: 4,71	I. 3,49 II. 2,04 III. 1,335 IV. 1,0 R: 3,39
Antriebs-Übersetzung	4,22, 426 Kombi: 4,55	4,22, 427 Kombi: 4,55
Fahrwerk	Selbsttragende Ganzstahl-Karosserie	Selbsttragende Ganzstahl-Karosserie
Vorderradaufhängung	Trapez-Dreieckquerlenker, Schraubenfedern, Querstabilisator, hydr. Teleskop-Stoßdämpfer	Trapez-Dreieckquerlenker, Schraubenfedern, Querstabilisator, hydr. Teleskop-Stoßdämpfer
Hinterradaufhängung	Starrachse mit Längsblattfedern	Starrachse mit Längsblattfedern
Lenkung	Schnecke und Rolle	Schnecke und Rolle, ab 1985 a.W. Zahnstange
Fußbremse	Hydraulisch, 4 Räder (Zweikreis)	Hydraulisch, 4 Räder (Zweikreis, Servo)
	Trommeln vorn/hinten, Gesamt-Bremsfläche 768 cm² ab 1978 a.W. Servo und Scheiben vorn	Scheiben vorn, Trommeln hinten, Gesamt-Bremsfläche 588 cm²
Handbremse	Mechanisch, auf Hinterräder	Mechanisch, auf Hinterräder
Allgemeine Daten	Limousine, 4türig;	Limousine, 4türig;
	Kombi, 5türig	Kombi, 5türig
Radstand	2400 mm	2400 mm
Spur	1240/1230 mm	1240/1230 mm
Gesamtmaße	4250 x 1550 x 1480 mm, Kombi: 4250 x 1550 x 1510 mm	4250 x 1550 x 1400 mm, Kombi: 4250 x 1550 x 1525 mm
Reifen	5.90-13, 6.00-13, Kombi: 6.40-13	6.45-13, 6.95-13, 165 SR 13, 175 SR 13
Felgen	4,5 J x 13	4,5 J x 13
Bodenfreiheit	18 cm	20 cm
Wendekreisdurchmesser	11,5 m	11 m
Leermasse	1040 kg, Kombi: 1100 kg	1080 kg, Kombi 1120 kg
Zuläss. Gesamtmasse	1420 kg, Kombi: 1500 kg	1460 kg, Kombi: 1500 kg
Höchstgeschwindigkeit	120 km/h	140 km/h
Beschleunigung 0–100 km/h	21 sec	17 sec
Verbrauch	9,5 L/100 km	8,8 L/100 km
Kraftstofftank	46 Liter (hinten)	46 Liter (hinten)

modell AZLK 2141 „Aleko" mit moderner Fließheck-Karosse kam nur noch in 400 Exemplaren ins Land. Die attraktiveren Diesel-Modelle – wie sie als Scaldia in Belgien montiert wurden – waren in Ostdeutschland nie zu haben. Auch das Moskauer Werk durchläuft seit Anfang der 90er eine anhaltende Existenzkrise, wenig ernsthaft wurde sogar versucht, ein neues Modell aufzulegen. Zwischenzeitlich bemühten sich asiatische Konzerne mit wenig Erfolg, hier eine Lizenzproduktion aufzuziehen.

	Moskwitsch 21412 Aleko 1988 – 1998	Moskwitsch 2141 Aleko 1988 – 1998
Motor	UZAM 331	VAZ 2106
Zylinderzahl	4 (Reihe), längs vor der Vorderachse	4 (Reihe), längs vor der Vorderachse
Bohrung x Hub	82 x 70 mm	79 x 80 mm
Hubraum	1478 cm³	1568 cm³
Leistung	70 PS (52 kW) bei 5400/min	78 PS (57 kW) bei 5400/min
Drehmoment	10,8 mkg (106 Nm) bei 3200/min	12,5 mkg (123 Nm) bei 3100/min
Verdichtung	9,5 : 1	8,5 : 1
Vergaser	1 Fallstrom-Registervergaser	1 Fallstrom-Registervergaser
Ventile	Hängend (Stößel, Kipphebel), 1 obenliegende. Nockenwelle (Antrieb durch Kette)	Hängend (Stößel, Kipphebel), 1 obenliegende Nockenwelle (Antrieb durch Kette)
Kurbelwellenlager	5	5
Kühlung	Pumpe / 8,0 Liter Wasser	Pumpe / 8,0 Liter Wasser
Schmierung	Druckumlauf, 3,5 Liter Öl	Druckumlauf, 3,5 Liter Öl
Batterie	12 V 55 Ah (im Motorraum)	12 V 55 Ah (im Motorraum)
Lichtmaschine	Drehstrom 55 A	Drehstrom 55 A
Kraftübertragung	Frontantrieb	
Kupplung	Einscheiben-Trockenkupplung	
Schaltung	Knüppelschaltung	
Getriebe	5 Gang	
Synchronisierung	I - V	
Übersetzungen	I. 3,31, II. 2,05, III. 1,37, IV. 0,95, V: 0,73, R: 3,36	
Antriebs-Übersetzung	4,1	
Fahrwerk	Selbsttragende Ganzstahl-Karosserie	
Vorderradaufhängung	Federbeine, Dreieckquerlenker unten, Querstabilisator	
Hinterradaufhängung	Verbundlenkerachse mit Schraubenfedern, hydr. Teleskop-Stoßdämpfer, Panhardstab, Querstabilisator, Zahnstange	
Lenkung		
Fußbremse	Hydraulisch, 4 Räder (Zweikreis, Servo), Scheiben vorn, Trommeln hinten	
Handbremse	Mechanisch, auf Hinterräder	
Allgemeine Daten	Schrägheck-Limousine, 4türig	Schrägheck-Limousine, 4türig
Radstand	2580 mm	2580 mm
Spur	1440/1420 mm	1440/1420 mm
Gesamtmaße	4350 x 1690 x 1400 mm	4350 x 1690 x 1400 mm
Reifen	155 SR 14, 165 SR 14, 175/70 R 14	155 SR 14, 165 SR 14, 175/70 R 14
Felgen	5 J x 14	5 J x 14
Bodenfreiheit	16 cm	16 cm
Wendekreisdurchmesser	11,3 m	11,3 m
Leermasse	1080 kg	1070 kg
Zuläss. Gesamtmasse	1480 kg	1470 kg
Höchstgeschwindigkeit	145 km/h	155 km/h
Beschleunigung 0–100 km/h	19 sec	16 sec
Verbrauch	8,6 L/100 km	8,3 L/100 km
Kraftstofftank	55 Liter (hinten)	55 Liter (hinten)

Preise Moskwitsch

	DDR (in Mark)	West-Deutschland (in DM)
Moskwitsch 407 (1958)	15.500	4.850
Moskwitsch 407 (1961)		
Moskwitsch 407/1 (1960)	16.000	5.250
Moskwitsch 423 Kombi (1961)		
Moskwitsch 403 (1966)	17.000	
Moskwitsch 408 (1966)	17.300	
Moskwitsch 408 IE (1971)	17.395	5.998
Moskwitsch 412 (1972)	18.500	7.253
Moskwitsch 2140 (1976)	18.622	
Moskwitsch 2137 Kombi (1977)	19.500	

Zaporoshets

Das preisgünstigste Auto der Sowjetunion kam aus dem ukrainischen Zaporoshje. Von dort gelangte ab Anfang der 60er-Jahre der viersitzige Kleinwagen Typ 965 in die DDR. Der im Stil des Fiat 600 gehaltene Zweitürer überraschte durch seine außergewöhnliche Robustheit und den luftgekühlten Vierzylinder-Boxer im Heck. Er begnügte sich – genau wie fast alle anderen sowjetischen Autos jener Zeit – mit Kraftstoff nahezu jeder Oktanzahl.

Stilistisch eher dem NSU Prinz folgte der ab 1967 gefertigte 966. Der vordere Grill hatte lediglich optische Gründe. Trotz des um 14 Zentimeter gewachsenen Radstands wurden die wesentlichen Konstruktionselemente des Vorgängers beibehalten. Der Tankeinfüllstutzen (extra Standheizung) war nur vom Motorraum her zugänglich.

Der 966 A erhielt schließlich einen überaus elastischen 1,2-Liter-Boxer, der für hohes Drehmoment und wenig Leistung ausgelegt war. Dem Vernehmen nach sollen ihn manche Kolchosbauern als Ackerschlepper eingesetzt haben. In der DDR waren sowohl der 966 als auch sein Nachfolger 968 äußerst unbeliebt. Wahrscheinlich handelte es sich um die einzigen Autos, die nahezu ohne Wartezeit zu haben waren. Motorsportler in der DDR schätzten aber die robuste Konstruktion und übernahmen beispielsweise Stoßdämpfer und Querlenker für Autocross-Eigenbauten.

Nur im Zuge der Ersatzteilproduktion kamen Karosserieteile des modernisierten 968 M ins Land. Das äußerlich geglättete Auto (ohne die ausgeprägten Kühlrippen) selbst wurde nicht mehr importiert. Auch zu einem Import des dann folgenden 1102 Tavrija kam es auch nicht mehr – dieses Modell hatte das Pech, in der zusammenbrechenden Sowjetunion auf der Strecke zu bleiben.

Damit endete die Produktion in der Ukraine. Daewoo baute dort eine Montagelinie auf, auf der koreanische Kleinwagen gefertigt werden.

Preise Zaporoshets in der DDR (in Mark)

Zaporoshets 965 (1966)	7.530
Zaporoshets 966 (1971)	11.947
Zaporoshets 968 S (1974)	11.947

Zaporoshets 968 M, 1986

Zaporoshets 965, 1966

	Zaporoshets ZAZ 965 1960 – 1963	Zaporoshets 965 A 1963 – 1967
Motor	MeMz 965	
Zylinderzahl	4 (90 Grad), längs vor Hinterachse	
Bohrung x Hub	66 x 54,5 mm	72 x 54,5 mm
Hubraum	748 cm³	887 cm³
Leistung	23 PS (17 kW) b. 4000/min	27 PS (20 kW) bei 4000/min
Drehmoment	4,5 mkg (44 Nm) bei 2400/min	5,3 mkg (52 Nm) bei 2400/min
Verdichtung	6,2 : 1	6,5 : 1
Vergaser	1 Fallstromvergaser	
Ventile	Hängend (Stößel, Kipphebel), 1 zentrale Nockenwelle (Antrieb durch Zahnräder)	
Kurbelwellenlager	3	
Kühlung	Luft/Axialgebläse	
Schmierung	Druckumlauf/ 2,9 Liter Öl	
Batterie	12 V 42 Ah (im Motorraum)	
Lichtmaschine	Drehstrom.160 W	
Kraftübertragung	Antrieb auf Hinterräder	
Kupplung	Einscheiben-Trockenkupplung	
Schaltung	Knüppel in Wagenmitte	
Getriebe	4 Gang	
Synchronisierung	II–IV	
Übersetzungen	I. 3,73, II. 2,29, III. 1,39, IV. 0,897, R: 4,76	
Antriebs-Übersetzung	4,63	
Fahrwerk	Selbsttragende Ganzstahl-Karosserie	
Vorderradaufhängung	Kurbellängslenker, Torsionsfederstäbe quer, hydr. Teleskop-Stoßdämpfer	
Hinterradaufhängung	Dreiecklängslenker, Schraubenfedern, hydr. Teleskop-Stoßdämpfer,	
Lenkung	Schnecke und Rolle	
Fußbremse	Hydraulisch, 4 Räder (Einkreis), Trommeln vorn/hinten	
Handbremse	Mechanisch, auf Hinterräder	
Allgemeine Daten	Limousine, 2türig	
Radstand	2024 mm	
Spur	1140/1160 mm	
Gesamtmaße	3330 x 1400 x 1450 mm	
Reifen	5.20-13	
Bodenfreiheit	18 cm	
Wendekreisdurchmesser	9,8 m	
Leermasse	600 / 630 kg	
Zuläss. Gesamtmasse	940 / 970 kg	
Höchstgeschwindigkeit	90 / 100 km/h	
Verbrauch	6 / 6,5 L/100 km	
Kraftstofftank	30 Liter (vorn)	

Zaporoshets 966, 1971

	Zaporoshets ZAZ 966 1965 – 1972	Zaporoshets 966 A 1968 – 1972
Motor	MeMz 966	
Zylinderzahl	V4 (90 Grad), längs vor Hinterachse	
Bohrung x Hub	72 x 54,5 mm	74 x 76 mm
Hubraum	887 cm³	1196 cm³
Leistung	27 PS (20 kW) bei 4000/min	40 PS (29 kW) bei 4400/min
Drehmoment	5,3 mkg (52 Nm) bei 2400/min	7,5 mkg (74 Nm) bei 2900/min
Verdichtung	6,5 : 1	7,1 : 1
Vergaser		1 Fallstromvergaser
Ventile	1 zentrale Nockenwelle	Hängend (Stößel, Kipphebel), (Antrieb durch Zahnräder)
Kurbelwellenlager		3
Kühlung		Luft/Axialgebläse
Schmierung	Druckumlauf / 2,9 Öl	Druckumlauf / 3,3 Liter Öl
Batterie		12 V 42 Ah (vorn)
Lichtmaschine		Drehstrom 250 W
Kraftübertragung		Antrieb auf Hinterräder
Kupplung	Einscheiben-Trockenkupplung	
Schaltung	Knüppelschaltung	
Getriebe	4 Gang	
Synchronisierung	II–IV	II - IV
Übersetzungen	I. 3,73 II. 2,29 III. 1,39 IV. 0,897 R: 4,76	I. 3,0 II. 2,12 III. 1,41 IV: 0,964 R: 4,165
Antriebs-Übersetzung	4,63	4,125
Fahrwerk	Selbsttragende Ganzstahl-Karosserie	
Vorderradaufhängung	Kurbellängslenker, Torsionsfederstäbe quer, Zusatzschraubenfedern, hydr. Teleskop Stoßdämpfer	
Hinterradaufhängung	Dreiecklängslenker, Schraubenfedern, hydr. Teleskop-Stoßdämpfer	
Lenkung	Schnecke und Rolle	
Fußbremse	Hydraulisch, 4 Räder (Einkreis), Trommeln vorn/hinten, Gesamt-Bremsfläche 509 cm²	
Handbremse	Mechanisch, auf Hinterräder	
Schmierung	10 Nippel	
Allgemeine Daten	Limousine, 2türig	
Radstand	2160 mm	
Spur	1220/1200 mm	
Gesamtmaße	3730 x 1535 x 1370 mm	
Reifen	5.20-13, 6.15-13	
Bodenfreiheit	19 cm	
Wendekreisdurchmesser	11 m	
Leermasse	740 kg	770 kg
Zuläss. Gesamtmasse	1040 kg	1070 kg
Höchstgeschwindigkeit	105 km/h	120 km/h
Verbrauch	8,0 L/100 km	8,5 L/100 km
Kraftstofftank		30 Liter (hinten)

Zaporoshets 968, 1973

	Zaporoshets ZAZ 968 1972 – 1977	Zaporoshets 968 A 1977 – 1979
Motor	MeMz 968	
Zylinderzahl	V4 (90 Grad), längs vor Hinterachse	
Bohrung x Hub	74 x 66 mm	
Hubraum	1196 cm³	
Leistung	40 PS (29 kW) bei 4300/min	43 PS (32 kW) bei 4500/min
Drehmoment	7,6 mkg (75 Nm) bei 2800/min	8,2 mkg (80 Nm) bei 3200/min
Verdichtung	7,2 : 1	8,4 : 1
Vergaser	1 Fallstromvergaser K-127	
Ventile	Hängend (Stößel, Kipphebel), 1 zentrale Nockenwelle (Antrieb durch Zahnräder)	
Kurbelwellenlager	3	
Kühlung	Luft/Axialgebläse	
Schmierung	Druckumlauf/ 3,3 Liter Öl	
Batterie	12 V 42 Ah (vorn)	
Lichtmaschine	Drehstrom 250 W	
Kraftübertragung	Antrieb auf Hinterräder	
Kupplung	Einscheiben-Trockenkupplung	
Schaltung	Knüppelschaltung	
Getriebe	4 Gang	
Synchronisierung	II - IV	
Übersetzungen	I. 3,8, II. 2,12, III. 1,41, IV: 0,964, R: 4,165	
Antriebs-Übersetzung	4,125	
Fahrwerk	Selbsttragende Ganzstahl-Karosserie	
Vorderradaufhängung	Kurbellängslenker, Torsionsfederstäbe quer, Zusatzschraubenfedern, hydr. Teleskop-Stoßdämpfer	
Hinterradaufhängung	Dreiecklängslenker, Schraubenfedern hydr. Teleskop-Stoßdämpfer	
Lenkung	Schnecke und Rolle	
Fußbremse	Hydraulisch, 4 Räder (Einkreis, ab 1974 Zweikreis) Trommeln vorn/hinten, Gesamt-Bremsfläche 509 cm²	
Handbremse	Mechanisch, auf Hinterräder	
Schmierung	10 Nippel	
Allgemeine Daten	Limousine, 2türig	
Radstand	2160 mm	
Spur	1220/1200 mm	
Gesamtmaße	3730 x 1570 x 1370 mm	
Reifen	5.20/5.60-13, 6.15-13, 145 SR 13	
Bodenfreiheit	19 cm	
Wendekreisdurchmesser	11 m	
Leermasse	800 kg	820 kg
Zuläss. Gesamtmasse	1100 kg	1120 kg
Höchstgeschwindigkeit	120 km/h	123 km/h
Verbrauch	8,0 L/100 km	8,5 L/100 km
Kraftstofftank	40 Liter (hinten)	

Shiguli/Lada

1966 wurde der neue Fiat 124 zum Auto des Jahres gekürt, er war auch in der Bundesrepublik überaus gefragt. Genau dieses Fahrzeug war Gegenstand eine weit reichenden Lizenzabkommens zwischen Italien und der Sowjetunion: Mit tatkräftiger Unterstützung von Fiat entstand im Folgenden ein nagelneues Fahrzeugwerk in der neu gegründeten Stadt Togliatti an der Wolga. Ab 1970 lief dort der Lizenz-Fiat namens Shiguli (Exportbezeichnung Lada) vom Band. Die Sowjets modifizierten das Auto für die härteren Einsatzbedingungen des Landes: So war die Kurbelwelle hier fünf statt nur dreifach gelagert, der Zylinderkopf erhielt sogar eine obenliegende Nockenwelle.
Über 40 Prozent der Produktion ging von vornherein in den Export, vor allem in westliche und überseeische Länder, wo sie heute noch präsent sind. Allein 20.000 Lada wurden jährlich von Scaldia in Belgien abgenommen. Die maximale Jahres-Fertigungskapazität von 660.000 Einheiten war 1974 erreicht und wurde Anfang der 80er um 50.000 überboten.
Ab 1972 kamen die sowjetischen Fiat-Typen 2101 (Lada 1200), 2101 Kombi und 2103 (Lada 1500) auch in die DDR. Haupttyp war der 2101, dessen Jahresstückzahl bis auf 350.000 wuchs, auf den Kombiwagen entfielen 50.000 Einheiten. Doppelt so viele Einheiten wurden vom 2103 gebaut.
Die Sowjet-Fiats waren in Ostdeutschland überaus gefragt. Der 1500er löste umgehend den 1,5-Liter-Polski-Fiat als begehrtestes Fahrzeug ab: Doppelscheinwerfer, chromglänzender Grill, schicke Rundinstrumente statt Rechteck-Tacho, Wischwasch-Anlage, große Rückleuchten, zugfreie Zwangsentlüftung – dieses Auto bot westlichen Luxus für den stolzen Besitzer.
Der 2101 (Rückfahrscheinwerfer unter Stoßfänger, zunächst mit Hupring, ab 1978 mit Schriftzug »Lada«) und der 1300er (21011, Schriftzug »Lada 1300«) hatten Rechteck-Tachos. Nur der 2101 trug Hörner auf den Stoßfängern. Später gab es den 1200 als 21013 mit der Karosserie des Lada 1300 S (Nova). Der maximale Kofferraum des 2102 Combi maß 1450 x 1250 x 850 cm. Der ebenfalls in die DDR importierte Geländewagen 2121 (Niva) verfügte über permanenten Allradantrieb – er gilt heute noch in der Jäger-Szene als ultimativ.
Unter dem Blech der neuen Typen 2105 (Lada 1300 S, Nova), 2104 Combi und 2107 (Schriftzug »Lada

VAZ 2101 (Shiguli/Lada 1200), 1972

VAZ 2102 (Shiguli/Lada 1200 Combi), 1972

1500 S«) saß die behutsam modernisierte Technik der bisherigen Modelle. Jetzt wurden Zahnriemen für den Nockenwellenantrieb verwendet.
Zahlreiche Misch-Typen ließen ein Riesenangebot an Lada-Modellen entstehen, die allerdings nur teilweise in die DDR gelangten. Das Angebotsspektrum in der Bundesrepublik oder in Österreich war größer. So wurden beispielsweise 2102 Combis mit mehr als 1,2 Liter Hubraum nicht in die DDR eingeführt.
Ende der 80er-Jahre gelangten noch einige neue Lada 2108 Samara ins Land, ausschließlich als Zweitürer. Nach der Währungsumstellung 1990 kosteten sie 13.090 DM – der nun plötzlich erhältliche Viertürer kam auf 13.690 DM.

VAZ 2103 (Shiguli/Lada 1500), 1973

VAZ 2106 (Lada 1600), 1976

VAZ 2121 Niva, 1978

VAZ 2104
Combi,
1984

VAZ 2105
Limousine
(Lada Nova),
1980

VAZ 2107,
1981

VAZ 2108 (Lada Samara), 1988

Preise Shiguli/Lada in der DDR (in Mark)

	VAZ 2101 (Lada 1200)	VAZ 21011 (Lada 1300)	VAZ 2102 (Lada 1200 Combi)	VAZ 2103 (Lada 1500/s)	VAZ 2106 (Lada 1600)	VAZ 2105 (Lada 1300 S)	VAZ 2104 (Lada 1300 S Combi)	VAZ 2107 (Lada 1500 S)	VAZ 2121 (Lada Niva)
1972	19.922								
1974	19.922		20.922	23.500					
1975		21.000	20.922	23.500					
1977		21.000	20.800	23.500					
1979			20.800	23.500	24.600*				
1980			20.800	23.500	24.600				
1982						23.650**			
1986						23.650		28.475	
1987						23.650	24.650-***	28.475	
1988						23.650	24.650***	28.475	37.090

* + 122,- Statik-Gurte vorn
** + 400,- Stahlgürtelreifen
*** + 400,- Stahlgürtelreifen, + 390,- Automatikgurte vorn, + 550,- Automatikgurte hinten, + 60,- Außenspiegel rechts,+ 250,- Scheinwerfer-Wisch-Wasch-Anlage, + 165,- Heckscheiben-Wisch-Wasch-Anlage

Preise Lada/Shiguli in West-Deutschland (in DM)

	VAZ 2101 (Lada 1200/s)	VAZ 21011 (Lada 1300)	VAZ 2102 (Lada 1200 Combi)	VAZ 2103 (Lada 1500/s)	VAZ 2105 (Lada 1300)	VAZ 2104 (Lada 1300 Combi)	VAZ 2107 (Lada 1500)	VAZ 2121 (Lada Niva)
1975	7.250		8.050	8.950				
1976	7.700		8.500	9.500				
1977	7.700	8.345	8.500	9.500				
1978	7.700	8.420	9.025	10.034				
1979	8.100	8.998	9.430	9.998				
1980	8.545	9.158	9.985	9.998				
1981	8.985	9.395	9.985	9.995	8.395			13.995
1982			9.985	9.995	7.995*/8.765		10.995	13.995
1983	7.695		9.985	9.995	8.795*/9.195		10.995	12.995
1984	7.795		8.995	9.995	8.945*/9.345		10.495	12.995
1985	7.795		9.285		9.420*/10.210	10.990	10.550	13.590
1986					8.990*/10.610	10.675	11.840	13.990
1987					8.495*/10.610	10.675	11.245	13.990
1988						10.785	11.960	14.490
1989						11.765	11.960	14.490

* Lada Nova Junior

	VAZ 2101 und 21013/ 2102 Kombi (Lada 1200) 1970 – 1982 / 1972 – 1984	VAZ 2103 / VAZ 21061 (Lada 1500) 1973 – 1982 /seit 1981
Motor		
Zylinderzahl	4 (Reihe), längs über Vorderachse	4 (Reihe), längs über Vorderachse
Bohrung x Hub	76 x 66 mm	76 x 80
Hubraum	1198 cm³	1452 cm³
Leistung	60 PS (44 kW) bei 5600/min	75 PS (55 kW) bei 5600/min
Drehmoment	8,9 mkg (87 Nm) bei 3400/min	10,8 mkg (106 Nm) bei 3500/min
Verdichtung	8,8 : 1	8,5 : 1
Vergaser	1 Fallstrom-Registervergaser Weber 32 DCR	1 Fallstrom-Registervergaser
Ventile	Hängend (Stößel, Kipphebel), 1 obenliegende Nockenwelle (Antrieb durch Kette)	Hängend (Stößel, Kipphebel), 1 obenliegende. Nockenwelle (Antrieb durch Kette)
Kurbelwellenlager	5	5
Kühlung	Pumpe / 8,5 Liter Wasser	Pumpe / 8,5 Liter Wasser
Schmierung	Druckumlauf / 3,75 Liter Öl	Druckumlauf / 3,75 Liter Öl
Batterie	12 V 55 Ah (im Motorraum)	12 V 55 Ah (im Motorraum)
Lichtmaschine	Drehstrom 480 W	Drehstrom 500 W
Anlasser	1,8 PS (1,3 kW)	1,8 PS (1,3 kW)
Kraftübertragung	Antrieb auf Hinterräder	Antrieb auf Hinterräder
Kupplung	Einscheiben-Trockenkupplung	Einscheiben-Trockenkupplung
Schaltung	Knüppel in Wagenmitte	Knüppel in Wagenmitte
Getriebe	4 Gang	4 Gang
Synchronisierung	I–IV	I–IV
Übersetzungen	I. 3,75 II. 2,3 III. 1,49 IV. 1,0 R: 3,87	I. 3,75? II. 2,3 III. 1,49 IV. 1,0 R: 3,87
Antriebs-Übersetzung	4,3 / 4,44	4,1
Fahrwerk	Selbsttragende Ganzstahl-Karosserie	
Vorderradaufhängung	Trapez-Dreieckquerlenker, Schraubenfedern Querstabilisator, innenlieg. hydr. Teleskop-Stoßdämpfer	
Hinterradaufhängung	Starrachse mit Schraubenfedern, Längsschubstreben, Reaktionsstreben hydr. Teleskop-Stoßdämpfer Panhardstab	
Lenkung	Schnecke und Rolle	
Fußbremse	Hydraulisch, 4 Räder (Zweikreis), Scheiben vorn (∅= 253 mm), Trommeln hinten	
Handbremse	Mechanisch, auf Hinterräder	
Allgemeine Daten	Limousine, 4türig / Kombi, 5türig	Limousine, 4türig
Radstand	2425 mm	2425 mm
Spur	1345/1305 mm	1365/1320 mm
Gesamtmaße	4073 x 1611 x 1440 mm / 4059 x 1611 x 1400 mm	4115 x 1611 x 1440 mm / 4115 x 1620 x 1440 mm
Reifen	6.15-13, 155 SR 13, 165 R 13	165 SR 13
Felgen	4,5 J x 13	4,5 J x 13
Bodenfreiheit	17 / 17,5 cm	17 cm
Wendekreisdurchmesser	11,4 m	11,4 m
Leermasse	970 / 1010 kg	1020 kg
Zuläss. Gesamtmasse	1355 / 1400 kg	1420 kg
Höchstgeschwindigkeit	140 / 135 km/h	150 km/h
Beschleunigung 0–100 km/h	20 / 22 sec	17 sec
Verbrauch	8,5 / 8,8 L/100 km	10,0 L/100 km
Kraftstofftank	39 / 45 Liter (hinten)	39 Liter (hinten)

	VAZ 21011 (Lada 1300) 1974 –1 981	VAZ 2106 (Lada 1600) 1976 – 1986	VAZ 2121 Niva seit 1978
Motor			
Zylinderzahl	4 (Reihe), längs über Vorderachse	4 (Reihe), längs über Vorderachse	4 (Reihe), längs über Vorderachse
Bohrung x Hub	79 x 66 mm	79 x 80 mm	79 x 80 mm
Hubraum	1294 cm³	1568 cm³	1568 cm³
Leistung	65 PS (48 kW) bei 5600/min	78 PS (58 kW) bei 5200/min	78 PS (58 kW) bei 5200/min
Drehmoment	9,5 mkg (93 Nm) bei 3400/min	12,5 mkg (123 Nm) bei 3400/min	12,5 mkg (123 Nm) bei 3500/min
Verdichtung	8,8 : 1	8,5 : 1	8,5 : 1
Vergaser	1 Fallstrom-Registervergaser	1 Fallstrom-Registervergaser	1 Fallstrom-Registervergaser Weber 32 DCR
Ventile	Hängend (Stößel, Kipphebel),	Hängend (Stößel, Kipphebel),	Hängend (Stößel, Kipphebel),
	1 obenliegende Nockenwelle	1 obenliegende Nockenwelle	1 obenliegende. Nockenwelle
	(Antrieb durch Kette)	(Antrieb durch Kette)	(Antrieb durch Kette)
Kurbelwellenlager	5	5	5
Kühlung	Pumpe / 8,5 Liter Wasser	Pumpe / 8,5 Liter Wasser	Pumpe / 10,7 Liter Wasser
Schmierung	Druckumlauf / 3,75 Liter Öl	Druckumlauf / 3,75 Liter Öl	Druckumlauf / 3,75 Liter Öl
Batterie	12 V 55 Ah (im Motorraum)	12 V 55 Ah (im Motorraum)	12 V 55 Ah (im Motorraum)
Lichtmaschine	Drehstrom 500 W	Drehstrom 500 W	Drehstrom 600 W
Anlasser	1,8 PS (1,3 kW)	1,8 PS (1,3 kW)	1,8 PS (1,3 kW)
Kraftübertragung	Antrieb auf Hinterräder	Antrieb auf Hinterräder	Allradantrieb
Kupplung	Einscheiben-Trockenkupplung	Einscheiben-Trockenkupplung	Einscheiben-Tockenkupplung
Schaltung	Knüppel in Wagenmitte	Knüppel in Wagenmitte	Knüppel in Wagenmitte
Getriebe	4 Gang	4 Gang	4 Gang und 2 Gang-Reduktionsgetriebe
Synchronisierung	I - IV	I–IV	I–IV
Übersetzungen	I. 3,75 II. 2,30 III. 1,49 IV. 1,0 R: 3,87	I. 3,75 II. 2,3 III. 1,49 IV. 1,0 R: 3,87	I. 3,24 Reduktionsgetriebe: II. 1,99 I. 1,19 III. 1,29 II. 2,13 IV. 1,0 R: 3,34
Antriebs-Übersetzung	4,3	4,1	4,3
Fahrwerk	Selbsttragende Ganzstahl-Karosserie	Selbsttragende Ganzstahl-Karosserie	Selbsttragende Ganzstahl-Karosserie
Vorderradaufhängung	Trapez-Dreieckquerlenker, Schraubenfedern, Querstabilisator, hydr. Teleskop-Stoßdämpfer	Trapez-Dreieckquerlenker, Schraubenfedern, Querstabilisator, hydr. Teleskop-Stoßdämpfer	Trapez-Dreieckquerlenker Schraubenfedern, Querstabilisator, hydr. Teleskop-Stoßdämpfer
Hinterradaufhängung	Starrachse mit Schraubenfedern, Längsschubstreben, Reaktionsstreben, hydr. Teleskop-Stoßdämpfer, Panhardstab	Starrachse mit Schraubenfedern, Längsschubstreben, Reaktionsstreben, hydr. Teleskop-Stoßdämpfer, Panhardstab	Starrachse mit Schraubenfedern, Längsschubstreben, Panhardstab
Lenkung	Schnecke und Rolle	Schnecke und Rolle	Schnecke und Rolle
Fußbremse	Hydraulisch, 4 Räder (Zweikreis, Servo), Scheiben vorn (∅= 253 mm), Trommeln hinten	Hydraulisch, 4 Räder (Zweikreis, Servo) Scheiben vorn (∅= 253 mm), Trommeln hinten	Hydraulisch, 4 Räder (Zweikreis, Servo) Scheiben vorn (∅= 273 mm), Trommeln hinten
Handbremse	Mechanisch, auf Hinterräder	Mechanisch, auf Hinterräder	Mechanisch, auf Hinterräder
Allgemeine Daten	Limousine, 4ürig	Limousine, 4türig	Geländegäng. Kombi, 3türig
Radstand	2425 mm	2425 mm	2200 mm
Spur	1345/1305 mm	1365/1320 mm	1430/1400 mm
Gesamtmaße	4043 x 1611 x 1440 mm	4115 x 1611 x 1440 mm	3720 x 1680 x 1640 mm
Reifen	155 SR 13, 165 R 13	165 SR 13	6.00-16, 6.95-16, 175 SR 16
Felgen	4,5 J x 13	4,5 J x 13	5,5 J x 13
Bodenfreiheit	17 cm	17 cm	22 cm
Wendekreisdurchmesser	11,4 m	11,8 m	11 m
Leermasse	1010 kg	1020 kg	1150 kg
Zuläss. Gesamtmasse	1400 kg	1420 kg	1550 kg
Höchstgeschwindigkeit	145 km/h	154 km/h	130 km/h
Beschleunigung 0–100 km/h	18 sec	15 sec	24 sec
Verbrauch	9 L/100 km	10,2 L/100 km	12,0 L/100 km
Kraftstofftank	39 Liter (hinten)	39 Liter (hinten)	45 Liter (hinten)

	VAZ 2105 / 2104 Kombi (Lada 1300 S Nova) 1980 – 1995 / 1984 – 1995	VAZ 2107 (Lada 1500 S) 1981 – 1995
Motor		
Zylinderzahl	4 (Reihe), längs über Vorderachse	4 (Reihe), längs über Vorderachse
Bohrung x Hub	79 x 66 mm	76 x 80
Hubraum	1294 cm³	1452 cm³
Leistung	60 PS (45 kW) bei 5600/min	75 PS (55 kW) bei 5600/min
Drehmoment	9,8 mkg (96 Nm) bei 3400/min	10,8 mkg (106 Nm) bei 3500/min
Verdichtung	8,8 : 1	8,8 : 1
Vergaser	1 Fallstrom-Registervergaser Weber 32 DCR	1 Fallstrom-Registervergaser Weber 32 DCR
Ventile	Hängend (Stößel, Kipphebel), 1 obenliegende Nockenwelle (Antrieb durch Zahnriemen)	Hängend (Stößel, Kipphebel), 1 obenliegende. Nockenwelle (Antrieb durch Zahnriemen)
Kurbelwellenlager	5	5
Kühlung	Pumpe / 8,5 Liter Wasser	Pumpe / 8,5 Liter Wasser
Schmierung	Druckumlauf / 3,75 Liter Öl	Druckumlauf / 3,75 Liter Öl
Batterie	12 V 55 Ah (im Motorraum)	12 V 55 Ah (im Motorraum)
Lichtmaschine	Drehstrom 540 W	Drehstrom 540 W
Anlasser	1,8 PS (1,3 kW)	1,8 PS (1,3 kW)
Kraftübertragung	Antrieb auf Hinterräder	Antrieb auf Hinterräder
Kupplung	Einscheiben-Trockenkupplung	Einscheiben-Trockenkupplung
Schaltung	Knüppel in Wagenmitte	Knüppel in Wagenmitte
Getriebe	4 Gang	4 Gang
Synchronisierung	I–IV	I–IV
Übersetzungen	I. 3,667 II. 2,10 III. 1,361 IV. 1,0 R: 3,526	I. 3,667 II. 2,10 III. 1,361 IV. 1,0 R: 3,526
Antriebs-Übersetzung	4,3	4,1
Fahrwerk	Selbsttragende Ganzstahl-Karosserie	
Vorderradaufhängung	Trapez-Dreieckquerlenker, Schraubenfedern, Querstabilisator hydr. Teleskop-Stoßdämpfer	
Hinterradaufhängung	Starrachse mit Schraubenfedern, Starrachse mit Schraubenfedern, Längsschubstreben, Reaktionsstreben, hydr. Teleskop-Stoßdämpfer, Panhardstab	
Lenkung	Schnecke und Rolle	
Fußbremse	Hydraulisch, 4 Räder (Zweikreis, 2107: Servo), Scheiben vorn (∅= 253 mm), Trommeln hinten	
Handbremse	Mechanisch, auf Hinterräder	
Allgemeine Daten	Limousine, 4türig / Kombi, 5türig	Limousine, 4türig
Radstand	2425 mm	2425 mm
Spur	1365/1321 mm	1365/1320 mm
Gesamtmaße	4128 x 1620 x 1450 mm / 4115 x 1620 x 1443 mm	4136 x 1620 x 1446 mm
Reifen	165 SR 13	165/80 R 13 82S
Felgen	4,5 bis 5,5 J x 13	5 bis 5,5 J x 13
Bodenfreiheit	16 cm	16 cm
Wendekreisdurchmesser	10,8 m	11,5 m
Leermasse	995 / 1040 kg	1030 kg
Zuläss. Gesamtmasse	1395 / 1510 kg	1460 kg
Höchstgeschwindigkeit	145 / 137 km/h	150 km/h
Beschleunigung 0–100 km/h	18 / 20 sec	17 sec
Verbrauch	8,8 L/100 km	10,0 L/100 km
Kraftstofftank	39 Liter (hinten)	39 Liter (hinten)

	VAZ 2108 (Lada Samara) 1986 – 2000
Motor	
Zylinderzahl	4 (Reihe), quer über Vorderachse
Bohrung x Hub	76 x 71 mm
Hubraum	1288 cm³
Leistung	65 PS (48 kW) bei 5500/min
Drehmoment	9,9 mkg bei 3500/min
Verdichtung	9,6 : 1
Vergaser	1 Fallstrom-Registervergaser Solex
Ventile	Hängend (Stößel, Kipphebel), 1 obenliegende Nockenwelle (Antrieb durch Zahnriemen)
Kurbelwellenlager	5
Kühlung	Pumpe / 7,8 Liter Wasser
Schmierung	Druckumlauf / 3,5 Liter Öl
Batterie	12 V 55 Ah (im Motorraum)
Lichtmaschine	Drehstrom 55 A
Kraftübertragung	Frontantrieb
Kupplung	Einscheiben-Trockenkupplung
Schaltung	Knüppel in Wagenmitte
Getriebe	4 Gang
Synchronisierung	I–IV
Übersetzungen	I. 3,636, II. 1,95, III. 1,357, IV. 0,941, R: 3,53
Antriebs-Übersetzung	4,3
Fahrwerk	Selbsttragende Ganzstahl-Karosserie
Vorderradaufhängung	Federbeine, untere Querlenker, Querstabilisator,
Hinterradaufhängung	Verbundlenkerachse mit Federbeinen, Schraubenfedern, hydr. Teleskop-Stoßdämpfer
Lenkung	Zahnstange
Fußbremse	Hydraulisch, 4 Räder (Zweikreis, Servo) Scheiben vorn (∅= 240 mm), Trommeln hinten
Handbremse	Mechanisch, auf Hinterräder
Allgemeine Daten	Schrägheck-Limousine, 2türig
Radstand	2600 mm
Spur	1390/1360 mm
Gesamtmaße	4006 x 1620 x 1400 mm
Reifen	165 R 13, 165/70 SR 13, 175/70 SR 13
Felgen	4,5 bis 5 J x 13
Bodenfreiheit	16 cm
Wendekreisdurchmesser	11,5m
Leermasse	925 kg
Zuläss. Gesamtmasse	1370 kg
Höchstgeschwindigkeit	150 km/h
Beschleunigung 0–100 km/h	15 sec
Verbrauch	7,8 L/100 km
Kraftstofftank	43 Liter (hinten)

ZIS und ZIL

Bei ZIS (Zavod imini Stalina, Stalin-Werk) in Moskau wurden vor allem Lastwagen hergestellt. Daneben liefen in kleiner Stückzahl handgefertigte Repräsentations-Limousinen für die Führer in Partei und Regierung. Besonderheit dieser Autos war ihre starke Motorisierung und luxuriöse Machart – und das ungenierte Nachahmen westlicher Vorbilder, vor allem von Packard.
Solche Fahrzeuge kamen sehr schnell in die sowjetische Besatzungszone und dann in die DDR. Der Fuhrpark der zentralen DDR-Führung und der höheren bezirklichen und örtlichen Funktionäre rekrutierte sich damals fast ausschließlich aus schweren Limousinen aus der Sowjetunion. Staatspräsident Wilhelm Pieck war indes Anfang der 50er-Jahre noch im Horch unterwegs, andere Partei- und Staatsrepräsentanten nutzten bereits den sowjetischen ZIS 110 aus dem Stalin-Werk in Moskau oder den ZIM 12 aus dem GAZ-Werk in Gorki. Westliche Autos, beispielsweise von Mercedes, wurden zunächst nicht offiziell eingesetzt.
Die Machthaber sattelten Ende der 50er auf den Typ 111 um, der mit modischen Flossen im unverkennba-

ZIS 110 Limousine, 1949

ZIS 110 V Cabriolet, 1952

ren US-Stil daherkam. Die Moskauer Fabrikationsstätte war mittlerweile in Lichatschow-Werk (ZIL) umbenannt worden. Davon gab es auch eine offene Version (ZIL 111 V), die gern bei staatlichen Paraden auf der Ost-Berliner Karl-Marx-Allee eingesetzt wurde. Aus Moskau kamen anschließend die Nachfolgemodelle ZIL 114 (Langversion) und 117, die beide selbstverständlich zum Fuhrpark des DDR-Ministerrats gehörten. Seit 1978 nahezu unverändert gefertigt wird der ZIL 115, der mittlerweile in ZIL 4104 umbenannt wurde. Er folgte stilistisch und technisch der Mode in den USA – genau so sehen die großen Lincoln-Limousinen aus, die heute noch von den US-Präsidenten genutzt werden.

ZIL 111, 1959

ZIL 111 Cabriolet, 1963

ZIL 111 G, 1964

ZIL 114 (Langversion), 1968

ZIL 117 (Normalversion), 1971

ZIL 4104 (ZIL 115 Facelift), 1986

	ZIS 110 1946 – 1959
Motor	
Zylinderzahl	8 (Reihe), längs über Vorderachse
Bohrung x Hub	90 x 118 mm
Hubraum	6005 cm³
Leistung	140 PS (103 kW) bei 3600/min
Drehmoment	40 mkg (392 Nm) bei 2000/min
Verdichtung	6,8 : 1
Vergaser	1 Fallstromvergaser
Ventile	Stehend (Stößel, Kipphebel) seitliche Nockenwelle (Antrieb durch Kette)
Kühlung	Pumpe, Wasser
Schmierung	Druckumlauf
Batterie	12 V (im Motorraum)
Lichtmaschine	Gleichstrom
Kraftübertragung	Antrieb auf Hinterräder
Kupplung	Einscheiben-Trockenkupplung
Schaltung	Lenkradschaltung
Getriebe	3 Gang
Synchronisierung	II – III
Fahrwerk	Kastenrahmen,
	Ganzstahl-Karosserie
Vorderradaufhängung	Trapez-Dreieckquerlenker
Hinterradaufhängung	Starrachse mit Längsblattfedern
Fußbremse	Hydraulisch, 4 Räder, vorn/hinten Trommeln
Handbremse	Mechanisch
Allgemeine Daten	Limousine, 4türig
Radstand	3760 mm
Spur	1520/1600 mm
Gesamtmaße	6000 x 1960 x 1730 mm
Reifen	7.50 x 16
Leermasse	2575 kg
Höchstgeschwindigkeit	140 km/h
Verbrauch	25 L/100 km

	ZIL 111/111 G 1959 – 1962 / 1963 – 1966	ZIL 114/ 117 1968 – 1978 / 1971 – 1978	ZIL 4104 (ZIL 115) seit 1978
Motor			
Zylinderzahl	V8, längs über Vorderachse	V8, längs hinter Vorderachse	V8, längs über Vorderachse
Bohrung x Hub	100 x 95 mm	72 x 68 mm	108 x 105 mm
Hubraum	5980 cm³	7959 cm³	7695 cm³
Leistung	200 PS (147 kW) bei 4000/min / 230 PS (169 kW) bei 4200/min	300 PS (221 kW) bei 4300/min	315 PS (232 kW) bei 4600/min
Drehmoment	40 mkg (392 Nm) bei 1800/min / 52 mkg (510 Nm) bei 2200/min	57 mkg (559 Nm) bei 2700/min	62 mkg (608 Nm) bei 4000/min
Verdichtung	8,25 : 1 / 9,0 : 1	9,5 : 1	9,3 : 1
Vergaser	1 Fallstrom-Doppelvergaser K-85 (Vierkammer)	1 Fallstrom-Doppelvergaser (Vierkammer)	1 Fallstrom-Vergaser K-259 (Vierkammer)
Ventile	Hängend (Stößel und Kipphebel), seitliche Nockenwelle (Antrieb durch Kette)	Hängende Ventile, zentrale Nockenwelle	Hängende Ventile, zentrale Nockenwelle
Kurbelwellenlager	5	5	5
Kühlung	Pumpe / 25 bzw. 23 Liter Wasser	Pumpe / Wasser	Pumpe / 15 Liter Wasser
Schmierung	Druckumlauf, 6,6 bzw. 7,5 Liter Öl	Druckumlauf	Druckumlauf
Batterie	12 V 68 Ah		12 V 160 Ah
Lichtmaschine	Gleichstrom 470 W		Drehstrom 1150 W
Kraftübertragung	Antrieb auf Hinterräder	Antrieb auf Hinterräder	Antrieb auf Hinterräder
Kupplung	Hydraulik-Wandler	Hydraulik-Wandler	Hydraulik-Wandler
Schaltung	Lenkrad-Wählhebel / Drucktaster an Armaturentafel	Drucktaster an Armaturentafel	Schaltkulisse in Wagenmitte
Getriebe	2 Stufen	3 Stufen	3 Stufen
Synchronisierung	I–II	I - III	I - III
Übersetzungen	I. 1,72, II. 1,0, R: 2,39		I: 2.02, II: 1,42, III: 1,0, R: 1,42
Antriebs-Übersetzung	3,78 bzw. 3,54		3,54
Fahrwerk	Kastenrahmen, Ganzstahl-Karosserie	Kastenrahmen, Ganzstahl-Karosserie	Kastenrahmen, Ganzstahl-Karosserie
Vorderradaufhängung	Trapez-Dreieckquerlenker, Schraubenfedern, Querstabilisator, hydr. Teleskop-Stoßdämpfer,	Trapez-Dreieckquerlenker, Torsionsfederstab, Querstabilisator, hydr. Teleskop-Stoßdämpfer	Trapez-Dreieckquerlenker, Torsionsfederstab, Querstabilsator, hydr. Teleskop-Stoßdämpfer
Hinterradaufhängung	Starrachse mit Längsblattfedern, hydr. Teleskop-Stoßdämpfer	Starrachse mit Längsblattfedern, Längslenker, hydr. Teleskop-Stoßdämpfer	Starrachse mit Längsblattfedern, Längslenker, hydr. Teleskop-Stoßdämpfer
Lenkung	Schnecke und Rolle / Kugelumlauf	Schnecke und Rolle	Schnecke und Rolle
Fußbremse	Hydraulisch, 4 Räder (Servo), vorn/hinten Trommeln, Gesamt-Bremsfläche 1860 cm²	Hydraulisch, 4 Räder (Servo), vorn/hinten Scheiben	Hydraulisch, 4 Räder (Zweikreis, Servo), vorn/hinten Scheiben (∅= 292,2 mm / 315,7 mm)
Handbremse	Mechanisch, auf Hinterräder		
Allgemeine Daten	*Limousine, 4türig*	*Limousine, 4türig*	*Limousine, 4türig*
Radstand	3760 mm	3760 / 3300 mm	3880 mm
Spur	1570/1650 mm		1643/1663 mm
Gesamtmaße	6030 x 2030 x 1640 mm / 6140 x 2045 x 1640 mm	6305 x 2068 x 1540 mm / 5725 x 2070 x 1510 mm	6339 x 2086 x 1550 mm
Reifen	8.90 x 15	8.90 x 15; 9.35 x 15	9.35 x 15, 235 H 380
Bodenfreiheit	18 / 19 cm	18 cm	17 cm
Wendekreisdurchmesser	18 / 19 m	16 / 14 m	16,5 m
Leermasse	2545 / 2600 kg	3085 / 2950 kg	3335 kg
Zuläss. Gesamtmasse	3125 /3200 kg		3860 kg
Höchstgeschwindigkeit	160 / 170 km/h	190 bzw. 200 km/h	190 km/h
Verbrauch	19 / 19,5 L/100 km	22 L/100 km	22 L/100 km
Kraftstofftank	120 / 80 Liter (hinten)	120 / 100 Liter (hinten)	120 Liter (hinten)

Personenkraftwagen aus Jugoslawien

Auch in Jugoslawien begann der Aufbau einer eigenen Automobilindustrie erst in den 50er-Jahren. Und hier stand ebenfalls Fiat als Kooperationspartner und Lizenzgeber bereit. Der Großteil der in Jugoslawien gefertigten Pkw stammt von Fiat-Modellen ab, obwohl später Citroën, Renault, Austin, NSU, DKW und Volkswagen als Lizenzgeber dazukamen. Normalen Bürgern der DDR ohne besondere Privilegien war dies natürlich weitgehend unbekannt, weil der aufmüpfige Balkanstaat nur in Ausnahmefällen bereist werden durfte.

Im vereinten Deutschland sorgte das TAS-Werk nahe Sarajevo Ende der 90er-Jahre für Aufmerksamkeit. Hier wurden noch wenige Jahre zuvor verschiedene Volkswagen-Typen, darunter exklusiv der Pickup Golf I Caddy, gebaut. Im jugoslawischen Bürgerkrieg wurde das Werk indes fast völlig zerstört. Der VW-Konzern begann gegen viele Widerstände 1998 einen Neuaufbau der Fabrikanlagen, um hier u.a. Skoda-Modelle fertigen zu lassen.

Zastava

Größter Hersteller war und ist Zastava (eigentlich: Crvena Zastava = Rote Fahne) in Kragujevac in Serbien. Dort entstand der in den 70er-Jahren überraschend in die DDR importierte kleine Typ 1100 (101), eine etwas modifizierte Version des Fiat 128. Statt des Stufenhecks hatte er ein nach innen geknicktes Fließheck mit großer Ladeklappe, war aber nur 15 Kilo schwerer als das Original. Das Auto blieb im Folgenden nahezu unverändert, lediglich 1981 gab es leichte Modifikationen.

Preislich lag der Zastava 1100 oberhalb des Wartburg, er galt in der DDR als absoluter Geheimtipp. Seine Verarbeitung war besser als die der sowjetischen und polnischen Lizenz-Fiat. Gern wurde das Auto auch im Motorsport eingesetzt bzw. seine Technik für Eigenbau-Rennfahrzeuge adaptiert.

Während in Ostdeutschland ausschließlich der 55 PS starke 1100er (Einvergaser-Version) zu haben war, wurden für andere Märkte auch stärkere Ausführungen mit zwei und drei Vergasern und 1,3 Hubraum gefertigt. Seit 1984 wurde alternativ die originale

Zastava 1100, 1977

Stufenheck-Karosse angeboten. Beide Varianten – übrigens immer noch mit Vergaser-Motor – werden heute noch oder wieder hergestellt. Eine Zeitlang wurde der Fließheck-Zastava auch in Polen montiert. DDR-Bürger konnten in den 80er-Jahren zwar nicht in den Besitz des Stufenheck-Zastava kommen – dafür aber stand für sie für westliche Währung das Original, der Fiat 128, bereit. Er war aber auch ein gängiges Dienstfahrzeug der Staatsicherheit.
Neben dem 128er-Fiat-Ableger baute das Werk den Yugo Florida. Vom bundesdeutschen Markt, wo Anfang der 90er sogar ein kleines Cabrio sehr preisgünstig angeboten wurde, ist Zastava/Yugo längst wieder verschwunden. Auch ein Abstecher in die USA ist mittlerweile Vergangenheit. Im jugoslawischen Bürgerkrieg wurde das Werk weitgehend zerstört, inzwischen ist es wieder aufgebaut worden und hat mit der Auslieferung leicht modifizierter »Vorkriegsmodelle« begonnen.

Yugo Limousine mit 60 oder 65 PS

Yugo Cabrio mit 65-PS-Motor

	Zastava 101-1100 1971 – 1988
Motor	128 A064
Zylinderzahl	4 (Reihe), quer vor Vorderachse
Bohrung x Hub	80 x 55,5 mm
Hubraum	1116 cm³
Leistung	55 PS (41 kW) bei 6000/min
Drehmoment	8,0 mkg (78 Nm) bei 3000/min
Verdichtung	8,0 : 1, später 8,8 : 1
Vergaser	1 Fallstromvergaser IPM 32 MGV
Ventile	Hängend, obenliegende Nockenwelle (Antrieb durch Zahnriemen)
Kurbelwellenlager	5
Kühlung	Pumpe / 6,5 Liter Wasser
Schmierung	Druckumlauf / 4,25 Liter Öl
Batterie	12 V 34 Ah (im Motorraum)
Lichtmaschine	Drehstrom 33/45 A
Kraftübertragung	Frontantrieb
Kupplung	Einscheiben-Trockenkupplung
Schaltung	Knüppel in Wagenmitte
Getriebe	4 Gang
Synchronisierung	I–IV
Übersetzungen	I. 3,583, II. 2,235, III. 1,454, IV. 1,042, R: 3,714
Antriebs-Übersetzung	4,077
Fahrwerk	Selbsttragende Ganzstahl-Karosserie
Vorderradaufhängung	Dreieckquerlenker unten, Federbeine mit Schraubenfedern, Querstabilisator,
Hinterradaufhängung	Dreiecks-Querlenker, Querblattfeder, Dämpferbein, hydr. Teleskop-Stoßdämpfer
Lenkung	Zahnstange
Fußbremse	Hydraulisch, 4 Räder (Zweikreis), Scheiben vorn (∅= 227 mm), Trommeln hinten, Gesamt-Bremsfläche 340 cm²
Handbremse	Mechanisch, auf Hinterräder
Allgemeine Daten	Kombi-Limousine, 4türig
Radstand	2449 mm
Spur	1304/1320 mm
Gesamtmaße	3836 x 1590 x 1370 mm
Reifen	145 SR 13
Felgen	4,5 J x 13
Bodenfreiheit	14,5 cm
Wendekreisdurchmesser	10,3 m
Leermasse	835 kg
Zuläss. Gesamtmasse	1235 kg
Höchstgeschwindigkeit	135 km/h
Beschleunigung 0–100 km/h	17 sec
Verbrauch	8,0 L/100 km
Kraftstofftank	38 Liter (hinten)

Preise Zastava 101-1100 in der DDR (in Mark)

1976	20.300
1977	20.300
1978	20.300
1979	22.000
1980	22.900
1981	22.900

Nutzfahrzeuge

IFA W 50, Robur LO 3000
und Multicar M 25

Lastwagen aus Zwickau und Werdau

Horch H 3 (1947 – 1949)

IFA Horch H 3 A (1950 – 1956)

IFA Horch H 3 B (1952 – 1958)

Sachsenring H 3 S (1956 – 1958)

Sachsenring S 4000 (1958)

Sachsenring / IFA S 4000-1 (1958 – 1967)

Das Zwickauer Werk Horch der Industrieverwaltung Fahrzeugbau baute bereits ab 1947 den Dreitonner-Lastwagen H 3. Zunächst wurde er ausschließlich an russische Dienststellen geliefert. Er entstand unter Verwendung von Maybach-Motoren Typ HL 42, die ursprünglich für die Halbketten-Zugmaschinen der Wehrmacht bestimmt waren, sowie weiterer noch vorhandener Baugruppen.

Das Nachfolgemodell H 3 A mit 80-PS-Dieselmotor (auf Basis von Vomag-Entwicklungen) wurde auf der Leipziger Frühjahrsmesse 1949 vorgestellt und ab Mitte 1950 ausgeliefert.

Auf der Leipziger Frühjahrsmesse 1951 erschien der H 3 A als Sattelzugmaschine mit Tanksattelauflieger. Weitere Varianten folgten im Lauf der nächsten Jahre, beispielsweise 1952 die Zugmaschine H 3 Z.

Auf der Basis des H 3 A wurde ab 1952 auch das Tiefrahmen-Chassis H 3 B für leichte Omnibusse und Kofferfahrzeuge gefertigt.

Besonders für den Export war von 1956 bis 1958 parallel zum H 3 A der H 3 S im Angebot. Die Bremsen wurden auf Druckluft umgestellt und das stärkere Getriebe des Lkw H 6 montiert, Radstand und Pritschenlänge vergrößert. Expeditionen und Testfahrten in Afrika und Asien sollten werbewirksam die Robustheit der Konstruktion unterstreichen.

Auf der Leipziger Frühjahrsmesse 1958 wurde der Typ S 4000 mit um 500 kg erhöhter Nutzmasse präsentiert, der allerdings noch den Motor und das Getriebe vom Vorgänger besaß. Bereits zur Herbstmesse 1958 folgt dann der S 4000-1 mit 90 statt 80 PS Motorleistung, Synchrongetriebe und Druckluft-Bremsanlage für den Anhänger.

Ab Juli 1957 firmierte der bisherige VEB Horch als VEB Sachsenring Kraftfahrzeug- und Motorenwerk Zwickau; nach der Vereinigung mit dem VEB Automobilwerk Zwickau (vormals Audi) entstand schließlich zum 1. August 1958 der VEB Sachsenring Automobilwerk Zwickau. Dieser Schritt war erfolgt, um Fertigungskapazitäten für den Pkw Trabant zu schaffen.

Deshalb wurde die Produktion des S 4000-1 von Zwickau in das VEB Kraftfahrzeugwerk »Ernst

Horch H 3 Pritschenwagen,1947 – 1949

Grube« Werdau (zuvor LOWA Werdau) verlegt. Dort sind von 1960 bis 1967 exakt 21.460 Fahrzeuge in 19 Varianten montiert worden.

Bereits in Zwickau war für Spezialaufbauten als Nachfolger des H 3 B ein S 4000-1-Fahrgestell mit Tiefrahmen entwickelt worden. Unter den Bezeichnungen S 4000-1 TSW 7 (u.a. für Möbelkofferaufbauten) und TSW 11 (für Viehtransporter) wurden von Werdau bis 1964 geringe Stückzahlen dieser Variante ausgeliefert.

In der Zentralwerkstatt der Feuerwehr in Borkheide sind darüber hinaus unter Nutzung gebrauchter Magirus-Drehleitern insgesamt sechs Feuerwehrfahrzeuge auf das Chassis TSW 7 montiert worden.

IFA Horch H 3 A Pritschenwagen, 1950 – 1956

IFA Horch H 3 A mit Spezialaufbau für den Lebensmittel-Transport

Sachsenring H 3 S auf Expedition in Afrika, 1958

	Horch H 3 Lkw (4 x 2) 1947 – 1949	IFA Horch H 3 A Lkw (4 x 2) 1950 – 1956	IFA Horch H 3 Z Zugmaschine (4 x 2) 1952 – 1956
Motor	Vergasermotor	Wirbelkammer-Dieselmotor	Wirbelkammer-Dieselmotor
	Maybach HL 42	Typ EM 4–20	Typ EM 4–20
Zylinderzahl	6 (Reihe)	6 (Reihe)	6 (Reihe)
Bohrung x Hub	90 x 110 mm	115 x 145 mm	115 x 145 mm
Hubraum	4198 cm³	6024 cm³	6024 cm³
Leistung	100 PS (74 kW) bei 3000 /min	80 PS (59 kW) bei 2000 /min	80 PS (59 kW) bei 2000 /min
Drehmoment		310 Nm bei 1500 /min	310 Nm bei 1500 /min
Kühlung	Wasser	Wasser	Wasser
Elektr. Anlage	12 V, Lichtmaschine 130 W	12 V, Lichtmaschine 300 W	12 V, Lichtmaschine 300 W
Kraftübertragung	Hinterachs-Antrieb	Hinterachs-Antrieb	Hinterachs-Antrieb
Kupplung	Zweischeiben-Trockenkupplung	Zweischeiben-Trockenkupplung	ZweischeibenTrockenkupplung
Getriebe	4 Gang + Berggang + 1 R.. unsynchronisiert	5 + 1 Gang unsynchronisiert	5 + 1 Gang unsynchronisiert
Achsantrieb	einfach übersetzte Hinterachse	einfach übersetzte Hinterachse	einfach übersetzte Hinterachse
Fahrwerk	U-Profil-Rahmen	U-Profil-Rahmen	U-Profil-Rahmen
Vorderradaufhängung	Starrachse, Blattfedern	Starrachse, Blattfedern	Starrachse, Blattfedern
Hinterradaufhängung	Starrachse, Blattfedern	Starrachse, Blattfedern mit Zusatzfedern	Starrrachse, Blattfedern mit Zusatzfedern
Lenkung	mechanisch	mechanisch	mechanisch
Bremsanlage	Allradbremse servo-mechanisch, mechanische Feststellbremse	Allradbremse hydraulisch mechanische Feststellbremse	Allradbremse hydraulisch mechanische Feststellbremse
Allgemeine Daten			
Radstand	3000 mm	3250 mm	2500 mm
Spur	1650/1642 mm	1652/1654 mm	1652/1654 mm
Gesamtmaße	5945 x 2300 x 2420 mm (Höhe über Fahrerhaus)	6194 x 2370 x 2344 mm (Höhe über Fahrerhaus)	4810 x 2370 x 2344 mm (Höhe über Fahrerhaus)
Reifen	190–20 oder 7,50–20	7,50–20, ab 1952: 8,25–20	8,25–20
Bodenfreiheit	220 mm	220 mm	230 mm
Fahrzeugmasse	3900 kg	3580 kg	4550 kg
Zul. Gesamtmasse	6900 kg	6580 kg, ab 1952: 7270 kg	6550 kg
Nutzmasse	3000 kg	3000 kg, ab 1952: 3500 kg	2000 kg
Anhängelast			14.400 kg
Höchstgeschwindigkeit	65 km/h	60 km/h	54 km/h
Kraftstofftank	100 Liter	100 Liter	100 Liter

Sachsenring S 4000-1 Pritschenwagen, 1958

Sachsenring S 4000-1 Dreiseiten-Kipper, 1958

IFA S 4000-1 Pritschenwagen, 1960 – 1967

	Sachsenring H 3 S Lkw (4 x 2) 1956 – 1958
Motor	Wirbelkammer-Dieselmotor EM 4–20
Zylinderzahl	4 (Reihe)
Bohrung x Hub	115 x 145 mm
Hubraum	6024 cm^3
Leistung	80 PS (59 kW) bei 2000 /min
Drehmoment	310 Nm bei 1500 /min
Kühlung	Wasser
Elektr. Anlage	12 V, Lichtmaschine 300 W
Kraftübertragung	Hinterachs-Antrieb
Kupplung	Zweischeiben-Trockenkupplung
Getriebe	5 + 1 Gänge unsynchronisiert
Achsantrieb	einfach übersetzte Hinterachse
Fahrwerk	U-Profil-Rahmen
Vorderradaufhängung	Starrachse, Blattfedern
Hinterradaufhängung	Starrachse, Blattfedern mit Zusatzfedern
Lenkung	mechanisch
Bremsanlage	Allradbremse hydraulisch mechanische Feststellbremse
Allgemeine Daten	
Radstand	3550 mm
Spur	1652/1654 mm
Gesamtmaße	6491 x 2370 x 2350 mm
Reifen	8,25–20
Bodenfreiheit	230 mm
Fahrzeugmasse	3770 kg
Zuläss. Gesamtmasse	7270 kg
Nutzmasse	3500 kg
Höchstgeschwindigkeit	74 km/h
Kraftstofftank	100 Liter

IFA S 4000-1 Löschfahrzeug LF 16

IFA S 4000-1 Z Zugmaschine, 1960 – 1967

IFA S 4000-1 TSW 7 Drehleiterfahrzeug, 1964

	Sachsenring S 4000-1 IFA S 4000-1 Lkw (4 x 2) Pritschenwagen, Kofferwagen 1958 – 1959 : Sachsenring Zwickau 1960 – 1967: IFA Werdau	Sachsenring S 4000-1 IFA S 4000-1 Lkw (4 x 2) Dreiseiten-Kipper 1958 – 1959 : Sachsenring Zwickau 1960 – 1967: IFA Werdau	Sachsenring S 4000-1 IFA S 4000-1 Lkw (4 x 2) Zugmaschine 1958 – 1959 : Sachsenring Zwickau 1960 – 1967: IFA Werdau
Motor	Wirbelkammer-Dieselmotor	Wirbelkammer-Dieselmotor	Wirbelkammer-Dieselmotor
	EM 4–22	EM 4–22	EM 4–22
Zylinderzahl	4 (Reihe)	4 (Reihe)	4 (Reihe)
Bohrung x Hub	115 x 145 mm	115 x 145 mm	115 x 145 mm
Hubraum	6024 cm^3	6024 cm^3	6024 cm^3
Leistung	90 PS (66 kW) bei 2200 /min	90 PS (66 kW) bei 2200 /min	90 PS (66 kW) bei 2200 /min
Drehmoment	343 Nm bei 1300 /min	343 Nm bei 1300 /min	343 Nm bei 1300 /min
Kühlung	Wasser	Wasser	Wasser
Elektrische Anlage	12 V, Lichtmaschine 500 W	12 V, Lichtmaschine 500 W	12 V, Lichtmaschine 500 W
Kraftübertragung	Hinterachs-Antrieb	Hinterachs-Antrieb	Hinterachs-Antrieb
Kupplung	Einscheiben-Trockenkupplung	Einscheiben-Trockenkupplung	Einscheiben-Trockenkupplung
Getriebe	teilsynchronisiert, 5 + 1 Gänge	teilsynchronisiert, 5 + 1 Gänge	teilsynchronisiert, 5 + 1 Gänge
Achsantrieb	einfach übersetzte Hinterachse	einfach übersetzte Hinterachse	einfach übersetzte Hinterachse
Fahrwerk	U-Profil-Rahmen	U-Profil-Rahmen	U-Profil-Rahmen
Vorderradaufhängung	Starrachse, Blattfedern,	Starrachse, Blattfedern,	Starrachse, Blattfedern,
Hinterradaufhängung	Starrachse, Blattfedern mit Zusatzfedern	Starrachse, Blattfedern mit Zusatzfedern	Starrachse, Blattfedern mit Zusatzfedern
Lenkung	mechanisch	mechanisch	mechanisch
Bremsanlage	Allradbremse, hydraulisch mechanische Feststellbremse	Allradbremse, hydraulisch mechanische Feststellbremse	Allradbremse, hydraulisch mechanische Feststellbremse
Allgemeine Daten			
Radstand	3550 mm	3250 mm	2500 mm
Spur	1652 / 1663 mm	1652 / 1663 mm	1652 / 1663 mm
Gesamtmaße	Pritsche 6491 x 2370 x 2344 (Höhe über Fahrerhaus) Koffer 6400 x 2370 x 2665 (Höhe über Koffer)	6025 x 2300 x 2344 (Höhe über Fahrerhaus)	4810 x 2370 x 2344 (Höhe über Fahrerhaus)
Reifen	8,25–20	8,25–20	8,25–20
Bodenfreiheit	240 mm	240 mm	240 mm
Fahrzeugmasse	Pritsche 4100 kg Koffer 4650 kg	4600 kg	3900 kg + 1000 kg Ballast
Zuläss. Gesamtmasse	8100 kg	8000 kg	7400 kg
Nutzmasse	Pritsche 4000 kg Koffer 3350 kg 4500 kg	3400 kg 4500 kg	2500 kg
Anhängelast			14.400 kg
Höchstgeschwindigkeit	75 km/h	75 km/h	59 km/h
Kraftstofftank	100 Liter	100 Liter	100 Liter

Autodrehkran ADK 6,3 mit Motor des IFA S 4000-1 und Achsen des IFA H 6, 1965 – 1975

Variantenübersicht Lkw IFA S 4000-1		
S 4000-1		Pritschenwagen (auch mit Plane)
S 4000-1	SW10	Pritschenwagen mit 900mm Bordwand und Plane
S 4000-1	R	Pritschenwagen (Rechtslenker)
S 4000-1	LB800	mit Ladebordwand
S 4000-1	S	Sattelzugmaschine
S 4000-1	Z	Zugmaschine
S 4000-1	SW 2 a	Kofferaufbau
S 4000-1	K SW 7d	Dreiseitenkipper
S 4000-1	RK	Dreiseitenkipper (Rechtslenker)
S 4000-1	SW 2 b	Rettungswagen
S 4000-1	SW 5	Löschfahrzeug
S 4000-1	SW 5 b	Tanklöschfahrzeug
S 4000-1	SW 8	Schlauchwagen
S 4000-1		mit Drehleiter
S 4000-1	K SW 1a	Bautruppwagen
S 4000-1	K SW 3d	Müllwagen
S 4000-1	K SW 7c	Fäkalienwagen
S 4000-1		Kehrmaschine
S 4000-1	T SW 7	Niederrahmen-Chassis
S 4000-1	T SW 11	Niederrahmen-Chassis für Viehtransportwagen

W 45 / W 50-Prototypen

Ende 1958 begannen in Werdau die Arbeiten zur Weiterentwicklung des Lkw S4000-1. Die vom VEB Sachsenring Zwickau begonnenen Arbeiten an einem Nachfolgemodell namens S 4500 wurden durch das neue Projekt W 45 (= Werdau 4,5 Tonnen) abgelöst.
Um Wünschen von Militär- und einigen Exportkunden zu entsprechen, wurden Hauben- und Frontlenker-Fahrzeug zunächst parallel mit teilweise vereinheitlichten Kabinen-Pressteilen konzipiert. Auch der geplante Militär-Lkw G 5-3 war dabei zu berücksichtigen.

Erst massive Forderungen auf dem Bauernkongress 1962 nach allradgetriebenen Lastkraftwagen führten zur Entscheidung über die Serienproduktion des Lkw W 45. Aus wirtschaftlichen Gründen ließ man die Hauben-Variante fallen. Unter der Bezeichnung W 50 wurde die Nutzmasse 1963 auf 5 Tonnen erhöht. Zunächst kam der modifizierte Wirbelkammer-Diesel vom S 4000-1 mit 110 PS zum Einsatz.
Mit den geplanten Stückzahlen war das Werk Werdau jedoch überfordert. Im Dezember 1962 beschloss die DDR-Regierung darum die Serienfertigung im Industriewerk Ludwigsfelde, die 1965 schließlich aufgenommen wurde.

IFA W 45-Kipper-Prototyp in Haubenbauweise, 1961

IFA W 50 LA-Sattelzugmaschine mit Allrad-Antrieb, Prototyp in Frontlenkerbauweise, 1963

IFA H 6 (1952 – 1959)

Das IFA-Werk Horch, Zwickau, stellte den Schwerlastwagen IFA H 6 (= Horch 6 Tonnen) als Funktionsmuster erstmalig auf der Leipziger Frühjahrsmesse 1951 vor. Mit Unterstützung des Forschungs- und Entwicklungswerkes (FEW) Chemnitz und unter Nutzung von VOMAG-Know-how handelte es sich um eine Parallelentwicklung zum IFA H 3 A, wobei der Motor in Baukastenkonstruktion sechs statt vier Zylinder aufwies.
Allerdings reichten die Kapazitäten in Zwickau nicht aus, so dass der IFA H 6 ab 1952 in Werdau gebaut wurde. Dazu löste man die dortige Waggonfabrik aus dem LOWA-Verbund heraus und ordnete den Betrieb als VEB Kraftfahrzeugwerk »Ernst Grube« der IFA-Vereinigung zu.
Die Gesamtproduktionszahl des IFA H 6 betrug bis 1959 etwa 7.500 Einheiten. Meist handelte es sich dabei um Pritschenfahrzeuge. Es entstanden neben Kipper-Fahrgestellen aber auch einige Straßenzugmaschinen und Sattelschlepper u.a. für Omnibus- und Tankauflieger sowie für Fahrbüchereien. Das Werdauer Werk montierte auch verschiedene Spezialaufbauten, u.a. Werkstattwagen sowie Röntgen- und Ambulanzzüge
Als Weiterentwicklung des H 6 konzipierte das Werk in Werdau den Lkw L 6, den Frontlenker AZ 57 und das Niederrahmen-Fahrgestell N 7. Vom AZ 57 und vom N 7 wurde je ein Funktionsmuster gebaut, der L 6 kam nicht über die Konstruktionsphase hinaus. Durch die Übernahme des S 4000-1 von Zwickau wurden die Entwicklungen und die Serienproduktion des H 6 eingestellt.

	IFA H 6 Lkw (4 x 2) 1952 – 1959
Motor	Wirbelkammer-Dieselmotor
	EMaW 6–20 ab 1957 : EMbW 6–20
Zylinderzahl	6 (Reihe)
Bohrung x Hub	115 x 145 mm EMbW 6–20: 120 x 145 mm
Hubraum	9036 cm³ EMbW 6–20: 9840 cm³
Leistung	120 PS (88 kW) bei 2000 /min EMbW 6–20: 150 PS (110 kW) bei 2000 /min
Drehmoment	461 Nm bei 1000 /min EMbW 6–20: 559 Nm bei 1120 /min
Kühlung	Wasser
Elektr. Anlage	12 V, Lichtmaschine 300 W
Kraftübertragung	Hinterachs-Antrieb
Kupplung	Einscheiben-Trockenkupplung
Getriebe	5 + 1 Gänge unsynchronisiert, ab 1959 : synchronisiert
Achsantrieb	einfach übersetzte Hinterachse
Fahrwerk	U-Profil-Rahmen
Vorderradaufhängung	Starrachse, Blattfedern
Hinterradaufhängung	Starrachse, Blattfedern+Zusatzfedern
Lenkung	mechanisch
Bremsanlage	Allradbremse pneumatisch, Feststellbremse mechanisch
Allgemeine Daten	
Radstand	4500 mm
Spur	1920/1820 mm
Gesamtmaße	8000 x 2500 x 2425 mm (Höhe über Fahrerhaus)
Reifen	12,00–20
Bodenfreiheit	300 mm
Wagenmasse	6650 kg
Zuläss. Gesamtmasse	13.150 kg
Nutzmasse	6500 kg
Höchstgeschwindigkeit	54 km/h
Kraftstofftank	150 Liter

IFA H 6 Pritschenwagen, 1952 – 1959

IFA H 6 mit Muldenkipper-Aufbau der Firma Hunger / Frankenberg

IFA S 6 Sattelzugmaschine mit Doppelstock-Busauflieger

Prototyp AZ 57, VEB Fahrzeugwerk »Ernst Grube« Werdau, 1957 (keine Serienproduktion)

Prototyp N 7, VEB Fahrzeugwerk »Ernst Grube« Werdau, 1957 (keine Serienproduktion)

IFA G 5 (1953 – 1964)

Vom Fahrzeugentwicklungswerk (FEW) Chemnitz im militärischen Auftrag entwickelt, wurde der geländegängige Lkw G 5 ab 1953 im Fahrzeugwerk Werdau gefertigt. Dafür kamen Aggregate und Baugruppen des H 6 zum Einsatz. Ab 1957 wurde ein hubraumstärkerer Motor eingesetzt – das Fahrzeug hieß damit G 5-II. Bis 1964 sind etwa 10.000 Stück in einer Vielzahl von meist militärischen Aufbauvarianten produziert worden.

Für zivile Kunden wurde der G 5 als Pritschenwagen, mit Tank- und Werkstattaufbauten, sowie als Dreiseiten- und Muldenkipper angeboten. Für letzteren existierte ein Chassis mit verkürztem Radstand.

Von der Produktionseinstellung des H 6 sollte 1960 auch der G 5 betroffen sein. Das für den militärischen Bereich vom Kfz-Entwicklungswerk Hohenstein-Ernstthal entwickelte G-5-Nachfolgeprojekt G 5/3 wurde 1962 beendet.

Da aus dem Ostblock zu dieser Zeit aber kein vergleichbarer Allrad-Lkw mit Dieselmotor verfügbar war, lief die Produktion des G 5 auf Forderung der Armee bis 1964 in Werdau weiter.

	IFA G 5 / G 5-II Lkw (6 x 6) - Pritsche G 5 :1953-1956 G 5-II : 1957-1964
Motor	Wirbelkammer-Dieselmotor
	EMaW 6-20 (G 5-II: EMbW 6-20)
Zylinderzahl	6 (Reihe)
Bohrung x Hub	115 x 145 mm (120 x 145 mm)
Hubraum	9036 cm³ (9840 cm³)
Leistung	120 PS (88 kW) bei 2000 /min (auch EMbW 6-20 gedrosselt auf 120 PS/88 kW bei 2000 /min)
Drehmoment	461 Nm bei 1000 /min (538 Nm bei 1000 /min)
Kühlung	Wasser
Elektrische Anlage	12V, Lichtmaschine 500 W
Kraftübertragung	Allrad-Antrieb
Kupplung	Einscheiben-, später Zweischeiben-Trockenkupplung
Getriebe	Schaltgetriebe, unsynchronisiert, ab 1959 synchronisiert, 5 + 1 Gänge + 2-stufiges Verteilergetriebe
Achsantrieb	einfach übersetzte Hinterachsen
Fahrwerk	U-Profil-Rahmen
Vorderradaufhängung	Starrachse, Blattfedern
Hinterradaufhängung	Starrachsen, je Seite 2 Blattfedern
Lenkung	mechanisch
Bremsanlage	Allradbremse, pneumatisch, mechanische Feststellbremse
Allgemeine Daten	
Radstand	3800 + 1250 mm
Spur	1800/1750 mm
Gesamtmaße	7175 x 2500 x 3000 mm (Höhe über Plane)
Reifen	8.25-20
Bodenfreiheit	255 mm
Fahrzeugmasse	7850 kg (Mannschaftstransportwagen : 8400 kg)
Zuläss. Gesamtmasse	13.000 kg, im Gelände: 11.500 kg
Nutzmasse	5150 kg, im Gelände: 3650 kg
Höchstgeschwindigkeit	Straße: 60 km/h, (G 5-II: 72 km/h), Geländegang: 40 km/h, (G 5-II: 47 km/h),
Kraftstofftank	150 Liter

IFA G 5 bei der Erprobung im Gelände

IFA G 5 Werkstattwagen

IFA G 5 Tanklöschfahrzeug mit Mannschaftskabine

LOWA-Dampf-Zugmaschinen

Zur Frühjahrsmesse 1951 in Leipzig präsentierte die Firmengruppe LOWA eine dampfgetriebene Zugmaschine. Von Vorteil war die Unabhängigkeit von flüssigen Kraftstoffen und die Verwendung fester Brennstoffe wie Kohle und Koks.
Die Dampf-Zugmaschine ging auf eine Kriegsentwicklung der Sachsenberg-Werft in Roßlau zurück. Nach 1945 war das Projekt zunächst vom Ingenieurbüro Fritsch in Dresden weitergeführt worden. Das schließlich in Werdau gebaute 65-PS-Fahrzeug hatte Koksfeuerung und war für längere Zeit zu Versuchszwecken beim Institut für Schienenfahrzeuge im Einsatz.
Im LOWA-Konstruktionsbüro wurde 1951 auch eine 125-PS-Straßenzugmaschine mit Braunkohlenbrikettfeuerung entwickelt, die dann im LOWA-Werk in Vetschau/Lausitz gebaut wurde. Der Einsatz im Straßenverkehr scheiterte jedoch am gefährlichen Funkenflug, der nicht zu beherrschen war.
Offensichtlich entsprachen die praktischen Erfahrungen mit beiden Ausführungen nicht den hohen Erwartungen, so dass eine Serienfertigung nie zustande kam.

65-PS-Dampf-Zugmaschine, LOWA Werdau, 1951

Omnibusse und Obusse aus Werdau, Bautzen und Gera

Omnibusse und Obusse aus Werdau

Die 1898 gegründete Sächsische Waggonfabrik Werdau befasste sich ursprünglich mit der Herstellung von Eisenbahn- und Straßenbahnwagen. Ab 1924 kamen Omnibus-Aufbauten hinzu, wobei das Werk 1927 die erste Ganzstahlkonstruktion auf einem Fahrgestell von Vomag zeigte.
Auch nach 1945 entstanden wieder Obus- und Omnibus-Aufbauten, die auf noch vorhandenen Fahrgestellen, u.a. von Henschel, montiert wurden. Insgesamt entstanden so in Werdau bis 1949 etwa 40 Obusse der Normgrösse II. Da die Anzahl der noch verfügbaren Fahrgestelle begrenzt war, wurden Fahrzeuge in der Normgröße I mit selbsttragender Stahl-Leichtbauweise entwickelt und erstmals als Typ W 600 zur Leipziger Messe 1950 gezeigt.
Unter der Bezeichnung W 601 gab es 1950/51 einen Normgröße-II-Obus mit elektrischer Ausrüstung vom VEB LEW Hennigsdorf. Durch Modifizierung des Aufbaues entstand daraus der Typ W 602. Die ersten Fahrzeuge hatten noch Vomag-Vorderachsen aus Restbeständen und wurden nach Warschau geliefert. Mit Werdauer Vorderachsen entstand danach der W 602a-Obus für die DDR. Wegen mangelnder Kapazität in Werdau wurde die Fertigung des W 602a ab 1956 zum LOWA-Werk Ammendorf verlagert.
Der Kraftverkehr der DDR hatte ab 1949 einen dringenden Bedarf an Omnibusse signalisiert. Im Jahr 1951 entstand daraufhin der Bus-Typ W 500 mit Maybach-Motoren, Vomag-Getrieben und Vorderachsen aus noch vorhandenen Beständen. Im Jahr 1952 wurden 35 der W 500-Busse nach Berlin geliefert.
Bis 1953 sind insgesamt 63 Busse montiert worden. Als dann die Aggregatbestände aufgebraucht waren, standen nur noch Baugruppen des Lkw H 6 zur Verfügung. Deshalb musste das Projekte eines schweren Busses (W 180) letztlich fallengelassen werden, und das Werk Werdau konzentrierte sich voll auf den Typ H 6 B.
Eine Besonderheit der Werdauer Busproduktion waren die acht Doppelstock-Sattelauflieger (DoSa), die zusammen mit modifizierten H 6-Sattelzugmaschinen (Typ S 6) ab 1953 nach Berlin geliefert wurden. Ein Einzelstück blieb 1955 die Obus-Sattelzugmaschine ES 6, die aus dem W 602a abgeleitet worden war.

W 500 Omnibus, LOWA Werdau, 1951

W 600 Obus, LOWA Werdau, 1950 – 1951

W 602 Obus, LOWA Werdau, Exportausführung für Warschau, 1951

IFA H 6 B Omnibus (1954 – 1959)

Da aus DDR-Fertigung für schwere Nutzfahrzeuge nur die Aggregate des Lkw IFA H 6 zur Verfügung standen, konstruierte das Werk Werdau unter deren Nutzung 1952 den Bustyp W 501 mit selbsttragendem Aufbau.

Mit der Serienbezeichnung H 6 B wurde dieser Bus ab 1954 in Werdau in den Varianten Stadtlinienbus (H 6 B/S), Linienbus (H 6 B/L) und Reisebus (H 6 B/R) gefertigt. In Einzelfertigung entstand auch ein Konferenzbus.

Weil die Lkw-Produktion die Werdauer Werkskapazitäten voll beanspruchte, erfolgte auch die Montage des H 6 B in den Jahren 1955/56 bei LOWA Ammendorf. Qualitätsprobleme und Vertragsstreitigkeiten führten ab 1957 zur erneuten Produktionsverlagerung nach Werdau. Insgesamt sind in Werdau und Ammendorf 1.910 Busse des Typs H 6 B montiert worden, Allein im letzten Produktionsjahr (1959) waren es 405 Einheiten.

Infolge der Umprofilierung des Werkes Werdau und im Hinblick auf die Spezialisierungsempfehlungen des RGW wurde nach der Einstellung der Fertigung des Lkw H 6 Ende 1959 auch die Montage des Busses H 6 B aufgegeben.

	IFA H 6 B Omnibus 1954 – 1959
Motor	Wirbelkammer-Dieselmotor
	EMaW 6–20 (ab 1957 : EMbW 6–20)
Zylinderzahl	6 (Reihe)
Bohrung x Hub	115 x 145 mm (120 x 145 mm)
Hubraum	9036 cm³ (9840 cm³)
Leistung	120 PS (88 kW) bei 2000 /min
	(150 PS (110 kW) bei 2000 /min)
Drehmoment	461 Nm bei 1000 /min (559 Nm bei 1120 U/min)
Kühlung	Wasser
Elektr. Anlage	12 V, Lichtmaschine 700 W
Kraftübertragung	Hinterachs-Antrieb
Kupplung	Ein- (Zwei-)scheiben-Trockenkupplung
Getriebe	5 + 1 Gänge unsynchronisiert, ab 1959 : synchronisiert
Achsantrieb	einfach übersetzte Hinterachse
Fahrwerk	Selbsttr.
	Ganzstahlkarosserie
Vorderradaufhängung	Starrachse, Blattfedern
Hinterradaufhängung	Starrachse, Blattfedern+Zusatzfedern
Lenkung	mechanisch
Bremsanlage	Allradbremse pneumatisch, eststellbremse mechanisch
Allgemeine Daten	
Radstand	4900 mm
Spur	2028/1820 mm
Gesamtmaße	9830 x 2500 x 2800 mm Gepäckgalerie + 210 mm
Reifen	11,00–20
Bodenfreiheit	210 mm
Wagenmasse	8500 kg
Zuläss. Gesamtmasse	12.650 kg
Sitzplätze/Stehplätze	35/16 (H6B/L)
	26/31 (H6B/S)
Höchstgeschwindigkeit	66 km/h (H6B/S)
	80 km/h (H6B/L)

IFA H 6 B/L Omnibus, Linienausführung, 1954 – 1959

IFA H 6 B/S Omnibus, Stadtlinienausführung, 1954 – 1959

Omnibusse aus Bautzen

Der traditionsreiche Betrieb VEB LOWA Waggonbau Bautzen (vormals Busch AG) fertigte 1952 bis 1953 insgesamt 180 leichte Frontlenker-Omnibusse. Sie basierten auf dem Tiefrahmen-Chassis H 3 B aus Zwickau.
Allerdings war der Bus auf Grund seiner geringen Innenhöhe nicht für Stehplätze zugelassen, und die Getriebeschaltung bereitete Schwierigkeiten. Diese konstruktive Schwächen führten letztlich zur Einstellung der Fertigung. Außerdem standen damals die ersten Import-Busse in dieser Größenklasse vom ungarischen Typ Ikarus 30 zur Verfügung.
In Zusammenarbeit mit der Berliner Verkehrs-Gesellschaft (BVG) wurden darüber hinaus von 1956 bis 1959 die Doppelstockbusse DO 54 und DO 56 gebaut. Sie nutzten die Aggregate des Lkw H 6. Vom DO 54 mit Holz-/Stahl-Aufbau entstanden 79 Einheiten. Der DO 56 hatte einen Stahlaufbau und wurde 105 mal nach Berlin geliefert. Auch in anderen DDR-Städten und versuchsweise sogar in Moskau waren einige DO-Busse im Einsatz.

H 3 B Omnibus, LOWA Bautzen, 1952 – 1953

DO 56 Doppelstockbus, LOWA Bautzen, 1957

Fritz Fleischer Karosserie- und Fahrzeugfabrik

VEB Karosseriebau Gera

Im Jahre 1927 gründete Fritz Fleischer in Gera eine Firma für Stellmacherei und Wagenbau, die ab 1939 als »Fritz Fleischer Karosserie- und Wagenbau" firmierte. Ab 1946 wurden wieder Fahrzeuge repariert und gebrauchte VW-Kübel-Chassis mit Pkw- und Kleinbusaufbauten versehen.
Der erste Omnibus folgte 1947 auf einem Van-Twist-Fahrgestell. Von nun an bestimmten zunehmend Omnibusaufbauten auf gebrauchten Lkw-Fahrgestellen das Fertigungsprogramm. Eine Ausnahme blieben einige Busse, die im Auftrag der sowjetischen Besatzungsmacht auf neue französische Matford-Chassis aufgebaut wurden. Der erste Bus-Ganzstahlaufbau erfolgte 1954 auf einem Opel-Blitz.
Die Bus-Entwicklung bei der Firma Fleischer wurde von 1946 bis 1959 durch den Konstrukteur Martin Seibold geprägt, der dann zu Kässbohrer wechselte.
Kurz vorher, im Oktober 1958, sah sich Fritz Fleischer durch die den privaten Firmen gegenüber praktizierte restriktive Wirtschaftspolitik genötigt, einer staatlichen Beteiligung an seinem Unternehmen zuzustimmen und firmierte von da an als Kommanditgesellschaft.
Weil die gebrauchten Lkw-Fahrgestelle langsam zur Neige gingen, orientierten sich Fritz Fleischer und Martin Seibold dem konstruktiven Trend folgend auf selbsttragende Buskonstruktionen. Dies spiegelte sich auch in den nun folgenden Typenbezeichnungen wieder.
Erstes Modell ab 1959 war dann der S 1 mit den Achsen des S 4000-1 T.
Bestimmender für das Unternehmen war jedoch die Entscheidung, künftig die Baugruppen gebrauchter H 6 B-Omnibusse zu nutzen. Zuerst für die BVG in Berlin entstanden so ausgesprochen formschöne, gut ausgestattete Omnibusse mit Dachrandverglasung aus Piacryl, das allerdings aus Westdeutschland bezogen werden musste. Als Hinweis auf die Verwendung gebrauchter Baugruppen fügte man in der Typbezeichnung das Kürzel RU (= Reparatur-Umbau) ein.
Als Stadtbus-Variante des S 2 wurden für Berlin einige wenige Ausführungen mit Falttüren und ohne Dachrandverglasung montiert.
Durch einen größeren Auftrag zum Aufbau von Roentgenzügen für die Sowjetunion wurde die Busfertigung bis 1965 für zwei Jahre unterbrochen. Danach legte man den Typ S 2 RU wieder auf, allerdings in einer veränderten äußeren Form. Der Zeitgeschmack hatte sich geändert, und die Dachrand-Scheiben standen nicht mehr zur Verfügung. Somit gestaltete man die Seitenscheiben höher und das Dach flacher.
Als dann die Baugruppen des Lkw IFA W 50 zur Verfügung standen, wollte Fritz Fleischer ab Ende der

S 1 Omnibus, Fritz Fleischer KG Gera, 1959

60er-Jahre wieder in die 9-m-Bus-Klasse. Ab 1970 wurde der Typ S 4 mit Antriebs- und Fahrwerkstechnik aus Ludwigsfelde aufgelegt. Da aber offiziell Fertigung und Import des Ikarus 211 – der ebenfalls die W 50-Technik nutzte – bevorstand, endete die S-4-Montage bereits 1973.

Bereits im April 1972 war die Firma von Fritz Fleischer im Rahmen einer DDR-weiten Kampagne in »Volkseigentum" überführt worden. Sie hieß ab sofort VEB Karosseriebau Gera. Fritz Fleischer, zuerst noch Direktor seines ehemaligen Betriebes, verließ Ende Oktober 1973 das Unternehmen.

Allerdings war noch unter Fritz Fleischers Verantwortung im Jahr 1973 der 12-m-Typ S 5 entstanden. Hier kamen Achsen aus der Ikarus-Fertigung zum Einsatz, weil die Baugruppen des H 6 B zur Neige gingen. Zulieferungen für Fahrzeugbau und Instandsetzungen von Ikarus-Bussen bestimmten künftig das Produktionsprofil des Geraer Betriebes, so dass sich der Aufbau von S-5-Bussen in Grenzen hielt. Für die aus Kundenmaterial montierten Fahrzeuge wurde auch wieder der frühere Zusatz RU verwendet.

Am 1. September 1989 starb Fritz Fleischer, sein ehemaliger Betrieb wurde 1990 liquidiert. Damit endete die Geschichte des ehemals einzigen privaten Omnibus-Produzenten in der DDR.

S 2 RU Omnibus, Fritz Fleischer KG Gera, 1970

Fritz Fleischer Fahrzeugbau / VEB Karosseriebau Gera
Busse mit selbsttragendem Aufbau und Heckmotor

Typ	Herstellung	
S 1	1959 - 1962	9 m Länge, 32 Sitzplätze, Achsen u.a. Teile des IFA S 4000-1 T, Motor Schönebeck EM L 4-20, luftgekühlt, Herstellung : 11 Stück
S 2 RU (Bauform 1)	1960 – 1963	11 m Länge, 40 - 42 Sitzplätze, unter Nutzung gebrauchter Achsen, Motoren u.a. Teile des IFA H 6 B, später auch luftgekühlte Motoren aus Schönebeck,
S 2 RU (Bauform 2)	1965 – 1971	zwei versch. Aufbauformen - abgerundet mit Dachrandverglasung (1960 – 1963), - flaches Dach mit höheren Seitenscheiben ohne Dachrandverglasung (1965 - 1971) Herstellung : 142 Stück
S 3	1961	11 m Länge, 27 Sitz- und 40 Stehplätze, Stadtbusausführung des S 2 mit Falttüren, Herstellung : 6 Stück
S 4	1970 – 1973	9,5 m Länge, 39 Sitzplätze, Antriebs- und Fahrwerkstechnik des IFA W 50, Herstellung : 51 Stück
S 5 S 5 RU	1973 – 1990	12 m Länge, 48 Sitzplätze, Achsen von Ikarus, ab 1986 luftgefedert, Motor Schönebeck, 190 PS / 200 PS, wasser- oder luftgekühlt, verschiedene Ausführungen durch Nutzung von kundenseitig gelieferten Bauteilen (Bezeichnung S 5 RU) Herstellung : 296 Stück

Lastwagen und Omnibusse aus Zittau

Gegründet wurde die »Gustav Hiller AG« 1888 ursprünglich zur Fertigung von Textilmaschinen. Die Zweiradproduktion begann 1894, die des dreirädrigen Phänomobil ab 1907. Zwischen 1910 und 1926 enstanden auch Pkw.

Als Folgemodell des vor allem bei der Reichspost eingesetzten Phänomobil lief 1927 bis 1931 der Typ 4 RL. Er war der erste deutsche Lkw mit luftgekühltem Motor, als Nachfolger kam der Granit 25. Es folgten ab 1936 der Granit 30 und ab 1941 der Typ 1500 S. Nach totaler Demontage und Enteignung 1945/1946 gab es einen Neubeginn in Form von Kraftfahrzeug-Reparaturen für die Rote Armee. 1948 erfolgte die Eingliederung in die IFA-Vereinigung Volkseigener Fahrzeugwerke als Werk Phänomen Zittau.

IFA Phänomen Granit 27 (1949 – 1953)

IFA Phänomen Granit 30 K (1953 – 1956)

IFA Phänomen Granit 32 (1953 – 1956)

Robur Garant 30 K (1956 – 1961)

Robur Garant 32 (1956 – 1961)

Auf der Leipziger Frühjahrsmesse 1948 stellte man den bereits während des Krieges gebauten Phänomen 1500 S aus. 1949 konnte die Produktion dieses Typs mit 2 Tonnen Nutzmasse unter der Bezeichnung Granit 27 wieder beginnen. Ab 1953 stand wahlweise auch ein neu entwickelter, ebenfalls luftgekühlter Dieselmotor zur Verfügung (Granit 32).

Auf der Leipziger Herbstmesse 1953 erschien schließlich der Phänomen Granit unter der Bezeichnung 30 K (K = kopfgesteuert) mit einem größeren und stärkeren 3,0-Liter-Vergasermotor. Die modernisierte äußere Form des Lastkraftwagens ging aber erst ab im Jahr 1955 in Serie.

Nach einer Klage der enteigneten Besitzer wurde die Bezeichnung der Lkw-Typen am 1.Juli 1956 in »Garant" und die des Werkes ab 1. Januar 1957 in »VEB Robur" geändert. Die Modellreihe lief bis zum Jahre 1961.

Seit 1952 wurden besonders für den militärischen Bereich und für andere Einsatzfahrzeuge auch allradgetriebene Granit-/Garant-Ausführungen gefertigt.

IFA Phänomen Granit 27 Pritschenwagen, 1949 – 1953

IFA Phänomen Granit 27 Kastenwagen, 1949 – 1953

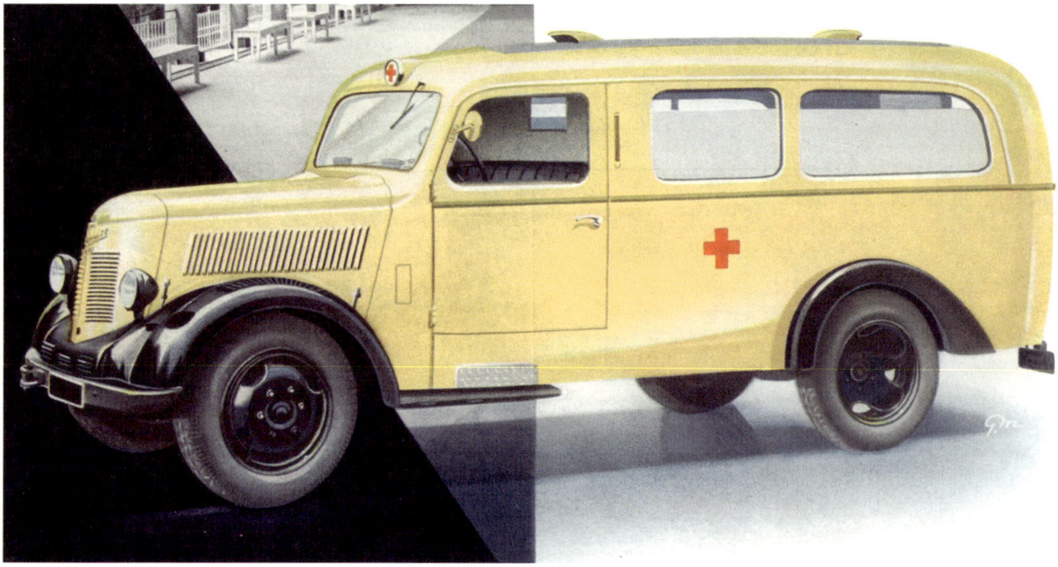

IFA Phänomen Granit 27 Krankenwagen, 1949 – 1953

IFA Phänomen Granit 27 Pritschenwagen, langer Radstand, 1951 – 1953

IFA Phänomen Granit 27 Omnibus, 1952

IFA Phänomen Granit 27 LF 8 Löschfahrzeug, 1952

IFA Phänomen Granit 30 K / 32 Pritschenwagen, 1955 – 1956

Robur Garant 30 K / 32 Pritschenwagen, 1956 – 1961

Robur Garant 30 K Krankenwagen, 1956 – 1961

Robur Garant 30 K / 32 Kastenwagen mit Aufbau vom VEB Karosseriewerk Halle, 1956 – 1961

	IFA Phänomen Granit 27 Lkw (4 x 2 1949 – 1953				
Motor	Vergasermotor				
	Phänomen Granit 27				
Zylinderzahl	4 (Reihe)				
Bohrung x Hub	85 x 118 mm				
Hubraum	2678 cm³				
Leistung	50 PS (37 kW) bei 2800 /min				
Drehmoment	157 Nm bei 1500 /min				
Kühlung	Luft				
Elektr. Anlage	12 V, Lichtmaschine 130 W				
Kraftübertragung	Hinterrad-Antrieb				
Kupplung	Einscheiben-Trockenkupplung				
Getriebe	4 + 1 Gänge, unsynchronisiert				
Achsanrieb	einfach übersetzte Hinterachse				
Fahrwerk	U-Profil-Rahmen				
Vorderradaufhängung	Starrachse, Blattfedern				
Hinterradaufhängung	Starrachse, Blattfedern				
Lenkung	mechanisch				
Bremsanlage	Allradbremse hydraulisch, mechanische Feststellbremse				
Allgemeine Daten	Pritschenwagen-	Pritschenwagen (lang)	Kastenwagen	Krankenwagen	Omnibus
Radstand	3270 mm	3770 mm	3270 mm	3270 mm	3270 mm
Spur	1500/1450 mm	1500/1450 mm	1500/1450 mm	1500/1618 mm	1500/1450 mm
Gesamtmaße	5490 x 1980 x 2085 mm (Höhe üb. Fahrerhaus)	5990 x 1980 x 2085 mm (Höhe üb. Fahrerhaus)	5400 x 1920 x 2325 mm	5400 x 1920 x 2350 mm	6100x2080 x 2600 mm
Reifen	6,50-20	6,50-20	6,50-20	7,00-20	6,50-20
Bodenfreiheit	230 mm	230 mm	230 mm	230 mm	230 mm
Fahrzeugmasse	2070 (Diesel + 320) kg	2100 (Diesel + 290) kg	2240 (Diesel + 290) kg	2450 kg	3120 kg
Zuläss. Gesamtmasse	4070 (Diesel + 320) kg	4130 (Diesel + 290) kg	4100 (Diesel + 300) kg	3000 kg	4420 kg
Nutzmasse	2000 kg	1950 kg	1860 (Diesel 1850) kg	550 kg	1300 kg, 18 Sitze
Höchstgeschwindigkeit	80 km/h	80 km/h	80 km/h	80 km/h	80 km/h
Kraftstofftank	72 Liter	72 Liter	72 Liter	72 Liter	72 Liter

Robur Garant 30 K Mehrzweckfahrzeug, 1959 – 1961

	IFA Phänomen Granit 30 K Lkw (4 x 2) 1953 – 1956	IFA Phänomen Granit 32 Lkw (4 x 2) 1953 – 1956
Motor	Vergasermotor	Wirbelkammer-Dieselmotor
	Phänomen Granit 30 K	Phänomen Granit 32
Zylinderzahl	4 (Reihe)	4 (Reihe)
Bohrung x Hub	90 x 118 mm	90 x 125 mm
Hubraum	3000 cm³	3181 cm³
Leistung	55 PS (40 kW) bei 2600 /min	52 PS (38 kW) bei 2600 /min
Drehmoment	181 Nm bei 1600 /min	159 Nm bei 2000 /min
Kühlung	Luft	Luft
Elektr. Anlage	12 V, Lichtmaschine 130 W	12 V, Lichtmaschine 300 W
Kraftübertragung	Hinterachs-Antrieb	Hinterachs-Antrieb
Kupplung	Einscheiben-Trockenkupplung	Einscheiben-Trockenkupplung
Getriebe	4 + 1 Gänge, unsynchronisiert	4 + 1 Gänge, unsynchronisiert
Achsantrieb	einfach übersetzte Hinterachse	einfach übersetzte Hinterachse
Fahrwerk	U-Profil-Rahmen	U-Profil-Rahmen
Vorderradaufhängung	Starrachse, Blattfedern	Starrachse, Blattfedern
Hinterradaufhängung	Starrachse,Blattfedern + Zusatzfedern	Starrachse,Blattfedern + Zusatzfedern
Lenkung	mechanisch	mechanisch
Bremsanlage	Allradbremse, hydraulisch, mechanische Feststellbremse	Allradbremse, hydraulisch, mechanische Feststellbremse

Allgemeine Daten	Pritschenwagen	Pritschenwagen (lang)	Kastenwagen	Krankenwagen	Omnibus
	Granit 30 K und 32	Granit 30 K und 32	Granit 30 K und 32	Granit 30 K	Granit 30 K und 32
Radstand	3270 mm	3770 mm	3270 mm	3270 mm	3770 mm
Spur	1500/1450 mm	1500/1450 mm	1500/1450 mm	1500/1618 mm	1500/1450 mm
Gesamtmaße	5490 x 1970 x 2060 mm (Höhe üb. Fahrerhaus)	5990 x 1970 x 2060 mm (Höhe üb. Fahrerhaus)	5400 x 1920 x 2325 mm	5400 x 1920 x 2350 mm	6100 x 2080 x 2600 mm
Reifen	6,50-20	6,50-20	6,50-20	7,00-20	6,50-20
Bodenfreiheit	230 mm	230 mm	230 mm	230 mm	230 mm
Fahrzeugmasse	2170	2250 (Diesel + 220) kg	2400 (Diesel + 200) kg	2570 kg	2980 (Diesel + 170) kg
Zuläss. Gesamtmasse	4170 (Diesel + 220) kg	4220 (Diesel + 200) kg	4220 (Diesel + 200) kg	3050 kg	4280 (Diesel + 170) kg
Nutzmasse	2000 kg	1950 kg	1820 kg	480 kg	1300 kg, 18 Sitze
Höchstgeschwindigkeit	80 km/h	78 km/h	80 km/h	80 km/h	80 km/h
Kraftstofftank	72 Liter	72 Liter	72 Liter	72 Liter	72 Liter

Robur Garant 30 K Omnibus, 1956 – 1961

	Robur Garant 30 K Lkw (4 x 2) 1956 – 1961	Robur Garant 32 Lkw (4 x 2) 1956 – 1961
Motor	Vergasermotor	Wirbelkammer-Dieselmotor
	Robur Garant 30 K	Robur Garant 32
Zylinderzahl	4 (Reihe)	4 (Reihe)
Bohrung x Hub	90 x 118 mm	90 x 125 mm
Hubraum	3000 cm³	3181 cm³
Leistung	60 PS (44 kW) bei 2800 /min	52 PS (38 kW) bei 2600 /min
Drehmoment	176 Nm bei 1800 /min	159 Nm bei 2000 /min
Kühlung	Luft	Luft
Elektr. Anlage	12 V, Lichtmaschine 130 W	12 V, Lichtmaschine 500 W
Kraftübertragung	Hinterachs-Antrieb	Hinterachs-Antrieb
Kupplung	Einscheiben-Trockenkupplung	Einscheiben-Trockenkupplung
Getriebe	4 + 1 Gänge, unsynchronisiert	4 + 1 Gänge, unsynchronisiert
Achsantrieb	einfach übersetzte Hinterachse	einfach übersetzte Hinterachse
Fahrwerk	U-Profil-Rahmen	U-Profil-Rahmen
Vorderradaufhängung	Starrachse, Blattfedern	Starrachse, Blattfedern
Hinterradaufhängung	Starrachse, Blattfedern+ Zusatzfedern	Starrachse, Blattfedern+ Zusatzfedern
Lenkung	mechanisch	mechanisch
Bremsanlage	Allradbremse hydraulisch, mechanische Feststellbremse	Allradbremse hydraulisch, mechanische Feststellbremse

Allgemeine Daten	Pritschenwagen	Kastenwagen	Kofferwagen	Krankenwagen	Omnibus
	Garant 30 K und 32	Garant 30 K und 32	Garant 30 K und 32	Garant 30 K	Garant 30 K
Radstand	3770 mm	3770 mm	3770 mm	3270 mm	3770 mm
Spur	1500/1450 mm	1500/1450 mm	1500/1450 mm	1500/1618 mm	1500/1450 mm
Gesamtmaße	6000 x 1990 x 2150 mm	6050 x 2100 x 2550 mm	6140 x 2100 x 2490 mm	5400 x 1920 x 2350 mm	6100 x 2080 x 2650 mm
Reifen	6,50-20	6,50-20	6,50-20	7,00-20	6,50-20
Bodenfreiheit	230 mm	230 mm	230 mm	230 mm	230 mm
Fahrzeugmasse	2250 (Diesel 2470) kg	2620 (Diesel 2820) kg	2620 (Diesel 2820) kg	2570 kg	2980 kg
Zuläss. Gesamtmasse	4200 (Diesel 4420) kg	4220 (Diesel 4420) kg	4220 (Diesel 4420) kg	3050 kg	4280 kg
Nutzmasse	1950 kg	1600 kg	1600 kg	480 kg	1300 kg, 18 Sitze
Höchstgeschwindigkeit	80 km/h	80 km/h	80 km/h	78 km/h	78 km/h
Kraftstofftank	72 Liter	72 Liter	72 Liter	72 Liter	72 Liter

Robur LO 2500 Omnibus Prototyp (1956 – 1960)

Im Laufe des Jahres 1956 fertigten Robur und das Karosseriewerk Halle den ersten Funktionsträger des neuen Robur LO 2500 Omnibus. Dieses Fahrzeug wurde als Prototyp auf der Leipziger Messe 1957 gezeigt und erfuhr eine große Resonanz.

Gegenüber der bisherigen Hauben-Bauweise wurde damit von Robur erstmals ein zeitgemäßes Frontlenker-Konzept realisiert. Der von 1956 bis 1960 in nur sechs Einheiten gebaute Omnibus war Vorläufer der neuen Modellreihe LO 2500, die ab 1961 in Serie ging.

Die Prototypen besaßen schon die neue Aufbauform und ein Fünfgang-Synchrongetriebe, aber anfangs noch den Typen-Schriftzug des Garant. Allerdings waren die Busse 30 cm kürzer als die spätere LO-Serienausführung und hatten vier Sitzplätze weniger. Einer der Prototypen wurde mit einer 16-sitzigen Luxusbestuhlung ausgestattet.

Die beiden ersten Prototypen erhielten noch den 60-PS-Vergaser-Motor des Garant (Typ 30 K), die restlichen vier Omnibusse das neue Antriebsaggregat vom Typ LO4 (mit 70 PS), das dann auch bei der Serienausführung der Baureihe LO 2500 zum Einsatz kam.

	Robur LO 2500 - Prototyp Omnibus 1956 – 1960
Motor	Vergasermotor
	Garant 30 K bzw. LO4
Zylinderzahl	4 (Reihe)
Bohrung x Hub	Garant 30 K : 90 x 118 mm LO4 : 95 x 118 mm
Hubraum	Garant 30 K : 3000 cm³ LO4 : 3346 cm³
Leistung	Garant 30 K : 60 PS (44 kW) bei 2800 /min LO4 : 70 PS (52 kW) bei 1900 /min
Drehmoment	Garant 30 K : 181 Nm bei 1600 /min LO4 : 220 Nm bei 1900 /min
Kühlung	Luft
Elektr. Anlage	12 V, Lichtmaschine 130 W
Kraftübertragung	Hinterachs-Antrieb
Kupplung	Einscheiben-Tockenkupplung
Getriebe	teilsynchronisiert, 5 + 1 Gänge
Achsantrieb	einfach übersetzte Hinterachse
Fahrwerk	U-Profil-Rahmen
Vorderradaufhängung	Starrachse, Blattfedern Teleskopstoßdämpfer
Hinterradaufhängung	Starrachse, Blattfedern Teleskopstoßdämpfer
Lenkung	mechanisch
Bremsanlage	Allradbremse hydraulisch, mechanische Feststellbremse
Allgemeine Daten	
Radstand	3270 mm
Spur	1580/1530 mm
Gesamtmaße	6470 x 2250 x 2570 mm
Reifen	6,50–20
Bodenfreiheit	230 mm
Sitzplätze	16 + 1
Höchstgeschwindigkeit	80 km/h
Kraftstofftank	72 Liter

Robur LO 2500 Omnibus-Prototyp, 1956 – 1960

Robur LO 2500 (1961 – 1964)

Robur LD 2500 (1964)

Robur LO 2501 (1965 – 1973)

Robur LD 2501 (1965 – 1973)

Ein erster Pressebericht über Prototypen der neuen Robur-Frontlenker-Lkw erschien im Dezember 1959. Die offizielle Vorstellung des LO 2500 erfolgte anlässlich der Leipziger Frühjahrsmesse 1961. Die ersten Serienfahrzeuge erhielt die DDR-Volksarmee.
Dem Pritschenwagen folgten neben dem Omnibus (mit Aufbau aus dem VEB Karosseriewerk Halle) die verschiedensten Spezialvarianten, wie ein Kofferaufbau ab Herbst 1962, ein Mehrzweckwagen ab 1963 und ein Kastenwagen ab 1964. Das Angebot an Sonderaufbauten wurde in Zusammenarbeit mit verschiedenen Herstellern permanent erweitert.
Unter der Bezeichnung LD 2500 konnte ab 1964 wahlweise auch ein Dieselmotor geordert werden.
Ab Frühjahr 1965 erfuhren die bisherigen Modelle eine Überarbeitung, bezeichnet als LO/LD 2501. Die Frontgestaltung wurde aus technologischen Gründen vereinfacht. Die Türen der Fahrerkabine waren nun generell vorn angeschlagen.
Beim Kastenwagen, beim Mehrzweckwagen und beim Omnibus wurde der Motor nach vorn verlegt. Und der Omnibus erhielt nun 21 statt 18 Sitze sowie dank eines anderen Dachs 1850 mm Stehhöhe. Aus Kostengründen wurde auf die aufwendige Dachrandverglasung verzichtet.
In den Jahren 1964 bis 1966 lieferte Robur 500 Pritschen-Lkw LO 2500 und 1.000 Omnibusse LO 2500/B29 mit Rechtslenkung als Teilesätze nach Indonesien, die in einem Werk in Surabaja montiert wurden. Diese Busse verfügten über 29 Sitzplätze und eine zusätzliche hintere Einstiegstür.

Robur LO 2500 Pritschenwagen 2,5 t, 1961 – 1964

Robur LO 2500 Kofferwagen, 1962 – 1964

Robur LO 2500 Kastenwagen, 1964

Robur LO 2500 mit Drehleiter-Aufbau, 1962 – 1964

Robur LO 2500 Reiseomnibus 18 Sitze, 1961 – 1964

Robur LO 2501 / Robur LD 2501 Pritschenwagen 2,5 t, 1965 – 1973

Robur LO 2501 / Robur LD 2501 Kofferwagen, 1968 – 1973

Robur LO 2501 A Bau- und Montagefahrzeug für Energiewirtschaft, 1968 – 1973

	Robur LO 2500 1961 – 1964 Robur LO 2501 1965 – 1973 Lkw (4 x 2) / Omnibus	**Robur LD 2500 1964 Robur LD 2501 1965 – 1973 Lkw (4 x 2) / Omnibus**
Motor	Vergasermotor 4 VO 11,8/9,5 SRL	Dieselmotor 4 VD 12,5/10 SRL
	Robur LO 4/1 (Typ 34)	Robur Typ 33
Zylinderzahl	4 (Reihe)	4 (Reihe)
Bohrung x Hub	95 x 118 mm	100 x 125 mm
Hubraum	3345 cm^3	3927 cm^3
Leistung	70 PS (52 kW) bei 2800 /min	70 PS (52 kW) bei 2600 /min
Drehmoment	216 Nm bei 1900 /min	216 Nm bei 1700 /min
Kühlung	Luft	Luft
Elektr.Anlage	12 V, Lichtmaschine 220 W. Omnibus: 12 V 500 W	12 V, Lichtmaschine 500 W
Kraftübertragung	Hinterachs-Antrieb	Hinterachs-Antrieb
Kupplung	Einscheiben-Trockenkupplung	Einscheiben-Trockenkupplung
Getriebe	teilsynchronisiert, 5 + 1 Gänge	teilsynchronisiert, 5 + 1 Gänge
Achsantrieb	einfach übersetzte Hinterachse	einfach übersetzte Hinterachse
Fahrwerk	U-Profil-Rahmen	U-Profil-Rahmen
Vorderradaufhängung	Starrachse, Blattfedern, Teleskop-Stoßdämpfer	Starrachse, Blattfedern, Teleskop-Stoßdämpfer
Hinterradaufhängung	Starrachse, Blattfedern + Zusatzfedern, Teleskop-Stoßdämpfer	Starrachse, Blattfedern + Zusatzfedern, Teleskop-Stoßdämpfer
Lenkung	mechanisch	mechanisch
Bremsanlage	Allradbremse, hydraulisch, mechanische Feststellbremse	Allradbremse, hydraulisch, mechanische Feststellbremse

Allgemeine Daten	Pritschenwagen	Kofferwagen	Kastenwagen	Mehrzweckwagen	Omnibus
Radstand	3025 mm	3025 mm	3270 mm	3270 mm	3270 mm
Spur	1560/1530 mm	1560/1530 mm	1560/1530 mm	1560/1530 mm	1560/1530 mm
Gesamtmaße	6175 x 2385 x 2400 mm (Höhe üb. Fahrerhaus)	6040 x 2365 x 2960 mm (Höhe über Koffer)	6525 x 2365 x 2615 mm ab 1964: 6430 x 2325 x 2610 mm	6525 x 2365 x 2615 mm ab 1965: 6430 x 2325 x 2610 mm	6525 x 2365 x 2615 mm ab 1965: 6800 x 2370 x 2750 mm
Reifen	6,50-20	6,50-20	6,50-20	6,50-20	6,50-20
Bodenfreiheit	250 mm	250 mm	250 mm	250 mm	250 mm
Fahrzeugmasse	2700 (Diesel 2900) kg	3000 (Diesel 3200) kg	3250 (Diesel 3450) kg	3500 (Diesel 3700) kg	3670 (Diesel 3870) kg
Zuläss. Gesamtmasse	5200 (Diesel 5400) kg	5200 (Diesel 5400) kg	5200 (Diesel 5400) kg	5200 (Diesel 5400) kg	5200 (Diesel 5400) kg
Nutzmasse	2500 kg	2200 kg	1950 kg	1700 kg, 11 Sitze	1530 kg 18 Sitze, ab 1965:21 Sitze
Höchstgeschwindigkeit	85 km/h	85 km/h	85 km/h	80 km/h	80 km/h
Kraftstofftank	90 Liter:	90 Liter	90 Liter	90 Liter	90 Liter

Robur LO 3000 (1973 – 1984)

Robur LD 3000 (1982 – 1984)

Robur LO/LD 3001 (1985 – 1990)

Robur LO/LD 3002 (1983 – 1990)

Robur LD 3004 (1990 – 1991)

Die Baureihe LO 3000 bestimmte seit 1973 das Robur-Typenprogramm. Wesentliche Merkmale waren die Erhöhung der Nutzmasse, leistungsgesteigerte Motoren, Verstärkungen von Vorderachsen und Rahmen, eine Kugelumlauflenkung sowie eine verbesserte Bremsanlage. Ab 1982 wurde in Form des LD 3000 auch eine Variante mit Dieselmotor angeboten.

Unter der Bezeichnung LO/LD 3002 entstand 1983 hauptsächlich für den Export eine modifizierte Variante, gekennzeichnet durch Veränderungen an den Bremsen und am Fahrwerk, besonders jedoch durch den Einsatz kleinerer 16-Zoll-Scheibenräder mit Radialbereifung 7.50 R 16. Dadurch konnte der Beladevorgang erleichtert werden.

Während die Radialreifen von der DDR-Firma Pneumant seit 1975 gefertigt wurden, konnte der Zulieferbetrieb in Ronneburg die kleineren Felgen zunächst nicht liefern, so dass auf Importe zurückgegriffen werden musste.

Deshalb bot Robur seit 1985 unter der Bezeichnung LO/LD 3001 eine Variante mit den technischen Verbesserungen des LO/LD 3002, später ergänzt durch die Montage eines Unterfahrschutzes, aber ohne 16-Zoll-Räder und Radialreifen an.

Die Typenbezeichnung LD 3001 war bereits 1978/1979 für ein geplantes Montageprojekt in Indonesien vergeben worden. Neben der Rechtssteuerung sollten diese Lkw auch Deutz-Dieselmotoren vom Typ 4 FL 916 erhalten. Das Vorhaben scheiterte jedoch.

Es war nun geplant, ab 1990/1991 einen Typ LD 3003 anzubieten, bei dem das Verbrennungsverfahren des Dieselmotors 4VD12,5/10SRL auf Direkteinspritzung umgestellt werden sollte. Die Serienfertigung kam aber durch die politischen und wirtschaftlichen Veränderungen nicht mehr zustande.

Statt dessen beschaffte Robur luftgekühlte Deutz-Dieselmotoren und modifizierte ab 1990 die vorhanden Typen unter den Bezeichnungen LD 3004 und LD 2004 (Allrad-Ausführung). Bis zur Produktionseinstellung im Jahr 1991 wurden noch verschiedene Aufbauvarianten angeboten.

Die lange Laufzeit der optisch im Wesentlichen unveränderten Robur-Frontlenker-Baureihe darf jedoch nicht über den vorhandenen Innovationswillen und die Fähigkeiten der Zittauer Konstrukteure hinweg täuschen.

In den Jahren 1972 bis 1979 war unter der Bezeichnung O611/D609 parallel zum Ludwigsfelder L 60 eine neue Fahrzeuggeneration entwickelt worden.

Robur LO 3000 / 3001 KF/Pr Pritschenwagen, 1973 – 1990

Insgesamt 24 Funktionsmuster, davon sechs mit Allrad-Antrieb, wurden montiert. Dazu gehörten neben Pritschenfahrzeugen, auch Feuerlösch-, Koffer- und Bus-Aufbauten sowie Spezialausführungen für die Armee. Die wassergekühlten Vergaser- und Dieselmotoren lieferte das Motoren-Werk in Cunewalde, um künftig die Kapazitäten in Zittau für die Lkw-Montage zu erweitern.
Als Kabine sollte ein Einheitsfahrerhaus (Gestaltung: Dietel / Rudolph) zum Einsatz kommen, das auch für die Ludwigsfelder Lkw konzipiert war. Die problematische Realisierung der entsprechenden Fertigungskapazitäten führte 1979 zur Regierungsentscheidung zugunsten einer Kooperation mit Volvo. Die entsprechenden Prototypen wurden ebenfalls realisiert.
Allerdings führten die gesamtwirtschaftlichen Probleme der DDR im Jahr 1980 zum Abbruch des Projektes O611/D609 und der bereits begonnenen Serienüberleitung. Danach konzentrierte sich Robur auf die Modellpflege bei den vorhandenen Typen. Immerhin: Von 1950 bis 1990 sind insgesamt etwa 250.000 Phänomen-/Robur-Fahrzeuge gebaut worden.

Robur LO 3000 / 3001 Fr-3 M/K Kastenwagen, 1973 – 1990

Robur LO 3000 / 3001 KF/L-Ko Thermo-Isolierkofferfahrzeug, 1973 – 1990

Robur LO 3000 / 3001 Fr 2-M / B21 Omnibus, 1973 – 1990

Robur LO 3000 / 3001 Fr 2-M / Mz Mehrzweckwagen, 1973 – 1990

Robur LO 3000 / 3001 KF/St-Ko Kofferfahrzeug, 1973 – 1990

Robur LD 3002 KF / Pr Pritschenwagen, 1983 – 1990

Robur LD 3002 Fr M 5/Mz Mehrzweckfahrzeug, 1983 – 1990

Robur D 609 Prototyp mit 90-PS-Dieselmotor, 1978

	Robur LO 3000 / 3001 Lkw (4 x 2) / Omnibus 1973 – 1990			
Motor	Vergasermotor			
	Robur LO 4/2			
Zylinderzahl	4 (Reihe)			
Bohrung x Hub	95 x 118 mm			
Hubraum	3345 cm³			
Leistung	75 PS (55 kW) bei 2800 /min			
Drehmoment	225 Nm bei 1900 /min			
Kühlung	Luft			
Elektr. Anlage	12 V, Lichtmaschine 220 oder 500 W			
Kraftübertragung	Hinterachs-Antrieb			
Kupplung	Einscheiben-Trockenkupplung			
Getriebe	teil synchronisiert, 5 + 1 Gänge,			
Achsantrieb	einfach übersetzte Hinterachse			
Fahrwerk	Leiterrahmen			
Vorderradaufhängung	Starrachse, Blattfedern, Teleskop-Stoßdämpfer			
Hinterradaufhängung	Starrachse, Blattfedern mit Zusatzfedern, Teleskop-Stoßdämpfer			
Lenkung	mechanisch			
Bremsanlage	Allradbremse hydraulisch, Servohilfe, mechanische Feststellbremse			
Allgemeine Daten	Pritschenwagen	Kofferwagen	Mehrzweckwagen	Omnibus
Radstand	3025 mm	3025 mm	3270 mm	3270 mm
Spur	1560/1530 mm	1560/1530 mm	1560/1530 mm	1560/1530 mm
Gesamtmaße	6075 x 2405 x 2490 mm (Höhe über Fahrerhaus)	5950 x 2405 x 2960 mm (Höhe über Kofferaufbau)	6450 x 2405 x 2615 mm	6800 x 2405 x 2800 mm
Reifen	6,50-20	6,50-20	6,50-20	6,50-20
Bodenfreiheit	250 mm	250 mm	250 mm	250 mm
Fahrzeugmasse	2600 kg	3050 kg	3400 kg	3600 kg
Zuläss. Gesamtmasse	5700 kg	5750 kg	5700 kg	5250 kg
Nutzmasse	3100 kg	2650 kg	2300 kg	1650 kg
Sitzplätze				21
Höchstgeschwindigkeit	85 km/h	85 km/h	85 km/h	85 km/h
Kraftstofftank	90 Liter	90 Liter	90 Liter	90 Liter

Robur LD 3004 Pritschenfahrzeug mit Deutz-Dieselmotor, 1990 – 1991

	Robur LD 3000 / 3001 KF/Pr Lkw (4 x 2) 1982 – 1990	Robur LD 3002 KF/Pr Lkw (4 x 2) 1985 – 1990
Motor	Wirbelkammer-Dieselmotor	Wirbelkammer-Dieselmotor
	4 VD 12,5/10 SRL	4 VD 12,5/10 SRL
Zylinderzahl	4 (Reihe)	4 (Reihe)
Bohrung x Hub	100 x 125 mm	100 x 125 mm
Hubraum	3930 cm^3	3930 cm^3
Leistung	68 PS (50 kW) bei 2600 /min	68 PS (50 kW) bei 2600 /min
Drehmoment	216 Nm bei 1800 /min	216 Nm bei 1800 /min
Kühlung	Luft	Luft
Elektrische Anlage	12 V, Lichtmaschine 590 W	12 V, Lichtmaschine 500 W
Kraftübertragung	Hinterachs-Antrieb	Hinterachs-Antrieb
Kupplung	Einscheiben-Trockenkupplung	Einscheiben-Trockenkupplung
Getriebe	teilsynchronisiert, 5+1 Gänge	teilsynchronisiert, 5+1 Gänge
Achsantrieb	einfach übersetzte Hinterachse	einfach übersetzte Achsen
Fahrwerk	Leiterrahmen	Leiterrahmen
Vorderradaufhängung	Starrachse, Blattfedern, Teleskop-Stoßdämpfer	Starrachse, Blattfedern, Teleskop-Stoßdämpfer
Hinterradaufhängung	Starrachse, Blattfedern, Teleskop-Stoßdämpfer	Starrachse, Blattfedern, Teleskop-Stoßdämpfer
Lenkung	mechanisch	mechanisch
Bremsanlage	Allradbremse hydraulisch mechan. Feststellbremse	Allradbremse hydraulisch mechan. Feststellbremse
Allgemeine Daten	Pritschenwagen	Pritschenwagen
Radstand	3025 mm	3025 mm
Spur	1560 / 1530 mm	1593 / 1582 mm
Gesamtmaße	6075 x 2405 x 2435 mm	6075 x 2405 x 2420 mm
Reifen	6,50 - 20	7.50-16
Bodenfreiheit	250 mm	200 mm
Fahrzeugmasse	2900 kg	2825 kg
Zuläss. Gesamtmasse	5800 kg	5800 kg
Nutzmasse	2900 kg	2975 kg
Höchstgeschwindigkeit	80 km/h	81 km/h
Kraftstofftank	90 Liter	90 Liter

LO/LD 1800 A (1961 – 1964)

LO/LD 1801 A (1965 – 1973)

LO/LD 2002 A / 2202 A (1973 – 1990)

LD 2004 (1990 – 1991)

Bereits bei den Granit- und Garant-Fahrzeuge hatten Armee und Polizei allradgetriebene Ausführungen genutzt. Für den gleichen Kundenkreis sowie für die Feuerwehr, den Bergbaurettungsdienst und andere Einsatzkräfte fertigte Robur auch die entsprechenden Varianten bei den Frontlenker-Baureihen.

Abgesehen vom Allrad-Antrieb und verschiedenen Zusatzeinrichtungen entsprachen sie technisch den Basisausführungen. Speziell für den militärischen Einsatz wurden die Frontscheiben der Kabine modifiziert.

Die geringere Nutzmasse der Allradfahrzeuge drückte sich auch in den Typenbezeichnungen aus. Besonders für den Export in Entwicklungsländer wurden, teils als »Safari" bezeichnet, auch verschiedene Varianten mit Pritschen-, Bus- und Krankenwagenaufbauten angeboten, wobei auch die zivile Standard-Kabine zum Einsatz kam.

Letztes Allradbaumuster, wenn auch in bescheidenen Stückzahlen, war der Typ LD 2004 mit dem 73-PS-Deutz-Dieselmotor KHD F 4 L 912 F.

Robur LO 1800 A Gruben-Feuerwehr mit Allrad-Antrieb, 1961 – 1964

Robur LO 1801 A Löschgruppenfahrzeug mit Allrad-Antrieb, 1965 – 1973

Robur LD 2002 Safari AKF 3/Pr Pritschenfahrzeug mit Allrad-Antrieb, 1985 – 1990

Robur LD 2002 A Fr 6 /B-Tr Omnibus mit Allrad-Antrieb, 1983 – 1990

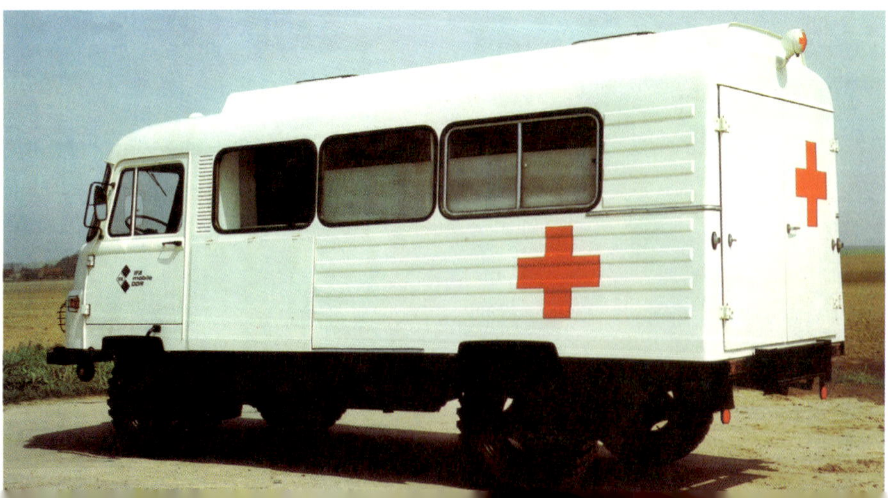

Robur LD 2002 A Fr 7 Mz S Krankenwagen mit Allrad-Antrieb, 1983 – 1990

Robur LO 2202 AKF/SPr Pritschenfahrzeug mit Allrad-Antrieb, 1973 – 1990

	Robur LO 2202 AKF/SPr Lkw (4 x 4) 1973 – 1990	Robur LD 2002 Safari AKF 3/St-M IV Lkw (4 x 4) 1985 – 1990
Motor	Vergasermotor	Wirbelkammer-Dieselmotor
	Robur LO 4/2	4 VD 12,5/10 SRL
Zylinderzahl	4 (Reihe)	4 (Reihe)
Bohrung x Hub	95 x 118 mm	100 x 125 mm
Hubraum	3345 cm³	3930 cm³
Leistung	75 PS (55 kW) bei 2800 /min	68 PS (50 kW) bei 2600 /min
Drehmoment	225 Nm bei 1900 /min	216 Nm bei 1800 /min
Kühlung	Luft	Luft
Elektrische Anlage	12 V, Lichtmaschine 500 W	12 V, Lichtmaschine 500 W
Kraftübertragung	Allrad-Antrieb	Allrad-Antrieb
Kupplung	Einscheiben-Trockenkupplung	Einscheiben-Trockenkupplung
Getriebe	teilsynchronisiert, 5+1 Gänge zweistufiges Verteilergetriebe	teilsynchronisiert, 5+1 Gänge zweistufiges Verteilergetriebe
Achsantrieb	einfach übersetzte Hinterachse	einfach übersetzte Achsen
Fahrwerk	Leiterrahmen	Leiterrahmen
Vorderradaufhängung	Starrachse, Blattfedern, Teleskop-Stoßdämpfer	Starrachse, Blattfedern, Teleskop-Stoßdämpfer
Hinterradaufhängung	Starrachse, Blattfedern, Teleskop-Stoßdämpfer	Starrachse, Blattfedern, Teleskop-Stoßdämpfer
Lenkung	mechanisch	mechanisch
Bremsanlage	Allradbremse hydraulisch mechan. Feststellbremse	Allradbremse hydraulisch mechan. Feststellbremse
Allgemeine Daten	Pritschenwagen	Pritschenwagen
Radstand	3025 mm	3025 mm
Spur	1636 / 1664 mm	1636 / 1664 mm
Gesamtmaße	5400 x 2370 x 2550 mm	5435 x 2405 x 2560 mm
Reifen	10-20	10-20
Bodenfreiheit	275 mm	270 mm
Fahrzeugmasse	2850 kg	3150 kg
Zuläss. Gesamtmasse	5500 kg	5500 kg
Nutzmasse	2650 kg	2350 kg
Höchstgeschwindigkeit	80 km/h	80 km/h
Kraftstofftank	90 Liter	90 Liter

Lastwagen aus Ludwigsfelde

Der größte Lkw-Hersteller der DDR, das Automobilwerk Ludwigsfelde, wurde am Standort der ehemaligen Daimler-Benz-Flugmotorenfabrik in der Genshagener Heide bei Berlin errichtet. Dieses Werk war als Rüstungsbetrieb bombardiert worden, die Reste wurden komplett demontiert. Auf dem Gelände entstand ab 1952 das Industriewerk Ludwigsfelde.

Erste Produkte waren Schiffsdieselmotoren und die Diesel-Ameise, ein kleines Arbeitsfahrzeug, aus dem einige Jahre später der Multicar-Spezialfahrzeuge entstanden. Populärstes Erzeugnis des Industriewerkes waren aber die von 1954 bis 1963 gefertigten Motorroller. Gefertigt wurden daneben auch Maschinen, Schmiede- und Gußteile sowie als Übernahme vom Chemnitzer Wismut-Werk bis 1966 der Geländewagen P 3 für die Volksarmee.

Ursprünglich sollte das Industriewerk Ludwigsfelde die Serienfertigung des Turbinen-Strahltriebwerkes Pirna 014 für das Passagierflugzeug 152 übernehmen. Durch die im Jahr 1961 beschlossene Einstellung des Flugzeugbaues in der DDR standen diese Kapazitäten nun zur Verfügung. Man nutzte diesen Standort und die qualifizierten Arbeitskräfte für den Aufbau des neuen Autowerkes für die 1962 beschlossene Produktion des in Werdau entwickelten Lastwagens W 50. Der Betrieb wurde um eine große Montagehalle für die Pressenstraße, den Karosseriebau und die Fertigmontage erweitert.

IFA W 50 (1965 – 1990)

Am 17. Juli 1965 begann im nunmehr als VEB IFA-Automobilwerke Ludwigsfelde firmierenden Betrieb die Serienproduktion des W 50, zunächst als Pritschen-Lkw. Im ersten Produktionsjahr wurden hier 855, im zweiten 5.775 Lkw des Typs W 50 hergestellt.

Ab März 1966 kamen mit dem Dreiseitenkipper und dem Kofferwagen die ersten Varianten. 1967 folgte die sogenannte Speditionspritsche auf längerem Radstand und zur gleichen Zeit die Umstellung des Dieselmotors vom Wirbelkammerverfahren auf die Direkteinspritzung nach dem M-Verfahren der MAN. Hierfür hatte der VEB IFA Motorenwerk Nordhausen, der die Motoren für den IFA W 50 lieferte, eine Lizenz erworben.

Im Laufe der Jahre wurde das W 50-Programm ständig erweitert und die Konstruktion schrittweise verbessert. So wurde die Ratschenhandbremse 1969 durch eine Federspeicherbremse ersetzt, Mitte 1973 wich die Schneckenlenkung einer Kugelumlauflenkung, und ab 1974 wurde eine überarbeitete Bremsanlage eingebaut.

Der W 50 konnte in etwa 60 Varianten geordert werden. Mehr als 70 Prozent gingen in den Export. Kunden gab es nicht nur in den RGW-Ländern, sondern auch in Afrika, Asien und Lateinamerika. Ein nicht unbedeutender Teil wurde von den verschiedensten Armeen der Welt genutzt. Das Automobilwerk Ludwigsfelde avancierte so zum Devisenbringer.

Allerdings führte der starke Export zu erheblichen Lieferproblemen bei Lkw und Ersatzteilen im Inland. Der Kraftverkehr, das Bauwesen und die Landwirtschaft kämpften mit Verschleiß und Fahrzeugausfällen.

Bis 1990 liefen insgesamt 571.800 W 50-Lastwagen vom Band.

IFA W 50 L/S Sattelzug, Prototyp aus Werdauer Fertigung, 1963

IFA W 50 L Pritschenwagen,1965 – 1990

IFA W 50 L/Z Straßenzugmaschine, 1967 – 1989

IFA W 50 L/S mit Pritschenauflieger

IFA W 50 LA/Z 2SK5-ND Zweiseitenkipper mit Niederdruckbereifung

IFA W 50 L/FP Pritschenfahrzeug mit langem Fahrerhaus

IFA W 50 L/BT Bautruppfahrzeug mit 10-sitzigem Fahrerhaus

IFA W 50 LF 16 Löschgruppenfahrzeug

IFA W 50 LA/PVB-1-ND Allradfahrzeug mit Stahlblechpritsche, verlängertem Radstand und Niederdruckbereifung

IFA W 50 LA/ ETK Kofferfahrzeug mit Allradantrieb

	IFA W 50 L Lkw (4 x 2) 1965 – 1967	IFA W 50 L Lkw (4 x 2) 1967 – 1990	IFA W 50 LA/PVB-1-ND Lkw (4 x 4) Exportausführung mit Stahlpritsche 1985 – 1990
Motor	Wirbelkammer-Dieselmotor 4 VD 14,5/12 SRW	Dieselmotor/ Direkteinspritzung/M-Verfahren 4 VD 14,5/12-1 SRW	Dieselmotor/ Direkteinspritzung/M-Verfahren 4 VD 14,5/12-1 SRW
Zylinderzahl	4 (Reihe)	4 (Reihe)	4 (Reihe)
Bohrung x Hub	120 x 145 mm	120 x 145 mm	120 x 145 mm
Hubraum	6560 cm^3	6560 cm^3	6560 cm^3
Leistung	110 PS (81 kW) bei 2200 /min	125 PS (92 kW) bei 2300 /min	125 PS (92 kW) bei 2300 /min
Drehmoment	392 Nm bei 1400 /min	422 Nm bei 1350 /min	422 Nm bei 1350 /min
Kühlung	Wasser	Wasser	Wasser
Elektrische Anlage	12 V, Lichtmaschine 500 W	12 V, Lichtmaschine 500 W	12 V, Lichtmaschine 500 W
Kraftübertragung	Hinterachs-Antrieb	Hinterachs-Antrieb	Allrad-Antrieb
Kupplung	Einscheiben-Trockenkupplung	Einscheiben-Trockenkupplung	Einscheiben-Trockenkupplung
Getriebe	5 + 1 Gänge, 2.-5. Gang synchron.	5 + 1 Gänge, 2.-5. Gang synchron.	5 + 1 Gänge, 2.-5. Gang synchron., Verteilergetriebe
Achsantrieb	Hinterachse mit außerhalb der Tragachse liegenden Antriebswellen	Hinterachse mit außerhalb der Tragachse liegenden Antriebswellen	Vorder- und Hinterachse mit außerhalb der Tragachse liegenden Antriebswellen und Differentialsperren
Fahrwerk	Leiterrahmen	Leiterrahmen	Leiterrahmen
Vorderradaufhängung	Starrachse, Blattfedern, Teleskop-Stoßdämpfer	Starrachse, Blattfedern, Teleskop-Stoßdämpfer	Starrachse, Blattfedern, Teleskop-Stoßdämpfer
Hinterradaufhängung	Starrachse, Blattfedern, Blattzusatzfedern	Starrachse, Blattfedern, Blattzusatzfedern ab 1968 : Gummizusatzfedern	Starrachse, Blattfedern, Gummizusatzfedern
Lenkung	mechanisch (Schnecke)	mechanisch (Schnecke, ab 1973. Kugelumlauf)	mechanisch mit hydraulischer Unterstützung
Bremsanlage	Allradbremse, hydraul.-pneumatisch, Ratschenfeststellbremse, Motorbremse	Allradbremse, hydraul.-pneumatisch, ALB an Hinterachse (ab 1974), Ratschenfeststellbremse, ab 1969: Federspeicherfeststellbremse, Motorbremse	Allradbremse, hydraul.-pneumatisch, ALB an Hinterachse, Federspeicherfeststellbremse, Motorbremse
Allgemeine Daten			
Radstand	3200 mm	3200 mm	3700 mm
Spur	1700/1778 mm	1700/1778 mm	1900/1950 mm
Gesamtmaße	6530 x 2500 x 2600 mm (Höhe mit Plane 3440)	6530 x 2500 x 2600 mm (Höhe mit Plane 3500)	7150 x 2500 x 3310 mm
Reifen	8.25 - 20	8.25 - 20	16.00 - 20
Bodenfreiheit	300 mm	300 mm	300 mm
Fahrzeugmasse	4600 kg	4400 kg	5900 kg
Zuläss. Gesamtmasse	9800 kg	10450 kg	9620 kg
Nutzmasse	5200 kg	5300 kg	3000 kg (Gelände)
Höchstgeschwindigkeit	83 km/h	90 km/h	83 km/h
Kraftstofftank	100 Liter	100 Liter	150 Liter

Autodrehkran ADK 70 (Maschinenbau Babelsberg) auf Fahrgestell IFA W 50

IFA W 50-Varianten 1985 (Auswahl)

Typ	Aufbau	Antrieb	Fzg.-Masse (kg)	Nutz-masse (kg)
W 50 L	Pritschenfahrzeug	4 x 2	4400	5350
W 50 L/Sp	Speditionsfahrzeug	4 x 2	4550	5200
W 50 L/BTP	Bautruppfahrzeug	4 x 2	5400	4000
W 50 L/LB	Pritschenfahrzeug mit Ladebordwand	4 x 2	5210	4300
W 50 L/L-LDK 1250	Pritschenfahrzeug mit Ladekran	4 x 2	5650	4500
W 50 L/FP	Pritschenfahrzeug mit langer Kabine	4 x 2	4600	5350
W 50 LA/PV	Pritschenfahrzeug	4 x 4	5300	4900
W 50 LA/PV-ND	Pritschenfahrzeug m. Niederdruckreifen	4 x 4	5500	3900
IFA W 50 LA/PVB-1-ND	Pritschenfahrzeug m. Niederdruckreifen, Export-Sonderausführung	4 x 4	5900	3000
W 50 L/S	Sattelzugmaschine	4 x 2	4090	5810
W 50 L/S-HLS100.02	Pritschensattelzug	4 x 2	7550	10000
W 50 L/S-HLS90.48/1	Mischfuttersattelzug	4 x 2	8850	9000
W 50 L/K 3SK5	Dreiseitenkipper	4 x 2	4810	5050
W 50 LA/K 3SK5	Dreiseitenkipper	4 x 4	5410	4900
W 50 LA/Z 3SK5-ND	Dreiseitenkipper mit Niederdruckreifen	4 x 4	5500	4600
W 50 LA/Z 2SK5-ND	Zweiseitenkipper mit Niederdruckreifen	4 x 4	5800	4300
W 50 LA/K-MK 5/6	Muldenkipper	4 x 4	5500	5650
W 50 L/NKP-1	Kofferfahrzeug	4 x 2	4950	4800
W 50 L/IKP-1	Isolierkofferfahrzeug	4 x 2	5770	4900
W 50 L/KKB	Kühlkofferfahrzeug / Maschinenkühlung	4 x 2	6100	4000
W 50 L/MK	Möbelkofferfahrzeug	4 x 2	5650	3750
W 50 LA/W-ND	Werkstattkofferfahrzeug mit Niederdruckbereifung	4 x 4	7250	2550
W 50 LA/WT 80P	Wassertankwagen	4 x 4	5800	5000
W 50 LA/KT 4601	Kraftstofftankwagen	4 x 4	5900	5000
W 50 LA/AB	Abschlepp- und Bergefahrzeug	4 x 4	Ges.masse: 11500	
W 50 LA/TLF 16	Tanklöschfahrzeug	4 x 4	Ges.masse: 10850	
W 50 L/LF 16	Löschgruppenfahrzeug	4 x 2	Ges.masse: 9700	
W 50 L/DL 30	Drehleiterfahrzeug	4 x 2	Ges.masse:10200	

IFA L 60 (1987–1990)

Bereits Ende der 60er-Jahre begann man das Automobilwerk Ludwigsfelde mit der Entwicklung eines stärkeren Lastwagens. Prämissen waren u.a. ein kippbares Fahrerhaus und der Einsatz von Sechszylindermotoren.
1971 stand der erste Prototyp. Ziel war auch eine Vereinheitlichung der Kabinenteile mit denen der neuen Robur-Lastwagen. Dieses Projekt scheiterte ebenso an volkswirtschaftlichen Hemmnissen wie eine Übernahme des »Viererklub-Fahrerhauses« bzw. seines Nachfolgers von Volvo.
Mit erheblichem Aufwand, aber nur geringem optischen Nutzen wurde nun aus der alten W 50-Kabine ein kippbares Fahrerhaus entwickelt. Im Dezember 1986 begann die Nullserienfertigung, und ab Juni 1987 lief endlich der L 60 vom Band, diktiert von den Exportabsichten zuerst als Allradvariante. Angeboten wurde die 4x2-Ausführung ab 1988, produziert aber erst 1989. Die nur als Prototypen existierenden beiden dreiachsigen Ausführungen als Pritsche und Sattelzugmaschine gelangten nicht mehr zum Serieneinsatz.
Bis Ende 1990 wurden lediglich etwas mehr als 20.000 Einheiten montiert. Die Zeit hatte den L 60 überholt.

Prototypen IFA L 60 und Robur O 611, 1975

IFA L 60 1218 P-B Pritschenwagen, Allrad-Antrieb, 1987 – 1990

IFA L 60 1218 P Pritschenwagen, 1988 – 1990

IFA L 60 1218 KT Kraftstofftankwagen, Allrad-Antrieb, 1987 – 1990

IFA L 60 1218 WT Wassertankwagen, Allrad-Antrieb, 1987 – 1990

IFA L 60 1218 WK Werkstattkofferfahrzeug, Allrad-Antrieb, 1987 – 1990

IFA L 60 1218 DSK Dreiseitenkipper, Allrad-Antrieb, 1987 – 1990

IFA L 60 1218 DSK N Dreiseitenkipper mit Niederdruckbereifung, Allrad-Antrieb, 1987 – 1990

IFA L 60 1218 ETK Ersatzteilkofferfahrzeug, Allrad-Antrieb, 1987 – 1990

IFA L 60 1218 Sattelzugmaschine, 1988 (keine Serienfertigung)

	IFA L 60 1218 P Lkw (4x2) 1988 – 1990	IFA L 60 1218 P-B Lkw (4x4) 1987 – 1990	IFA L 60 1218 DSK N Kipper (4x4) 1987 – 1990
Motor	Dieselmotor 6 VD 13,5 / 12 SRF	Dieselmotor 6 VD 13,5 / 12 SRF	Dieselmotor 6 VD 13,5 / 12 SRF
Zylinderzahl	6 (Reihe)	6 (Reihe)	6 (Reihe)
Bohrung x Hub	120 x 135 mm	120 x 135 mm	120 x 135 mm
Hubraum	9160 cm^3	9160 cm^3	9160 cm^3
Leistung	180 PS (132 kW) bei 2300 /min	180 PS (132 kW) bei 2300 /min	180 PS (132 kW) bei 2300 /min
Drehmoment	634 Nm bei 1250 /min	634 Nm bei 1250 /min	634 Nm bei 1250 /min
Kühlung	Wasser	Wasser	Wasser
Elektrische Anlage	24 V, Lichtmaschine 840 W	24 V, Lichtmaschine 840 W	24 V, Lichtmaschine 840 W
Kraftübertragung	Hinterachs-Antrieb	Allrad-Antrieb	Allrad-Antrieb
Kupplung	Tellerfederkupplung mit hydr.-pneumatischer Unterstützung	Tellerfederkupplung mit hydr.-pneumatischer Unterstützung	Tellerfederkupplung mit hydr.-pneumatischer Unterstützung
Getriebe	Synchrongetriebe mit Verteilergetriebe, 8 + 1 Gänge + Kriechgang	Synchrongetriebe mit Verteilergetriebe, 8 + 1 Gänge + Kriechgang	Synchrongetriebe mit Verteilergetriebe, 8 + 1 Gänge + Kriechgang
Achsantrieb	Außenplanetenantrieb, elektropneumatisch betätigte Differentialsperre	Außenplanetenantrieb, elektropneumatisch betätigte Differentialsperre	Außenplanetenantrieb, elektropneumatisch betätigte Differentialsperre
Fahrwerk	Leiterrahmen	Leiterrahmen	Leiterrahmen
Vorderradaufhängung	Starrachse, Blattfedern, Teleskop-Stoßdämpfer	Starrachse, Blattfedern, Teleskop-Stoßdämpfer	Starrachse, Blattfedern, Teleskop-Stoßdämpfer
Hinterradaufhängung	Starrachse, Blattfedern, Teleskop-Stoßdämpfer	Starrachse, Blattfedern, Teleskop-Stoßdämpfer	Starrachse, Blattfedern, Teleskop-Stoßdämpfer
Lenkung	Kugelumlauf-Hydrolenkung	Kugelumlauf-Hydrolenkung	Kugelumlauf-Hydrolenkung
Bremsanlage	Allradbremse (pneumatisch-hydraul.) ALB an Hinterachse, -Federspeicherfeststellbremse, Motorbremse	Allradbremse (pneumatisch-hydraul.) ALB an Hinterachse, Federspeicherfeststellbremse, Motorbremse	Allradbremse (pneumatisch-hydraul.) ALB an Hinterachse, Federspeicherfeststellbremse, Motorbremse
Allgemeine Daten			
Radstand	3816 mm	3240 mm	3240 mm
Spur	1880/1775 mm	1900 / 1775 mm	2000/1970 mm
Gesamtmaße	7340 x 2500 x 3350 mm	6690 x 2500 x 3130 mm	5990 x 2500 x 2845 mm
Reifen	9.00 R 20	9.00 R 20	18/70-20 16 PR
Bodenfreiheit			330 mm
Fahrzeugmasse	5750 kg	6400 kg	6050 kg
Zuläss. Gesamtmasse	12.500 kg	12.400 kg	12.000 kg
Nutzmasse	6750 kg	6000kg	5500 kg
Höchstgeschwindigkeit	100 km/h	82 km/h	90 km/h
Kraftstofftank	180 Liter	180 Liter	180 Liter

Nach der Währungsunion waren die einst so begehrten Ludwigsfelder Lastwagen nur noch schwer absetzbar (Anzeige in einer Dresdner Tageszeitung am 25.10.1990).

IFA L 60 1218 WT Lkw (4x4) Wassertank-fahrzeug 1987 – 1990	IFA L 60 1218 KT Lkw (4x4) Kraftstofftank-fahrzeug 1987 – 1990	IFA L 60 1218 WK Lkw (4x4) Werkstatt-kofferfahrzeug 1987 – 1990
Dieselmotor 6 VD 13,5 / 12 SRF	Dieselmotor 6 VD 13,5 / 12 SRF	Dieselmotor 6 VD 13,5 / 12 SRF
6 (Reihe)	6 (Reihe)	6 (Reihe)
120 x 135 mm	120 x 135 mm	120 x 135 mm
9160 cm^3	9160 cm^3	9160 cm^3
180 PS (132 kW) bei 2300 /min	180 PS (132 kW) bei 2300 /min	180 PS (132 kW) bei 2300 /min
634 Nm bei 1250 /min	634 Nm bei 1250 /min	634 Nm bei 1250 /min
Wasser	Wasser	Wasser
24 V, Lichtmaschine 840 W	24 V, Lichtmaschine 840 W	24 V, Lichtmaschine 840 W
Allrad-Antrieb	Allrad-Antrieb	Allrad-Antrieb
Tellerfederkupplung mit hydr.-pneumatischer Unterstützung	Tellerfederkupplung mit hydr.-pneumatischer Unterstützung	Tellerfederkupplung mit hydr.-pneumatischer Unterstützung
Synchrongetriebe mit Verteilergetriebe, 8 + 1 Gänge + Kriechgang	Synchrongetriebe mit Verteilergetriebe, 8 + 1 Gänge + Kriechgang	Synchrongetriebe mit Verteilergetriebe, 8 + 1 Gänge + Kriechgang
Außenplanetenantrieb, elektropneumatisch betätigte Differentialsperre	Außenplanetenantrieb, elektropneumatisch betätigte Differentialsperre	Außenplanetenantrieb, elektropneumatisch betätigte Differentialsperre
Leiterrahmen	Leiterrahmen	Leiterrahmen
Starrachse, Blattfedern, Teleskop-Stoßdämpfer	Starrachse, Blattfedern, Teleskop-Stoßdämpfer	Starrachse, Blattfedern, Teleskop-Stoßdämpfer
Starrachse, Blattfedern, Teleskop-Stoßdämpfer	Starrachse, Blattfedern, Teleskop-Stoßdämpfer	Starrachse, Blattfedern, Teleskop-Stoßdämpfer
Kugelumlauf-Hydrolenkung	Kugelumlauf-Hydrolenkung	Kugelumlauf-Hydrolenkung
Allradbremse (pneumatisch-hydraul.) ALB an Hinterachse, Federspeicherfeststellbremse, Motorbremse	Allradbremse (pneumatisch-hydraul.) ALB an Hinterachse, Federspeicherfeststellbremse, Motorbremse	Allradbremse (pneumatisch-hydraul.) ALB an Hinterachse, Federspeicherfeststellbremse, Motorbremse
3240 mm	3240 mm	3240 mm
1900/1775 mm	1900/1775 mm	1900/1775 mm
6650 x 2500 x 3000 mm	6650 x 2500 x 3000 mm	6955 x 2500 x 3410 mm
9.00 R 20	9.00 R 20	9.00 R 20
450 mm	450 mm	450 mm
6305 kg	6305 kg	8000 kg
12.800 kg	12.600 kg	12.400 kg
5500 kg / nutzbares Behältervolumen : 6000 Liter	6135 kg / nutzbares Behältervolumen : 7000 Liter	4400 kg
93 km/h	82 km/h	93 km/h
180 Liter	180 Liter	180 Liter

Kleintransporter aus Hainichen

Die Framo-Werke in Hainichen hatten den Zweiten Weltkrieg unbeschadet überstanden, wurden jedoch auf sowjetischen Befehl vollständig demontiert. Der Neubeginn erfolgte im April 1946 mit der Herstellung von Haushaltgeräten, Transportkarren und Gespannwagen. Am 17. April 1948 wurde Framo in einen VEB umgewandelt. Im gleichen Jahr begann zunächst die Fertigung von Kraftfahrzeug-Ersatzteilen. Das Werk wurde am 1. Juli 1949 der IFA Vereinigung Volkseigener Fahrzeugwerke angeschlossen.

IFA Framo V 501/2 (1949)

IFA Framo V 501 (1950–1951)

IFA Framo V 901 (1952–1953)

IFA Framo V 901/2 Z (1954–1956)

IFA Framo / Barkas V 901/2 (1956–1961)

Am 1. Oktober 1949 lief die Automobilproduktion mit dem 1943er-Modellndes Framo V 501/2 in bescheidenem Rahmen wieder an. Da diverse Zulieferteile fehlten, konnten bis Ende 1949 insgesamt nur 65 Stück ausgeliefert wurden. 1950 folgte der modifizierte V 501 mit dem gleichen 500-cm³-Doppelkolben-Zweitaktmotor, aber geändertem Aufbau.

Im Jahr 1952, in dem über 1.300 Wagen hergestellt wurden, kam der neue V 901 mit dem Dreizylinder-Motor des IFA F 9 und nunmehr auch als Kasten-, Kombi- oder Krankenwagen sowie als Kleinomnibus heraus.

Die Baureihe V 901/2 mit breiterem Fahrerhaus, in die Kotflügel einbezogenen Scheinwerfern und technischen Detailverbesserungen ging 1954 in die Fertigung. Auch das Modellangebot wurde nochmals erweitert. Allerdings stand von 1954 bis 1956 nur der bisherige Motor des IFA F9 zur Verfügung (V 901/2 Z = Zwischentyp). Ab 1956 kam dann das Antriebsaggregat des Wartburg 311 zum Einsatz.

Ab 1957 firmierte das Werk unter dem Namen VEB Barkas-Werke, Hainichen. Der Namen »Barkas« (aus dem Phönizischen: Blitz, der Schnelle) galt nunmehr auch als Markenzeichen. Durch Zusammenschluss mit dem VEB Motorenwerk Karl-Marx-Stadt und dem VEB Fahrzeugwerk Karl-Marx-Stadt entstand ab 1. Januar 1958 der VEB Barkas-Werke mit dem Hauptsitz in Karl-Marx-Stadt (Chemnitz). Die Endmontage der Transporter erfolgte weiter in Hainichen.

Der Transporter V 901/2 wurde 1961 vom neu entwickelten Barkas B 1000 abgelöst.

Die Firma produzierte neben Transportern auch die Motoren für den Kleinwagen Trabant, stationären Zweitaktmotoren, Diesel-Einspritzpumpen und zeitweilig Gelände-Pkw für die Nationale Volksarmee.

IFA Framo V 501 Pritschenwagen, 1950 – 1951

IFA Framo V 501 Kastenwagen, 1950 – 1951

IFA Framo V 901 Pritschenwagen, 1952 – 1953

IFA Framo V 901 Kastenwagen, 1952 – 1953

IFA Framo V 901 Kleinbus, 1952 – 1953

IFA Framo V 901 Krankenwagen, 1952 – 1953

IFA Framo V 901/ 2 Z, 1954 – 1956

Barkas V 901/2
Kastenwagen als
Betriebsfeuerwehr,
1957 – 1961

Barkas V 901/2
Kombi, 1957 – 1961

Barkas V 901/2
Kleinbus,
1957 – 1961

Barkas B 1000 (1961 – 1990)

Barkas B 1000-1 (1989 – 1991)

Ein wichtiger Abschnitt in der Geschichte der Barkas-Werke begann im Juni 1961 mit dem Produktionsanlauf des völlig neu entwickelten Barkas B 1000. Dieser Transporter mit 1 Tonne Nutzmasse wurde zunächst ausschließlich als Kastenwagen hergestellt. Zur Leipziger Frühjahrsmesse 1964 folgte der Achtsitzer-Kombi, zur Leipziger Frühjahrsmesse 1965 der Pritschenwagen, der Kleinbus und der Verkehrsunfall-Bereitschaftswagen.
Die Rohkarosserien des B 1000 wurden in dem seit 1958 zu Barkas gehörenden ehemaligen Fahrzeugwerk Karl-Marx-Stadt gefertigt und zur Endmontage nach Hainichen geliefert. Ab 1972 gelangte der Motor des Wartburg 353 in gedrosselter Ausführung zum Einsatz. Der in Details weiterentwickelte, im wesentlich aber unveränderte Barkas B 1000 zeichnete sich durch große Belastbarkeit und Geräumigkeit aus, blieb aber bis 1988 auf Zweitaktmotoren angewiesen. Alle Entwicklungsprojekte des Werkes hinsichtlich moderner Antriebs- und Aufbaugestaltungen schei-

Barkas B 1000 Kastenwagen, 1961 – 1990

Barkas B 1000 Pritschenwagen, 1965 – 1990

terten bis dahin an zentralen Entscheidungen und den wirtschaftlichen Rahmenbedingungen. Versuche zum Einsatz von Moskwitsch-Motoren und neu gestalteten Kabinen mussten 1972 abgebrochen werden.
Mit dem VW-Motorenprojekt stand ab 1988 endlich ein Viertaktmotor auch für den Barkas-Transporter zur Verfügung. Erstmals zur Leipziger Herbstmesse 1989 präsentierte Barkas den Typ B 1000-1 mit dem Antriebsaggregat BM 880.
Nur die beiden Vorführfahrzeuge besaßen eine durch Plastikformteile modifizierte Frontpartie, die Serienausführung glich optisch den Zweitakt-Typen.
Diese Änderungen kamen zu spät und machten aus dem B 1000-1 keinen modernen Transporter. Auch die im Jahr 1990 vorgestellten Reisemobilausführungen konnte die nach der Währungsunion eingetretenen Absatzprobleme nicht lösen. Nur insgesamt 1.300 Stück des B 1000-1 wurden noch gefertigt. Die Produktion der einst heiß begehrten Transporter und Kleinbusse wurde im April 1991 eingestellt.
Eine geplante Verlagerung der Barkas-Fertigung nach Russland scheiterte,. Die bereits transportfertig verpackten Produktionseinrichtungen wurden letztlich verschrottet.

Barkas B 1000 Kombi, 1964 – 1990

Barkas B 1000 Kleinbus, 1965 – 1986

Barkas B 1000 Kleinbus mit Schiebetür, 1987 – 1990

Barkas B 1000 Krankenwagen, 1965 – 1990

Barkas B 1100 Prototyp mit Viertaktmotor des Moskwitsch 412 (75 PS) und 1,3 t Nutzmasse, 1972

Barkas B 1000
Kofferwagen,
1965 – 1990

Barkas B 1000
Drehleiterfahr-
zeug, 1965 – 1990

Barkas B 1000-1 Kombiwagen mit Viertaktmotor, Musterfahrzeug mit modifizierter Frontgestaltung, 1989

Barkas B 1000-1 Pritschenwagen mit Viertaktmotor, Musterfahrzeug mit modifizierter Frontgestaltung, 1989

Barkas B 1000-1 mit Reisemobilaufbau der Firma Karmann, 1990

	Framo V 501/2 Kleintransporter 1949	Framo V 501 Kleintransporter 1950 – 1951
Motor	Framo U 500	Framo U 500
Zylinderzahl	Doppelkolben Gleichstrom Zweitakt Zweizylinder	Doppelkolben-Gleichstrom-Zweitakt-Zweizylinder
Bohrung x Hub	2 x 45 x 78 mm	2 x 45 x 78 mm
Hubraum	496 cm³	496 cm³
Leistung	17 PS (13 kW) bei 3400 /min	17 PS (13 kW) bei 3400 /min
Kühlung	Wasser	Wasser
Elektrische Anlage	6 V, Lichtmaschine 90 W	6 V, Lichtmaschine 90 W
Kraftübertragung	Hinterachs-Antrieb	Hinterachs-Antrieb
Kupplung	Einscheiben-Trockenkupplung	Einscheiben-Trockenkupplung
Getriebe	unsynchronisiert, 4 + 1 Gänge	unsynchronisiert, 4 + 1 Gänge
Achsantrieb	einfach übersetzte Hinterachse	einfach übersetzte Hinterachse
Fahrwerk	U-Profil-Rahmen	U-Profil-Rahmen
Vorderradaufhängung	Querlenker oben, 1 Querfeder unten	Querlenker oben, 1 Querfeder unten
Hinterradaufhängung	Starrachse, Halbfedern	Starrachse, Halbfedern
Lenkung	mechanisch, Zahnstange	mechanisch, Zahnstange
Bremsanlage	Allradbremse mechanisch Feststellbremse mechanisch, auf alle Räder	Allradbremse mechanisch Feststellbremse mechanisch, auf alle Räder
Allgemeine Daten		
Radstand	3000 mm	2700 mm
Spur	1250/1250 mm	1250/1250 mm
Gesamtmaße	Pritschenwagen 4525 x 1590 x 1620 mm	Pritschenwagen 4050 x 1540 x 1715 mm
Reifen	vorn 5.00-16 hinten 6.00-16	vorn 4,50-16 hinten 5,50-16
Bodenfreiheit	190 mm	190 mm
Fahrzeugmasse	Pritschenwagen 890 kg	Pritschenwagen 900 kg
Zuläss. Gesamtmasse	1660 kg	1650 kg
Nutzmasse	770 kg	750 kg
Höchstgeschwindigkeit	60 km/h	60 km/h
Kraftstofftank	32 Liter	32 Liter

	IFA Framo V 901 Kleintransporter 1952 – 1953	**IFA V 901/2 Z IFA / Barkas V 901/2 Kleintransporter 1954 – 1956 (V 901/2 Z) 1956 – 1961 (V 901/2)**
Motor	IFA F 9	IFA F 9 (V 901/2 Z) AWE 310/4 (V 901/2)
Zylinderzahl	Zweitakt-Dreizylinder	Zweitakt-Dreizylinder
Bohrung x Hub	70 x 78 mm	70 x 78 mm
Hubraum	900 cm^3	900 cm^3
Leistung	24 PS (18 kW) bei 3600 /min	24 PS (18 kW) bei 3600 /min (V 901/2 Z) 28 PS (21 kW) bei 3600 /min (V 901/2)
Drehmoment	71 Nm bei 2250 /min	71 Nm bei 2250 /min
Kühlung	Wasser	Wasser
Elektrische Anlage	6 V	6 V
Kraftübertragung	Hinterachs-Antrieb	Hinterachs-Antrieb
Kupplung	Einscheiben-Trockenkupplung	Einscheiben-Trockenkupplung
Getriebe	unsynchronisiert, 4 + 1 Gänge	unsynchronisiert, 4 + 1 Gänge
Achsantrieb	einfach übersetzte Hinterachse	einfach übersetzte Hinterachse
Fahrwerk	U-Profil-Rahmen	U-Profil-Rahmen
Vorderradaufhängung	Querlenker oben, 1 Querfeder unten	Querlenker oben, 1 Querfeder unten
Hinterradaufhängung	starr, Halbfedern	starr, Halbfedern
Lenkung	mechanisch, Zahnstange	mechanisch, Zahnstange
Bremsanlage	Allradbremse hydraulisch, Feststellbremse mechanisch auf Hinterräder	Allradbremse hydraulisch, Feststellbremse mechanisch auf Hinterräder
Allgemeine Daten		
Radstand	2700 mm	2800 mm Pritsche lang 3100 mm
Spur	1250/1250 mm	1250/1250 mm
Gesamtmaße	Pritschenwagen 4360 x 1600 x 1650 mm Kasten- und Kombiwagen 4250 x 1540 x 1920 mm	Pritschenwagen (Radstand 2800 mm) 4590 x 1700 x 1700 mm Pritschenwagen (Radstand 3100 mm) 4740 x 1800 x 1700 mm Kastenwagen 4375 x 1650 x 1910 mm Kombiwagen und Omnibus 4375 x 1650 x 1850 mm
Reifen	vorn 5,00-16 hinten 6,00-16	6,00-16
Bodenfreiheit	200 mm	200 mm
Fahrzeugmasse	Pritschenwagen 950 kg Kastenwagen 1100 kg	Pritschenwagen (Radstand 2800 mm) 1060 kg Pritschenwagen (Radstand 3100 mm.) 1090 kg Kastenwagen 1210 kg Kombiwagen 1330 kg Omnibus 1320 kg
Zuläss. Gesamtmasse	1700 kg	Pritschenwagen (Radstand 2800 mm) 1860 kg Pritschenwagen (Radstand 3100 mm.) 1940 kg Kastenwagen 1900 kg Kombiwagen 1930 kg Omnibus 1840 kg
Nutzmasse	Pritschenwagen 750 kg Kastenwagen 600 kg	Pritschenwagen (Radstand 2800 mm) 800 kg Pritschenwagen (Radstand 3100 mm.) 850 kg Kastenwagen 690 kg Kombiwagen 600 kg Omnibus 520 kg
Höchstgeschwindigkeit	70 km/h	Übers. 6,17: 75 km/h Übers. 5,50: 82 km/h
Kraftstofftank	32 Liter	42 Liter

	Barkas B 1000 Transporter 1961 – 1971	Barkas B 1000 Transporter 1972 – 1990	Barkas B 1000-1 Transporter 1989 – 1991
Motor	AWE 312–016	AWE 353/1	BM 880 (Lizenz Volkswagen)
	Zweitakt-Vergasermotor	Zweitakt-Vergasermotor	Viertakt-Vergasermotor
Zylinderzahl	3 (Reihe)	3 (Reihe)	4 (Reihe)
Bohrung x Hub	78 x 73,5 mm	78 x 73,5 mm	72 x 75 mm
Hubraum	991 cm³	992 cm³	1272 cm³
Leistung	42 PS (31 kW) bei 4000 /min	45 PS (33 Kw) bei 4000 /min	58 PS (43 kW) bei 5500 /min
Drehmoment	96 Nm bei 2500 /min	103 Nm bei 2500 /min	96 Nm bei 3500 /min
Kühlung	Wasser	Wasser	Wasser, geschlossen
Elektr.Anlage	12 V, Lichtmaschine 220 W	12 V, Lichtmaschine 500 W	12 V, Lichtmaschine 500 W
Kraftübertragung	Frontantrieb	Frontantrieb	Frontantrieb
	Motor (zwischen Fahrer und Beifahrer) vor, Getriebe hinter der Vorderachse	Motor (zwischen Fahrer und Beifahrer) vor, Getriebe hinter der Vorderachse	Motor (zwischen Fahrer und Beifahrer) vor, Getriebe hinter der Vorderachse
Kupplung	Einscheiben-Trockenkupplung	Einscheiben-Trockenkupplung	Einscheiben-Trockenkupplung
Getriebe	4 + 1 Gänge, synchronisiert Bis 1963: Lenkradschaltung. Ab 1964: Schalthebel Wagenmitte	4 + 1 Gänge, synchronisiert	4 + 1 Gänge, synchronisiert
Fahrwerk	Mittelkastenrahmen	Mittelkastenrahmen	Mittelkastenrahmen
	Kasten- und Kombiwagen: Mittragende Ganzstahlkarosserie in Pritschen- und Kofferwagen: U-Profil-Hilfsrahmen	Kasten- und Kombiwagen: Mittragende Ganzstahlkarosserie in Pritschen- und Kofferwagen: U-Profil-Hilfsrahmen	Kasten- und Kombiwagen: Mittragende Ganzstahlkarosserie in Pritschen- und Kofferwagen: U-Profil-Hilfsrahmen
Vorderradaufhängung	Schräglenker, Federstäbe, Stoßdämpfer	Schräglenker, Federstäbe, Stoßdämpfer	Schräglenker, Federstäbe, Stoßdämpfer
Hinterradaufhängung	Schräglenker, Federstäbe, Stoßdämpfer	Schräglenker, Federstäbe, Stoßdämpfer	Schräglenker, Federstäbe, Stoßdämpfer
Lenkung	mechanisch	mechanisch	mechanisch
Bremsanlage	Allrad, hydraulisch, ab Oktober 1963: Zweikreis Feststellbremse mechanisch auf Vorderräder	Allrad, hydraulisch, Zweikreis Feststellbremse mechanisch auf Vorderräder	Allrad, hydraulisch, Zweikreis Feststellbremse mechanisch auf auf Vorderräder
Allgemeine Daten			
Radstand	2400 mm	2400 mm	2400 mm
Spur	1450/1460 mm	1450/1460 mm	1450/1460 mm
Gesamtmaße	Kastenwagen, Kombi, Kleinbus 4595 x 2124 x 1910 mm Pritschenwagen 4725 x 2124 x 1910 (mit Plane 2300) mm Kofferwagen 4555 x 2124 x 2220 mm	Kastenwagen, Kombi, Kleinbus 4595 x 2124 x 1910 mm Pritschenwagen 4725 x 2124 x 1910 (mit Plane 2300) mm Kofferwagen 4555 x 2124 x 2220 mm	Kastenwagen, Kombi, Kleinbus 4595 x 2124 x 1910 mm Pritschenwagen 4725 x 2124 x 1910 (mit Plane 2300) mm Kofferwagen 4555 x 2124 x 2220 mm
Reifen	6,70-13 extra Transport	6,70-13 extra Transport	185 R 14
Bodenfreiheit	200 mm	200 mm	200 mm
Fahrzeugmasse (inkl. Fahrer)	Kasten 1240 kg, Kombi 1425 kg, Pritsche 1300 kg	Kasten 1240 kg, Kombi 1425 kg, Pritsche 1300 kg	Kasten 1275 kg, Kombi/Pritsche 1335 kg
Zuläss. Gesamtmasse	Kasten 2240 kg, Kombi 2050 kg, Pritsche 2350 kg	Kasten 2240 kg, Kombi 2050 kg, Pritsche 2350 kg	Kasten 2275 kg, Kombi 2295 kg, Pritsche 2385 kg
Nutzmasse	Kasten 1000 kg, Kombi 625 kg, Pritsche 1050 kg	Kasten 1000 kg, Kombi 625 kg, Pritsche 1050 kg	Kasten 1000 kg, Kombi 960 kg, Pritsche 1050 kg
Höchstgeschwindigkeit	95 km/h	100 km/h	100 km/h
Kraftstofftank	Kastenwagen, Kombi, Kleinbus 42 Liter,	Kastenwagen, Kombi, Kleinbus 42 Liter,	Kastenwagen, Kombi, Kleinbus 42 Liter,
	Pritschen- und Kofferwagen 70 Liter	Pritschen- und Kofferwagen 70 Liter	Pritschen- und Kofferwagen 70 Liter

Spezialfahrzeuge aus Waltershausen

Das Fahrzeugwerk Waltershausen geht auf das im Jahr 1920 zur Herstellung von Traktoren und landwirtschaftlichen Geräten gegründete Ade-Werk zurück.
Gefertigt wurden später auch Karosserien, Anhänger und Anhängerkupplungen.
Dem Schicksal anderer ostdeutscher Fahrzeugwerke folgend, kam es 1946 zur totalen Demontage, ehe mit landwirtschaftlichen Geräten der Neuanfang gelang.
Seit Juli 1948 firmierte der Betrieb als VEB Fahrzeugwerk Waltershausen und entwickelte sich zum führenden Hersteller von Anhängern und Anhängerkupplungen in der DDR.

Diesel-Ameise DK 3 (1956 – 1957)

Diesel-Ameise DK 4 / Multicar 21 (1958 – 1964)

Multicar 22 / Multicar 22-1 (1964 – 1974)

Zusätzlich wurde 1956 die Produktion der Diesel-Ameise vom Industriewerk Ludwigsfelde nach Waltershausen übernommen. Dieses kleine Arbeitsfahrzeug mit immerhin 2000 kg Nutzmasse war von 1950 bis 1953 im Press- und Schmiedewerk Brand-Erbisdorf und danach in Ludwigsfelde gefertigt worden.
Die auch als DK 3 (DK = Dieselkarre) bezeichnete Ausführung wurde in Waltershausen bis 1957 mehr als 1.500 mal hergestellt.
Weiterentwicklungen, besonders die Einführung eines geschützten Fahrerstandes, führten ab 1958 zum Typ DK 4, der ab 1960 nach einigen Modifikationen als Multicar 21 bezeichnet wurde.
Auf der Leipziger Frühjahrsmesse 1964 stellte das Werk den Multicar 22 vor, der mit seinem einsitzigen Fahrerhaus mit Lenkrad (statt der bisherigen Trittbrettlenkung) und dem luftgekühlten Zweizylinder-Dieselmotor mit 13 PS eine neue Multicar-Generation begründete. Aus der ehemaligen Diesel-Ameise war ein kleiner Spezial-Lkw mit vielen Einsatzfeldern geworden.
Die vom Motorenwerk Cunewalde nahe dem sächsischen Löbau zugelieferten Antriebsaggregate leisteten ab 1970 dann 15 PS. Die damit ausgestatteten Fahrzeuge wurden im Folgenden auch als Multicar 22-1 bezeichnet.

Diesel-Ameise DK 2002 L vom Press- und Schmiedewerk Brand-Erbisdorf, 1952

Multicar 21 Typ P – Pritsche, 1958 – 1964

Multicar 21 Typ M – Muldenkipper, 1958 – 1964

Multicar 21 Typ P mit Kastenaufbau, 1958 – 1964

Multicar 22
Typ M –
Muldenkipper,
1964 – 1974

Multicar 22
Typ P mit
verschiedenen Aufbauten,
1964 – 1974

Multicar 22
Typ P mit
Wasserbehälter,
1964 – 1974

Multicar 24 (1974 – 1978)

Multicar 25 (1978 – 1990)

Wesentliche Entwicklungsschritte konnten 1974 mit der Einführung des Multicar 24 vollzogen werden. Das Fahrzeug verfügte nun über einen wassergekühlten Vierzylinder-Dieselmotor, der 45 PS leistete, ein kippbares, einsitziges Fahrerhaus, eine zwillingsbereifte Hinterachse und ein neues Fahrgestell. Damit vervielfältigten sich die Einsatzmöglichkeiten des Fahrzeugs.
Der Multicar 24 eignete sich durch seine vielfältigen Aufbaumöglichkeiten als Arbeitsmaschine in der Bau- und Landwirtschaft, als Geräteträger für Industrie-, Kommunal- und für andere Zwecke. Um diesem Bedarf zu entsprechen, verlagerte das Fahrzeugwerk Waltershausen ab 1975 die Fertigung von Anhängern zu anderen Herstellern. Mehr als 25.000 Multicar 24 wurden bis 1978 gefertigt, fast die Hälfte ging in den Export.
Ab 1978 stand mit dem Multicar 25 ein Fahrzeug mit Zweisitzer-Kippkabine und verbesserter Antriebs- und Fahrwerkstechnik zur Verfügung, ab 1984 auch mit längerem Radstand und Allradantrieb. Die Motoren aus Cunewalde kamen ab 1984 in zwei Leistungsstufen zur Anwendung.
Schwerpunkt der Entwicklungsarbeiten war die immer bessere Anpassung an möglichst viel Einsatzfelder. Letztlich gab es den Multicar 25 in acht Grundausführungen, die mit 16 Aufbau- und drei Vorbaumöglichkeiten kombinierbar waren. Den Erfolg verdeutlichen die von 1978 bis 1990 gefertigten 98.489 Multicar 25, von denen 70 Prozent ins Ausland geliefert wurden.
Der Multicar hatte sich eine Marktnische erobert und hat als einzige ehemalige DDR-Nutzfahrzeugmarke bis heute überlebt.

Multicar 24 mit Sammelbehälter- und Hochpritschen-Aufbauten, 1974 – 1978

Multicar 2430 mit Drehleiter DLH 10, 1974 – 1978

Multicar 2448 mit Sprüh- und Waschaufbau, 1974 – 1978

Multicar 2513 Muldenkipper, 1978 – 1990

Multicar 2510-19.2/22.1 Dreiseitenkipper mit hydraulischem Streugerät und Vorbaukehrwalze, 1978 – 1990

Multicar 2548 mit Sprüh- und Waschaufbau, 1978 – 1990

Multicar 2502 Pritschenfahrzeug, Radstand 2675 mm, 1978 – 1990

	Multicar 21 Arbeitskraftfahrzeug 1958 – 1964	**Multicar 22 / Multicar 22-1 Arbeitskraftfahrzeug 1964 – 1970 / 1970 – 1974**
Motor	Wirbelkammer-Dieselmotor	Wirbelkammer-Dieselmotor1
	1 H 65	2 KVD 8 SVL ab 1970 : 2 VD 8,8-2
Zylinderzahl	1 (liegend)	2 (Reihe)
Bohrung x Hub	85 x 115 mm	80 x 80 mm
Hubraum	654 cm^3	800 cm^3
Leistung	6,5 PS (4,8 kW) bei 1500 /min	13 PS (9,6 kW) bei 3000 /min ab 1970: 15 PS (11 kW) bei 3000 /min
Drehmoment		39 Nm bei 2300 /min
Kühlung	Verdampfungskühlung	Luft
Elektrische Anlage	12 V	12 V
Kraftübertragung	Hinterachs-Antrieb	Hinterachs-Antrieb
Kupplung	Einscheiben-Trockenkupplung	Einscheiben-Trockenkupplung
Getriebe	3 + 1 Gänge	Synchrongetriebe, 4 + 1 Gänge
Achsantrieb	Schneckenantrieb	Vorgelege-Kegelradantrieb
Fahrwerk	U-Profilrahmen	Leiterrahmen
Vorderradaufhängung	Starrachse, Blattfedern	Starrachse, Blattfedern
Hinterradaufhängung	Starrachse, Blattfedern	Starrachse, Blattfedern
Lenkung	mechanisch, Betätigung durch Trittmulde	mechanisch
Bremsanlage	Außenbackenbremse auf die Schwungscheibe des Getriebes, Feststellbremse mechanisch mit Handhebel	Allradbremse, hydraulisch, Feststellbremse mechanisch
Allgemeine Daten	für Typ DK 4 P - Pritsche	für M 22 - Grundfahrzeug
Radstand	1640 mm	1700 mm
Spur	980mm	1064 mm
Gesamtmaße	3220 x 1240 x 1460 mm	3500 x 1505 x 1930 mm
Reifen	23-5	23 x 5 extra (8 PR)
Bodenfreiheit	190 mm	160 mm
Fahrzeugmasse	930 kg	1320 kg
Zuläss. Gesamtmasse	3040 kg	3220 kg
Nutzmasse	2000 kg	1900 kg
Höchstgeschwindigkeit	15 km/h	23 km/h

Multicar M 25-1 A Fahrgestell mit Allradantrieb, Radstand 1970 mm, 1984 – 1990

	Multicar 25 Arbeitskraftfahrzeug 1978 – 1990	**Multicar 25.1 A Arbeitskraftfahrzeug 1984 – 1990**
Motor	Wirbelkammer-Dieselmotor	Wirbelkammer-Dieselmotor
	4 VD 8,8/8,5-2 SRF	4 VD 8,8/9,0-1 SRF
Zylinderzahl	4 (Reihe)	4 (Reihe)
Bohrung x Hub	85 x 88 mm	90 x 88 mm
Hubraum	1996 cm^3	2238 cm^3
Leistung	45 PS (33 kW) bei 3200 /min	46 PS (34 kW) bei 2800 /min
Drehmoment	108 Nm bei 2250 /min	122 Nm bei 2200 /min
Kühlung	Wasser	Wasser
Elektrische Anlage	12 V, Lichtmaschine 220 W oder 500 W	12 V, Lichtmaschine 500 W
Kraftübertragung	Hinterachs-Antrieb	Allradantrieb
Kupplung	Einscheiben-Trockenkupplung	Einscheiben-Trockenkupplung
Getriebe	Synchrongetriebe, 4 + 1 Gänge	Synchrongetriebe, 4 + 1 Gänge
Achsantrieb	einfach übersetzte Hinterachse	einfach übersetzte Achsen
Fahrwerk	Leiterrahmen	Leiterrahmen
Vorderradaufhängung	Starrachse, Blattfedern + Gummifedern, Teleskop-Stoßdämpfer	Starrachse, Blattfedern + Gummifedern, Teleskop-Stoßdämpfer
Hinterradaufhängung	Starrachse, Blattfedern + Gummifedern, Teleskop-Stoßdämpfer	Starrachse, Blattfedern + Gummifedern, Teleskop-Stoßdämpfer
Lenkung	mechanisch	mechanisch
Bremsanlage	Allradbremse, hydraulisch, Feststellbremse mechanisch	Allradbremse, hydraulisch, Feststellbremse mechanisch
Allgemeine Daten	M 2500 – Grundfahrzeug	M 2500.1 A - Grundfahrzeug
	M 2500 L - Grundfahrzeug lang	M 2500.1 AL - Grundfahrzeug lang
Radstand	1970 mm 2675 mm	2100 mm 2675 mm
Spur	1282/1115 mm	1282/1115 mm
Gesamtmaße	3440 x 1920 x 2140 mm 4245 x 1920 x 2140 mm	3710 x 1920 x 2140 mm 4245 x 1920 x 2140 mm
Reifen	6.70-13	6.70-13
Bodenfreiheit	185 mm	185 mm
Fahrzeugmasse	1450 kg 1640 kg	1500 kg 1690 kg
Zuläss. Gesamtmasse	3950 kg 3500 kg	3950 kg 3500 kg
Nutzlast	2500 kg 2100 kg	2310 kg 1810 kg
Höchstgeschwindigkeit	52 / 60 km/h	52 / 60 km/h
Kraftstofftank	42 Liter	42 Liter

Multicar M 25-1 AL 02 Pritschenfahrzeug mit Allradantrieb, 2675 mm Radstand, 1984 – 1990

	Multicar 24 Arbeitskraftfahrzeug 1974 – 1978
Motor	Wirbelkammer-Dieselmotor
	4 VD 8,8/8,5-1 SRF
Zylinderzahl	4 (Reihe)
Bohrung x Hub	85 x 88 mm
Hubraum	1996 cm³
Leistung	45 PS (33 kW) bei 3200 /min
Drehmoment	108 Nm bei 2250 /min
Kühlung	Wasser
Elektrische Anlage	12 V, Lichtmaschine 220 W
Kraftübertragung	Hinterachs-Antrieb
Kupplung	Einscheiben-Trockenkupplung
Getriebe	Synchrongetriebe,
	4 + 1 Gänge
Achsantrieb	Vorgelege-Kegelradantrieb
Fahrwerk	Leiterrahmen
Vorderradaufhängung	Starrachse, Blattfedern + Gummifedern Teleskop-Stoßdämpfer
Hinterradaufhängung	Starrachse, Blattfedern + Gummifedern
Lenkung	mechanisch
Bremsanlage	Allradbremse, hydraulisch, Feststellbremse mechanisch
Allgemeine Daten	M 24 - Grundfahrzeug
Radstand	1950 mm
Spur	1200 mm
Gesamtmaße	3935 x 1960 x 2140 mm
Reifen	23 x 5 extra (8 PR)
Bodenfreiheit	185 mm
Fahrzeugmasse	1320 kg
Zuläss. Gesamtmasse	3800 kg
Nutzmasse	2480 kg
Höchstgeschwindigkeit	50 km/h
Kraftstofftank	42 Liter

IFA Multicar 25-Varianten 1988

Typ	Aufbau
M 2500	Fahrgestell ohne Aufbau, Radstand 1970 mm, 4 x 2
M 2500 L	Fahrgestell ohne Aufbau, Radstand 2675 mm, 4 x 2
M 2500.1 A	Fahrgestell ohne Aufbau, Radstand 1970 mm, 4 x 4
M 2500.1 AL	Fahrgestell ohne Aufbau, Radstand 2675 mm, 4 x 4
M 2501	Pritschenfahrzeug
M 2501/09	Pritschenfahrzeug mit Ladehilfe
M 2502	Pritschenfahrzeug, lang
M 2510	Dreiseitenkipper
M 2512	Hinterkipper
M 2513	Muldenkipper
M 2577	Kofferfahrzeug
M 2585	Isolierkofferfahrzeug, lang
M 2586	Kofferfahrzeug, lang
M 2519.1/23.1	Hydraulisches Streugerät mit Vorbauschneepflug
M 2510-19.2/22.1	Dreiseitenkipper mit hydraulischem Streugerät und Vorbaukehrwalze
M 2548.1/20.1	Wasserbehälter mit Vorbauwascheinrichtung
M 2548.1/22.1	Wasserbehälter mit Vorbaukehrwalze
M 2551	Sammelbehälterfahrzeug
M 2514	Absetzkipper
M 2530	Drehleiterfahrzeug
M 2533	Montagemastfahrzeug

Nutzfahrzeug-Importe in die DDR

Sowjetischer KrAZ 256-Muldenkipper

Von Anfang an wurden ausländische Fahrzeuge in der DDR eingesetzt, wenn auch zunächst in vergleichsweise bescheidenem Rahmen. Als »sozialistische Bruderhilfe« für die nach Kriegszerstörung und Reparationsleistung im Wiederaufbau befindliche Industrie und Landwirtschaft kamen aus der Sowjetunion u.a. Lkw von GAZ und ZIS/ZIL ins Land.
In den 50er-Jahren entwickelte sich ein planmäßiger Import, u.a. von tschechischen Pkws und Lastwagen und von ungarischen Omnibussen.
Mit den im RGW getroffenen Abstimmungen und der Begrenzung des IFA-Typenprogramms wuchs die Bedeutung der Fahrzeugimporte für die DDR ganz erheblich.
Besonders seit Mitte der 60er-Jahre dokumentierte sich dies in wachsenden Stückzahlen.
Während bei den Pkw das Typenspektrum noch überschaubar blieb, war bei den Lastwagen und Bussen die Vielfalt auf Grund der den Einsatzvorgaben zu entsprechenden Modifikationen weitaus größer.
Manche Fahrzeuge wurden nur in geringen Stückzahlen und für ganz spezifische Aufgaben beschafft. Es ist darum nicht möglich, alle jemals in die DDR importierten Typen, Varianten und Bauformen im hier gegebenen Rahmen zu dokumentieren.
Der Schwerpunkt muß bei Grundtypen und solchen Fahrzeugen liegen, die in größeren Stückzahlen beschafft wurden oder besonders typisch für die Produktionsprogramme der Hersteller waren.
Vorrangig militärisch genutzte Lastwagen werden ebenfalls nicht berücksichtigt.

Nutzfahrzeuge aus der Tschechoslowakei

Im Unterschied zu den meisten anderen RGW-Staaten verfügte die Tschechoslowakei mit den Marken Praga, Skoda/LIAZ, Tatra und Karosa (ex-Sodomka) über eine traditionelle Nutzfahrzeugindustrie.
Besonders bei schweren Lkw waren Erfahrungen und technologische Voraussetzungen gegeben. Es lag nahe, diese Möglichkeiten bei den Spezialisierungsabsprachen im RGW entsprechend zu nutzen. Die Militärs des Warschauer Paktes hatten besonders an den robusten Tatra-Lkw Interesse, ebenso wie die Sowjetunion für ihre Baustellen im fernen Osten.
Weil die DDR die RGW-Empfehlungen mit der Produktionseinstellung schwerer Lastwagen und Busse in die Tat umgesetzt hatte, war sie nun auf Importe angewiesen.
Da die Tschechoslowakei auch ein recht weites Spektrum von Spezialfahrzeugen und Sonderaufbauten herstellte, wurden von der DDR viele verschiedene Ausführungen auf Chassis der genannten Hersteller importiert. Eine Darstellung nach einzelnen Importgrößen sprengt allerdings den Rahmen des vorliegenden Buches.

Tatra 111, gebaut von 1942 bis 1960

Praga-Lastwagen

Die Lastwagen aus der Automobilfabrik in Prag blieben eine Ausnahme auf den Straßen der DDR. Bis 1969 kamen lediglich 200 Spezialfahrzeuge des Typs Praga V 3 S zum Einsatz. Davon waren 86 Kipper, einige Abschlepp- und Fäkalienwagen sowie 95 Werkstattwagen. Alle nutzten ein dreiachsiges Allrad-Fahrgestell mit abschaltbarer Vorderachse. Der luftgekühlte Reihen-6-Zylinder-Dieselmotor T-912 (98 PS) mit Direkteinspritzung stammte von Tatra.

Praga V 3 S Kipper, Import 1959 – 1960 (86 Stück)

Skoda-Lastwagen

Die Lkw-Marke Skoda basiert auf Firmen Laurin & Klement, die 1901 einen dreirädrigen Kastenwagen auf den Markt brachten und der Reichenberger Automobilfabrik RAF, die 1908 mit der Fertigung von Lastwagen begann. 1914 fusionierte RAF mit Laurin & Klement.
Die Skoda-Werke in Pilsen richteten 1919 eine Abteilung für den Automobilbau ein. Nach der Vereinigung von Skoda und Laurin & Klement wurden ab 1925 in Mlada Boleslav und in Pilsen Lastwagen und Busse unter dem Markennamen Skoda gefertigt.
Nach dem Zweiten Weltkrieg montierte zuerst das Avia-Werk in Prag die Skoda-Nutzfahrzeuge, ab 1953 ein neu eingerichteter Betrieb in Jablonec. Von 1984 bis 1995 wurde die Markenbezeichnung LIAZ (Liberecer Automobilwerk) genutzt, danach noch einmal der traditionelle Begriff Skoda.
Die ersten Hauben-Lkw vom Typ Skoda 706 R kamen bereits 1951 in die DDR, bis 1956 dann insgesamt 197 Exemplare.
Den Haubenfahrzeugen folgten ab 1957 mit dem 706 RT die Frontlenkermodelle. Gleichzeitig erfolgte bei Skoda der Übergang vom Vorkammer-Diesel zum Direkteinspritzer. Mit stärkeren Motoren und Außenplanetenachsen gab es ab 1969 den 706 MT. Die zahlreichen Varianten beider Ausführungen bestimmten über viele Jahre das Straßenbild der DDR mit.
Die neue Frontlenker-Lastwagen-Baureihe Skoda 100 stand ab dem Jahr 1977 zur Verfügung. Importiert wurden dann in der Folgezeit hauptsächlich Sattelzugmaschinen (Typen 100.42, 100.45, 100.47) und

Skoda 706 R, Import 1951 – 1956

Skoda 706 RT mit Müllwagen-Aufbau BOBR 11,5-20, Import ab 1970

Pritschenwagen (Typen 100.04, 100.05, 100.053). Die Typenbezeichnung 110 kennzeichnet die Lastwagen mit kippbarem Fahrerhaus, die ab 1986 importiert worden sind.

Fahrzeuge der Skoda/LIAZ-Reihen 100/110 waren in erheblichem Maße im Auftrag der Spedition Deutrans im internationalen Verkehr eingesetzt.

Skoda 706 RT AKV Sprengwagen, Import 1959 – 1979

Skoda / LIAZ MTS 24 Dreiseitenkipper, Import 1969 – 1987

Skoda / LIAZ MT 4 Pritschenwagen 8 t, Import 1975 – 1982

Skoda / LIAZ MTTN mit IFA-Auflieger HLS 200 78 TK

LIAZ 110.551 Sattelzugmaschine, Import 1985 – 1989

LIAZ 100.05 Pritschenwagen 8 t, Import 1980 – 1989

	Skoda 706 RTK-1 Müllwagen Spezial-Lkw (4 x 2)	Skoda / LIAZ MTS 24 (MTS 24R) Dreiseitenkipper (4 x 2)	Skoda / LIAZ MT 4 Lkw (4 x 2)
Import	vor 1961 – 1979	1969 – 1987	1975 – 1982
Motor	Dieselmotor 706 RT (Direkteinspritzung)	Dieselmotor M 634 (Direkteinspritzung)	Dieselmotor M 634 (Direkteinspritzung)
Zylinderzahl	6 (Reihe)	6 (Reihe)	6 (Reihe)
Bohrung x Hub	125 x 160 mm	130 x 150 mm	130 x 150 mm
Hubraum	11781 cm^3	11940 cm^3	11940 cm^3
Leistung	160 PS (118 kW) bei 1900 /min	200 PS (147 kW) bei 2000 /min	200 PS (147 kW) bei 2000 /min
Drehmoment	690 Nm bei 1200 /min	752 Nm bei 1400 /min	752 Nm bei 1400 /min
Kühlung	Wasser	Wasser	Wasser
Elektrische Anlage	24 V	24 V, Lichtmaschine 500 W	24 V, Lichtmaschine 500 W
Kraftübertragung	Hinterachs-Antrieb	Hinterachs-Antrieb	Hinterachs-Antrieb
Kupplung	Einscheiben-Trockenkupplung	Einscheiben-Trockenkupplung	Einscheiben-Trockenkupplung oder Zweischeiben-Trockenkupplung
Getriebe	unsynchron, 5 + 1 Gänge	unsynchron, mit Vorschaltgruppe (5 + 1) x 2 Gänge	unsynchron, mit Vorschaltgruppe (5 + 1) x 2 Gänge
Achsantrieb	einfach übersetzte Hinterachse	Außenplaneten-Hinterachse MTS 24 R : Außenplaneten-Hinterachse von Raba (Ungarn)	Außenplaneten-Hinterachse
Fahrwerk	Leiterrahmen	Leiterrahmen	Leiterrahmen
Vorderradaufhängung	Starrachse, Blattfedern	Starrachse, Blattfedern	Starrachse, Blattfedern, Hebelstoßdämpfer
Hinterradaufhängung	Starrachse, Blattfedern	Starrachse, Blattfedern	Starrachse, Blattfedern,
Lenkung	mechanisch mit pneumatischer Unterstützung	Monoblock-Hydrolenkung	Monoblock Hydrolenkung
Bremsanlage	Allradbremse, pneumatisch, mechanische Feststellbremse, Motorbremse	Allradbremse, pneumatisch, ALB an Hinterachse, mechanische Feststellbremse mit pneum. Unterstützung, Motorbremse	Allradbremse, pneumatisch, ALB an Hinterachse, mechanische Feststellbremse mit pneum. Unterstützung, Motorbremse
Allgemeine Daten	Müllsammelbehälter: 11 m^3		Pritschen-Lkw (Pritschen-Lkw mit Ladekran HR 2503)
Radstand	4000 mm	3650 mm	4600 mm
Spur	1927 / 1755 mm	1924 / 1782 mm	1943 / 1782 mm
Gesamtmaße	8000 x 2500 x 3200 mm	6480 x 2450 x 2560 mm	7600 x 2500 x 2600 mm (7600 x 2500 x 2920 mm)
Reifen	11.00-20	11.00-20	11.00-20
Bodenfreiheit	280 mm	280 mm	280 mm
Fahrzeugmasse	9100 kg	7350 kg	6750 kg (7850 kg)
Zuläss. Gesamtmasse	16.100 kg	16.000 kg	16.000 kg
Nutzmasse	7000 kg	8650 kg	9250 kg (7850 kg)
Höchstgeschwindigkeit	70 km/h	80 km/h	80 km/h
Kraftstofftank	175 Liter	175 Liter	175 Liter

LIAZ 150.261 Dreiseitenkipper, Import 1988 – 1989

	LIAZ 100.05 / 100.053 Lkw (4 x 2)	LIAZ 110.551 Sattelzugmaschine (4 x 2)	LIAZ 150.261 Dreiseitenkipper (4 x 2)
Import	1977 – 1989	1985 – 1989	1988 – 1989
Motor	Dieselmotor MS 638	Dieselmotor MS 640	Dieselmotor MS 640 F
	Direkteinspritzung, ATL	Direkteinspritzung, ATL, Ladeluftkühlung	Direkteinspritzung, ATL, Ladeluftkühlung
Zylinderzahl	6 (Reihe)	6 (Reihe)	6 (Reihe)
Bohrung x Hub	130 x 150 mm	130 x 150 mm	130 x 150 mm
Hubraum	11940 cm³	11940 cm³	11940 cm³
Leistung	305 PS (224 kW) bei 2000 /min	320 PS (235 kW) bei 2000 /min	288 PS (212 kW) bei 2000 /min
Drehmoment	1128 Nm bei 1400 /min	1290 Nm bei 1250 /min	1170 Nm bei 1300 /min
Kühlung	Wasser	Wasser	Wasser
Elektrische Anlage	24 V, Lichtmaschine 760 W	24 V, Lichtmaschine 1680 W	24 V, Lichtmaschine 1080 W
Kraftübertragung	Hinterachs-Antrieb	Hinterachs-Antrieb	Hinterachs-Antrieb
Kupplung	Zweischeiben-Trockenkupplung	Zweischeiben-Trockenkupplung	Einscheiben-Trockenkupplung
Getriebe	unsynchron. mit Vorschaltgruppe (5 + 1) x 2 Gänge	unsynchron. mit Nachschaltgruppe (9 + 1) x 2 Gänge	unsynchron. mit Vorschaltgruppe (5 + 1) x 2 Gänge
Achsantrieb	Außenplaneten-Hinterachse Differentialsperre	Außenplaneten-Hinterachse Differentialsperre	Außenplaneten-Hinterachse Differentialsperre
Fahrwerk	Leiterrahmen	Leiterrahmen	Leiterrahmen
Vorderradaufhängung	Starrachse, Blattfedern, Querstabilisator, Teleskop-Stoßdämpfer	Starrachse, kombinierte Blatt- / Luftfedern, Teleskop-Stoßdämpfer	Starrachse, Blattfedern, Querstabilisator, Teleskop-Stoßdämpfer
Hinterradaufhängung	Starrachse, Blattfedern, Querstabilisator	Starrachse, kombinierte Blatt- / Luftfedern, Teleskop-Stoßdämpfer	Starrachse, Blattfedern, Querstabilisator
Lenkung	Monoblock-Hydrolenkung	Monoblock-Hydrolenkung	Monoblock-Hydrolenkung
Bremsanlage	Allradbremse pneumatisch, ALB an Hinterachse, Federspeicher-Feststellbremse, Motorbremse	Allradbremse pneumatisch, ALB an Hinterachse, Federspeicher-Feststellbremse, Motorbremse	Allradbremse pneumatisch, ALB an Hinterachse, Federspeicher-Feststellbremse, Motorbremse
Allgemeine Daten			
Radstand	5000 mm	3750 mm	3550 mm
Spur	2050 / 1832 mm	2050 / 1832 mm	2050 / 1832 mm
Gesamtmaße	8460 x 2500 x 3620 mm	6195 x 2500 x 2810 mm	6335 x 2500 x 2825 mm
Reifen	11.00-20	11.00-20	11.00-20
Bodenfreiheit	300 mm	260 mm	
Fahrzeugmasse	8000 kg	7050 kg	7700 kg
Zuläss. Gesamtmasse	16.250 kg	16.000 kg	17.000 kg
Nutzmasse	8250 kg	8950 kg (Sattellast)	9300 kg
Höchstgeschwindigkeit	100 km/h	100 km/h	87 km/h
Kraftstofftank	2 x 180 Liter	2 x 180 Liter	180 Liter

Skoda-Busse

Bis 1971 gehörten auch Skoda-Omnibusse zum Importprogramm der DDR, etwa 500 Stück wurden bezogen..
Mit der Technik des Skoda 706 R gab es den Bus 706 RO. Mit dem Übergang zum Skoda RT wurde auch das Busprogramm zur Reihe 706 RTO umgestellt. Die Aufbauten dieser Fahrzeuge kamen von der Firma Karosa.
Sie ging zurück auf das Jahr 1895, als Josef Sodomka im ostböhmischen Vysoke Myto eine Wagenbau-Werkstatt gegründet hatte. 1928 begann er mit der Herstellung von Omnibus-Aufbauten auf Fahrgestellen von Skoda, Tatra und Praga. Die Verstaatlichung 1948 brachte auch den neuen Firmennamen Karosa. Neben Feuerlösch- und Kommunalfahrzeugen wurden jährlich bis zu 3000 Omnibusse montiert, seit 1967 in selbsttragender Bauweise. Davon hat die DDR lediglich 1987 nochmals 70 Stück vom Typ C 734 eingekauft.
Zu erwähnen sind die ebenfalls unter dem Markennamen Skoda gehandelten Oberleitungsbusse, die allerdings in einem Werk von Skoda Pilsen in Ostrau/Ostrov montiert wurden.
Als Nachfolger der Werdauer Obustypen wurden für die Nahverkehrsbetriebe der DDR insgesamt 52 Stück des Tr 8 (bis 1960), 137 Stück des Tr 9 (1962–1969) und 20 Stück des Tr 14 (1983–1984) beschafft.

Skoda 706 RO Omnibus, Import 1956

Skoda 706 RTO Omnibus, Import bis 1971

Karosa C 734 Regionalbus, Import 1987

Skoda 8 Tr Obus, Import bis 1960

Skoda 9 Tr Obus, Import 1962 – 1969

Skoda 14 Tr Obus, Import 1983 – 1984

Tatra-Lastwagen

Die Firma Tatra gehört zu den ältesten Automobilmarken Europas. Bereits 1850 hatte Ignac Sustala in Nesselsdorf (Koprivnice) mit der Fertigung von Kutschen und Fahrzeugaufbauten begonnen. 1898 enstand der ersten Nesselsdorfer Lastkraftwagen mit einer Tragfähigkeit von 2,5 Tonnen, 1907 folgte der erste Omnibus. Den Markenname Tatra gibt es seit 1919.

Der vom Konstrukteur Hans Ledwinka konzipierte Pkw T 11 verfügte 1923 als erstes Tatra-Fahrzeug über die später auch bei den Lkw bestimmenden Merkmale: luftgekühlter Motor und Zentralrohrrahmen.

Seit 1951 wurde das Tatra-Werk vorrangig auf die Nutzfahrzeug-Produktion festgeschrieben. Gefertigt wurde zu dieser Zeit überwiegend der Lkw-Typ Tatra 111 (Seite 245), dessen Entwicklung aus dem Zweiten Weltkrieg stammte.

Weitere wichtige Entwicklungsschritte waren:

1956: Erstmalige Anwendung der Drehstabfederung an den Vorderachsen von Tatra-Nutzfahrzeugen.

1959: Produktionsbeginn der Serie T 138 mit 12 Tonnen Nutzmasse.

1961: Einführung der Frontlenker-Schwerlast.-zugmaschine T 813.

1970: Serienbeginn des Hauben-Lkw T 148. für den militärischen und den schweren Baustelleneinsatz in den RGW-Ländern.

1971: RGW-Beschluß zu weiteren Spezialisierung des Tatra-Werkes auf die Herstellung schwerer, geländegängiger Lkw, danach ab 1972 Rekonstruktion und Ausbau der Werksanlagen.

1983: Frontlenker-Baureihe T 815 anstelle der Typen T 148 und T 813 als Resultat der Produktionsrationalisierung.

1989: Jahresproduktion erreichte über 15.000 Lkw (fast die Hälfte davon wurde in die Sowjetunion exportiert).

Insgesamt sind bis 1989 über 2.900 Tatra-Lkw für den zivilen Bedarf in die DDR importiert worden. Dazu kommt noch eine erhebliche Größenordnung für den militärischen Bereich.

Hauptsächlich in der DDR eingesetzt wurden:

- die Schwerlastzugmaschine Tatra 141 aus dem slowakischen Zweigwerk Banovce, die auf dem Tatra 111 basierte.
- die Dreiseitenkipper Tatra 138 S 3 und 148 S 3,
- die Dreiseitenkipper Tatra 815 S 3 (ab 1983)

Darüber hinaus gab es die verschiedensten Typen aus dem umfangreichen Tatra-Programm auch mit Sonderaufbauten.

Tatra 141 Schwerlastzugmaschine, Import 1960 – 1970

Tatra 138 / ASC 32 Tanklöschfahrzeug, Import 1964 – 1969

Tatra 813 Schwerlastzugmaschine, Import 1971 – 1982

Tatra 148 S 3 Dreiseitenkipper, Import 1972 – 1982

Tatra 815 S 3 Dreiseitenkipper, Import 1983 – 1989

Tatra 815 NTH Sattelzugmaschine, Import 1984 – 1989

	Tatra 141 Zugmaschine (6 x 6)	Tatra 148 S 3 Dreiseitenkipper (6 x 6)
Import	1960 – 1970	1972 – 1982
Motor	Dieselmotor T 111 A5 (Direkteinspritzung)	Dieselmotor T2-928 (Direkteinspritzung)
Zylinderzahl	V12	V8
Bohrung x Hub	110 x 130 mm	120 x 140 mm
Hubraum	14825 cm³	12700 cm³
Leistung	185 PS (136 kW) bei 2000 /min	212 PS (156 kW) bei 2000 /min
Drehmoment	726 Nm bei 1200 /min	815 Nm bei 1400 /min
Kühlung	Luft	Luft
Elektrische Anlage	12 V, 2 x Lichtmaschine 200 W	24 V, Lichtmaschine 500 W
Kraftübertragung	Allrad-Antrieb	Allrad-Antrieb
Kupplung	Zweischeibenkupplung	Einscheibenkupplung
Getriebe	unsynchron. mit Zweigangzusatzgetriebe (5 + 1) x 2 Gänge	teilsynchron. mit Zweigangzusatzgetriebe (5 + 1) x 2 Gänge
Achsantrieb	Untersetzungsgetriebe in den Radnaben, Differentialsperre	einfach übersetzte Hinterachse, Differentialsperre
Fahrwerk	Zentralrohrrahmen	Zentralrohrrahmen
Vorderradaufhängung	Pendelachse, Blattfedern, Hebelstoßdämpfer	Pendelachse, Drehstabfedern, Teleskopstoßdämpfer
Hinterradaufhängung	Pendelachse, Blattfedern, Hebelstoßdämpfer	Pendelachse, Blattfedern,
Lenkung	mechanisch	mechanisch mit hydraulischer Unterstützung
Bremsanlage	Allradbremse, pneumatisch, mechanische Feststellbremse auf Verbindungswelle	Allradbremse, pneumatisch, Getriebebackenbremse als Feststellbremse, Motorbremse
Allgemeine Daten		
Radstand	3500 + 1220 mm	3890 + 1320 mm
Spur	2080 mm	1966 / 1770 mm
Gesamtmaße	7450 x 2580 x 2600mm	7275 x 2500 x 2610 mm
Reifen	11.00 20	11.00-20
Bodenfreiheit	290 mm	315 mm
Fahrzeugmasse	12.140 kg + 5500 kg Ballast	11.200 kg
Zuläss. Gesamtmasse	18.240 kg	25.100 kg
Nutzmasse	Anhängemasse. 100.000 kg	13.900 kg
Höchstgeschwindigkeit	38 km/h	75 km/h
Kraftstofftank	420 Liter	200 Liter

Tatra 815 TP Schwerlastzugmaschine, Import 1986 – 1989

	Tatra 813 Zugmaschine (6 x 6)	Tatra 815 S 3 Dreiseitenkipper (6 x 6)
Import	1971 – 1982	1983 – 1989
Motor	Dieselmotor T 930-31 (Direkteinspritzung)	Dieselmotor T3-929-1 (Direkteinspritzung)
Zylinderzahl	V12	V10
Bohrung x Hub	120 x 130 mm	120 x 140 mm
Hubraum	17640 cm³	15825 cm³
Leistung	270 PS (199 kW) bei 2000 /min	280 PS (208 kW) bei 2200 /min
Drehmoment	990 Nm bei 1300 /min	1010 Nm bei 1400 /min
Kühlung	Luft	Luft
Elektrische Anlage	24 V, Lichtmaschine 900 W	24 V, Lichtmaschine 750 W
Kraftübertragung	Allrad-Antrieb	Allrad-Antrieb
Kupplung	Dreischeibenkupplung	Einscheibenkupplung
Getriebe	synchron. mit Zweigangzusatzgetriebe und zweistufigem Planetenradschnellgang (5 + 1) x 4 Gänge	unsynchron. mit Vorschaltgruppe (5 + 1) x 2 Gänge
Achsantrieb	Untersetzungsgetriebe in den Radnaben, Differentialsperre	einfach übersetzte Hinterachse, Differentialsperre
Fahrwerk	Zentralrohrrahmen mit Hilfsrahmen	Zentralrohrrahmen mit Hilfsrahmen
Vorderradaufhängung	Vorderachsen 1 + 2: Pendelachsen, Blattfedern	Pendelachse, Drehstabfedern, Teleskopstoßdämpfer
Hinterradaufhängung	Pendelachse, Drehstabfedern, Teleskop-Stoßdämpfer	Pendelachse, Blattfedern,
Lenkung	mechanisch mit hydraulischer Unterstützung	mechanisch mit hydraulischer Unterstützung
Bremsanlage	Allradbremse, pneumatisch, Getriebebackenbremse als Feststellbremse, Motorbremse	Allradbremse, pneumatisch, ALB an Doppelachse, Federspeicher-Feststellbremse, Motorbremse
Allgemeine Daten		
Radstand	1650 + 2700 mm	3550 + 1320 mm
Spur	1986 / 1946 mm	1989 / 1754 mm
Gesamtmaße	7760 x 2500 x 2780 mm	7000 x 2500 x 3150 mm
Reifen	18.0-22.5	11.00-20
Bodenfreiheit	330 mm	290 mm
Fahrzeugmasse	11.930 kg + 8000 kg Ballast	11.700 kg
Zuläss. Gesamtmasse	22.000 kg	26.700 kg
Nutzmasse	Anhängemasse 100.000 kg	15.000 kg
Höchstgeschwindigkeit	70 km/h ohne Anhänger	88 km/h
Kraftstofftank	380 Liter	230 Liter

Nutzfahrzeuge aus Polen

Auch die Nutzfahrzeugproduktion Polens hielt sich bis nach dem Zweiten Weltkrieg in engen Grenzen und beschränkte sich wesentlich auf die Nutzung ausländischer Konstruktionen.
Bereits vor Kriegsbeginn war mit dem Bau eines Lkw-Werkes in Lublin begonnen worden, wo u.a. der Opel Blitz montiert werden sollte. Am gleichen Ort begann nach 1945 die Lizenzproduktion russischer GAZ-Lkw. Ab 1952 entwickelte BKPMot, das zentrale Entwicklungsbüro der Automobilindustrie in Warschau, einen 8-Tonnen-Lkw. Ungeachtet der Abstimmungen im RGW wurden diese Arbeiten bis zur Serienproduktion in Jelcz weitergeführt. Ebenso setzte Polen auch bei mittelschweren Lkw und bei Omnibussen auf eigene Fertigungen, wobei zum Teil mit ausländischen Partnern kooperiert wurde.
Im Rahmen der RGW-Spezialisierung übernahm das polnische Unternehmen ZREMB Wroclaw aber die Montage von Schwerlast- und Tiefladeanhängern aus der DDR.
Neben Zuk- und Jelcz-Fahrzeugen, verschiedenen Anhängern und Zementsiloaufliegern importierte die DDR von 1973 bis 1976 auch einige Werkstattwagen des Typs 574 auf dreiachsigen Star-Fahrgestellen von FSC Starachowice.

Zuk-Kleintransporter

Das Werk FSC in Lublin hatte von 1952 bis 1959 sowjetische GAZ-51-Lkw montiert. Im Jahre 1958 begann die Serienfertigung von Kleintransportern unter Nutzung der Antriebstechnik des Warszawa, der polnischen Lizenzausführung des russischen Pkw GAZ M 20 Pobjeda.
Einige Weiterentwicklungen des Warszawa wurden auch für die Zuk-Transporter übernommen. Dies betraf besonders die Einführung des obengesteuerten Motors S 21. Nach der Fiat-Lizenzübernahme für den Polski-Fiat 125p fanden auch dessen Bauteile ebenfalls Eingang in die Zuk-Produktion. Dies betraf besonders Brems- und Elektrikteile.
Trotz des hohen Benzinverbrauchs beschaffte die DDR von 1976 bis 1980 mehr als 6.000 Zuk-Transporter um das erhebliche Angebotsdefizit in dieser Fahrzeugkategorie zu mildern.

Zuk A 06 Kastenwagen, Import 1976 – 1979

Zuk A 07 Kombiwagen, Import 1976 – 1980

Zuk A 11 Kleintransporter mit Holzpritsche, Import 1979 – 1979

	Zuk A 06 Kleintransporter (Kastenwagen)	Zuk A 07 Kleintransporter (Kombiwagen)	Zuk A 11 Kleintransporter (Holzpritsche)
Import	1976 – 1979	1976 – 1980	1976 – 1979
Motor	Vergasermotor S 21	Vergasermotor S 21	Vergasermotor S 21
Zylinderzahl	4 (Reihe)	4 (Reihe)	4 (Reihe)
Bohrung x Hub	82 x 100 mm	82 x 100 mm	82 x 100 mm
Hubraum	2120 cm^3	2120 cm^3	2120 cm^3
Leistung	70 PS (52 kW) bei 4000 /min	70 PS (52 kW) bei 4000 /min	70 PS (52 kW) bei 4000 /min
Drehmoment	147 Nm bei 2500 /min	147 Nm bei 2500 /min	147 Nm bei 2500 /min
Kühlung	Wasser	Wasser	Wasser
Elektrische Anlage	12 V, Lichtmaschine 300 W	12 V, Lichtmaschine 300 W	12 V, Lichtmaschine 300 W
Kraftübertragung	Hinterachs-Antrieb	Hinterachs-Antrieb	Hinterachs-Antrieb
Kupplung	Einscheiben-Trockenkupplung	Einscheiben-Trockenkupplung	Einscheiben-Trockenkupplung
Getriebe	teilsynchron, 3 + 1 Gänge	teilsynchron, 3 + 1 Gänge	teilsynchron, 3 + 1 Gänge
Achsantrieb	einfach übersetzte Hinterachse	einfach übersetzte Hinterachse	einfach übersetzte Hinterachse
Fahrwerk	Leiterrahmen	Leiterrahmen	Leiterrahmen
Vorderradaufhängung	Einzelradaufhängung, Teleskop-Stoßdämpfer Schraubenfedern, Querstabilisator,	Einzelradaufhängung, Schraubenfedern, Querstabilisator, Teleskop-Stoßdämpfer	Einzelradaufhängung, Schraubenfedern, Querstabilisator, Teleskop-Stoßdämpfer
Hinterradaufhängung	Starrachse, Blattfedern, Querstabilisator, Teleskop-Stoßdämpfer	Starrachse, Blattfedern, Querstabilisator, Teleskop-Stoßdämpfer	Starrachse, Blattfedern, Querstabilisator, Teleskop-Stoßdämpfer
Lenkung	mechanisch	mechanisch	mechanisch
Bremsanlage	Allradbremse, hydraulisch, mechanische Feststellbremse	Allradbremse, hydraulisch, mechanische Feststellbremse	Allradbremse, hydraulisch, mechanische Feststellbremse
Allgemeine Daten			
Radstand	2700 mm	2700 mm	2700 mm
Spur	1365 /1375 mm	1365 /1375 mm	1365 /1375 mm
Gesamtmaße	4400 x 1875 x 2180 mm	4330 x 1875 x 2180 mm	4400 x 1875 x 2330 mm
Reifen	6.50-16	6.50-16	6.50-16
Bodenfreiheit	210 mm	210 mm	210 mm
Fahrzeugmasse	1400 kg	1550 kg	1400 kg
Zuläss. Gesamtmasse	2425 kg	2425 kg	2425 kg
Nutzmasse	1025 kg	875 kg	1025 kg
Höchstgeschwindigkeit	95 km/h	95 km/h	95 km/h
Kraftstofftank	55 Liter	55 Liter	55 Liter

Jelcz-Lastwagen und Busse

Das Werk JZS in Jelcz geht auf eine 1934 gegründete Rüstungsfirma zurück. Ab 1952 wurden hier Kraftfahrzeuge repariert sowie Lkw-Teile und -Aufbauten gefertigt.

Sechs Jahre später wurde das Werk zur Nutzfahrzeugfertigung erweitert mit dem Ziel, den vom Warschauer Entwurfsbüro BKPMot entwickelten schweren Lkw zu fertigen. Unter der Bezeichnung Zubr A 80 begann 1961 die Serienfertigung zunächst mit polnischen Dieselmotoren.

Ab 1966 wurde im südpolnischen Werk Mielec der Motor SW 680 nach einer Lizenz von Leyland produziert. Diese Motoren waren seit 1968 der Basisantrieb fast aller Jelcz-Lkw. Zunächst mit Saugmotor, ab 1972 auch mit einer aufgeladenen Variante wurde damit die Typenreihe Jelcz 315/316/317 ausgerüstet. Diese Baureihe wurde von der DDR von 1969 bis 1985 in 5.500 Einheiten beschafft. Den Hauptanteil bildete die zweiachsige Sattelzugmaschine Jelcz 317 D, die auch im grenzüberschreitenden Verkehr eingesetzt war.

In Zusammenarbeit mit der österreichischen Firma Steyr entstanden ab 1973 die Typen Jelcz 400/600 mit kippbaren Kabinen. Von der zwischen 1986 und 1989 etwa 500 Sattelzugmaschinen dieser Baureihe in die DDR kamen.

Parallel zur Lkw-Fertigung hatte Jelcz 1962 damit begonnen, Omnibusse auf Skoda-706-RTO-Chassis zu montieren. In Ergänzung zum tschechischen Typenprogramm wurden auch Gelenkzüge und Busanhänger unter Nutzung der originalen Karosserieelemente gefertigt.

Die DDR hat von 1968 bis 1970 über 350 Anhänger PO 1 und 660 Jelcz-Busse der Typen 043 (Regionalbus) und 021 (Gelenk-Stadtlinienbus) beschafft. Die technische Grundausführung der Busse entsprach weitgehend dem tschechischen Basistyp. Die ab 1973 nach einer Berliet-Lizenz gefertigte neue Jelcz-Busgeneration kam in der DDR nicht zum Einsatz.

Jelcz 021 Stadtlinienbus, Import 1969 – 1970

Jelcz 315 Pritschenwagen 8 t, Import 1968 – 1970

Jelcz 315 M Pritschenwagen 8 t, Import 1971 – 1977

Jelcz 316 Pritschenwagen 10 t, Import 1973 – 1981

Jelcz 317 D Sattelzugmaschine mit IFA-Auflieger HLS 200 78 TK, Import 1973 – 1985

Jelcz C 417 D Sattelzugmaschine, Import 1986 – 1989

	Lkw (4 x 2) Jelcz 315 / Jelcz 315 M	Lkw (6 x 2) Jelcz 316	Sattelzugmaschine (4 x 2) Jelcz 317 D (Jelcz 317)
Import	1969 – 1970 / 1971 – 1977	1973 – 1981	1973 – 1985
			(nur 1973)
Motor	Dieselmotor SW 680 /1	Dieselmotor SW 680 /1	Dieselmotor SW 680 /17
	Direkteinspritzung	Direkteinspritzung	Direkteinspritzung, ATL (Typ 317 mit Motor SW 680/1)
Zylinderzahl	6 (Reihe)	6 (Reihe)	6 (Reihe)
Bohrung x Hub	127 x 146 mm	127 x 146 mm	127 x 146 mm
Hubraum	11100 cm^3	11100 cm^3	11100 cm^3
Leistung	202 PS (149 kW) bei 2200 /min	202 PS (149 kW) bei 2200 /min	243 PS (179 kW) bei 2200 /min
Drehmoment	746 Nm bei 1200 /min	746 Nm bei 1200 /min	886 Nm bei 1400 /min
Kühlung	Wasser	Wasser	Wasser
Elektrische Anlage	12 V oder 24 V,	12 V oder 24 V,	24 V,
	Lichtmaschine 500 W	Lichtmaschine 500 W	Lichtmaschine 500 W
Kraftübertragung	Hinterachs-Antrieb		Hinterachs-Antrieb
Kupplung	Einscheiben-Trockenkupplung	Einscheiben-Trockenkupplung	Einscheiben-Trockenkupplung
Getriebe	teilsynchron, 5 + 1 Gänge	teilsynchron, 5 + 1 Gänge	synchron, 5 + 1 oder 6 + 1 Gänge
Achsantrieb	Außenplaneten Hinterachse	Außenplaneten Hinterachse	Außenplaneten Hinterachse
Fahrwerk	Leiterrahmen	Leiterrahmen	Leiterrahmen
Vorderradaufhängung	Starrachse, Blattfedern, Teleskop-Stoßdämpfer	Starrachse, Blattfedern, Teleskop-Stoßdämpfer	Starrachse, Blattfedern, Teleskop-Stoßdämpfer
Hinterradaufhängung	Starrachse, Blattfedern,	Starrachse, Blattfedern, nicht liftbare Nachlaufachse über Schwinge mit abgefedert	Starrachse, Blattfedern
Lenkung	mechanisch mit hydraulischer Unterstützung	mechanisch mit hydraulischer Unterstützung	mechanisch mit hydraulischer Unterstützung
Bremsanlage	Allradbremse, pneumatisch, Feststellbremse mechanisch, Motorbremse	Allradbremse, pneumatisch, ALB an Hinterachse, Federspeicher-Feststellbremse, Motorbremse	Allradbremse, pneumatisch, ALB an Hinterachse, Federspeicher-Feststellbremse, Motorbremse
Allgemeine Daten	Jelcz 315 M ab 1971		
	mit modernisierter Kabine		
Radstand	4100 mm	4250 + 1355 mm	3400 mm
Spur	2086/1800 mm	2062/1800/2030 mm	2062/1800 mm
Gesamtmaße	7200 x 2500 x 3520 mm	8770 x 2500 x 3600 mm	5600 x 2500 x 2660 mm
Reifen	11.00-20	11.00-20	11.00-20
Bodenfreiheit	330 mm	330 mm	330 mm
Fahrzeugmasse	7400 kg	8700 kg	6300 kg
Zuläss. Gesamtmasse	15.400 kg	19.900 kg	15.650 kg
Nutzlmasse	8000 kg	11.200 kg	9250 kg (Sattelmasse)
Höchstgeschwindigkeit	85 km/h	90 km/h	90 km/h
Kraftstofftank	370 Liter	250 Liter	2 x 150 Liter

Jelcz C 620 Sattelzugmaschine, Import 1986 – 1989

	Jelcz C 417 Sattelzugmaschine (4 x 2)	Jelcz C 620 Sattelzugmaschine (6 x 2)
Import	1986 – 1989	1986 – 1989
Motor	Dieselmotor SW 680 /207	Dieselmotor SW 680 /207
	Direkteinspritzung, ATL	Direkteinspritzung, ATL
Zylinderzahl	6 (Reihe)	6 (Reihe)
Bohrung x Hub	127 x 146 mm	127 x 146 mm
Hubraum	11100 cm³	11100 cm³
Leistung	243 PS (179 kW) bei 2200 /min	243 PS (179 kW) bei 2200 /min
Drehmoment	886 Nm bei 1400 /min	886 Nm bei 1400 /min
Kühlung	Wasser	Wasser
Elektrische Anlage	24 V, Lichtmaschine 500 W	24 V, Lichtmaschine 500 W
Kraftübertragung	Hinterachs-Antrieb	Hinterachs-Antrieb
Kupplung	Einscheiben-Trockenkupplung	Einscheiben-Trockenkupplung
Getriebe	synchron., 6 + 1 Gänge	synchron., 6 + 1 Gänge
Achsantrieb	AußenplanetenHinterachse	AußenplanetenHinterachse
Fahrwerk	Leiterrahmen	Leiterrahmen
Vorderradaufhängung	Starrachse, Blattfedern, Teleskop Stoßdämpfer	Starrachse, Blattfedern, Teleskop Stoßdämpfer
Hinterradaufhängung	Starrachse, Blattfedern, Teleskop-Stoßdämpfer	Starrachse, Blattfedern, Teleskop-Stoßdämpfer, Nachlaufachse liftbar
Lenkung	mechanisch mit hydraulischer Unterstützung	mechanisch mit hydraulischer Unterstützung
Bremsanlage	Allradbremse, pneumatisch, ALB an Hinterachse, Federspeicher-Feststellbremse, Motorbremse	Allradbremse, pneumatisch, ALB an Hinterachse, Federspeicher-Feststellbremse, Motorbremse
Allgemeine Daten		
Radstand	3400 mm	3200/1355 mm
Spur	2060/1800 mm	2080/1800/2020 mm
Gesamtmaße	5615 x 2500 x 3120 mm	6720 x 2500 x 3100 mm
Reifen	11.00-20	11.00-20
Bodenfreiheit	300 mm	320 mm
Fahrzeugmasse	6850 kg	8000 kg
Zuläss. Gesamtmasse	15.850 kg	20.900 kg
Nutzmasse	9000 kg (Sattellast)	12.850 kg (Sattellast)
Höchstgeschwindigkeit	95 km/h	100 km/h
Kraftstofftank	250 Liter	200 Liter

Nutzfahrzeuge aus Rumänien

Die Kraftfahrzeugindustrie Rumäniens wurde nach 1945 mit sowjetischer Unterstützung hauptsächlich für den Eigenbedarf des Balkanstaates entwickelt.
Da die Spezialisierungspläne des RGW nicht den gewünschten Versorgungseffekt brachten, intensivierte Rumänien ab Ende der 60er Jahre mit westlichem Know-how den Aufbau eigener Werke.
Die DDR beschaffte Nutzfahrzeuge aus Rumänien, besonders um Engpässe bei Kleintransportern und schweren Lkw zu schließen, obwohl die Verarbeitungsqualität der rumänischen Produkte oft genug Anlaß zur Kritik bot.

Aro-Geländewagen

Das Werk I.M.M. in Cimpulung Muscel fertigte ab 1957 auf der Basis des sowjetischen GAZ 69 M den Geländewagen IMS 57. Durch den Einbau des rumänischen Motors M 207 entstand der Typ M 461, der in 4.150 Einheiten ab 1969 in die DDR gelangte. Mit dem neuen Vergaser-Motor L 25 ausgerüstet, bezeichnete man den Geländewagen als M 473. Davon wurden 1976 und 1977 insgesamt fast 800 Einheiten bezogen.
Mit völlig neuer Karosserieform, aber gleichem Antriebsaggregat wurde bei I.M.M. ab 1978 der Typ 240 gefertigt, der ab 1978 über 2.700 mal importiert wurde, fast ausschließlich als zweitüriger Grundtyp mit Plane. Nur sehr wenige viertürige Aro 244 kamen ins Land. Ausgerüstet mit dem Dieselmotor L-27 D wurden von 1985 bis 1989 nochmals über 2.000 Aro-Geländewagen eingekauft.
Abgesehen von den mehr militärisch orientierten sowjetischen Fahrzeugen waren die I.M.M.-Aro-Geländewagen das einzige Angebot aus RGW-Fertigung in dieser Kategorie.

M 461 Geländewagen mit Vergasermotor M 207, Import 1969 – 1974

Aro 240 mit Vergasermotor L 25, Import 1978 – 1984

M 473 Geländewagen mit Vergasermotor L 25, Import 1976 – 1977

	Geländewagen M 461	Geländewagen M 473
Import	1969 – 1974	1976 – 1977
Motor	Vergasermotor M 207	Vergasermotor L-25
Zylinderzahl	4 (Reihe)	4 (Reihe)
Bohrung x Hub	97 x 85 mm	97 x 84 mm
Hubraum	2512 cm^3	2495 cm^3
Leistung	77 PS (57 kW) bei 4000 /min	80 PS (59 kW) bei 4200 /min
Drehmoment	157 Nm bei 2900 /min	165 Nm bei 2500 /min
Kühlung	Wasser	Wasser
Elektrische Anlage	12 V, Lichtmaschine 450 W	12 V, Lichtmaschine 500 W
Kraftübertragung	Hinterachs-Antrieb, Allrad-Antrieb zuschaltbar	Hinterachs-Antrieb, Allrad-Antrieb zuschaltbar
Kupplung	Einscheiben-Trockenkupplung	Einscheiben-Trockenkupplung
Getriebe	teilsynchron, 4 + 1 Gänge	teilsynchron, 4 + 1 Gänge
	mit 2-stufigen Verteilergetriebe	mit 2-stufigen Verteilergetriebe
Achsantrieb	einfach übersetzte Hinterachse	einfach übersetzte Hinterachse
Fahrwerk	Leiterrahmen	Leiterrahmen
Vorderradaufhängung	Starrachse, Blattfedern, Teleskop-Stoßdämpfer	Starrachse, Blattfedern, Teleskop-Stoßdämpfer
Hinterradaufhängung	Starrachse, Blattfedern, Teleskop-Stoßdämpfer	Starrachse, Blattfedern, Teleskop-Stoßdämpfer
Lenkung	mechanisch	mechanisch
Bremsanlage	Allradbremse, hydraulisch Feststellbremse mechanisch	Allradbremse, hydraulisch Feststellbremse mechanisch
Allgemeine Daten		
Radstand	2335 mm	2335 mm
Spur	1445 mm	1445 mm
Gesamtmaße	3854 x 1710 x 2050 mm	3854 x 1710 x 2050 mm
Reifen	6.50-16	6.50-16
Bodenfreiheit		
Fahrzeugmasse	1550 kg	1550 kg
Zuläss. Gesamtmasse	2200 kg	2200 kg
Nutzmasse	650 kg	650 kg
Höchstgeschwindigkeit	100 km/h	100 km/h
Kraftstofftank	70 Liter	70 Liter

	Aro 240 Geländewagen	Aro 240 D Geländewagen
Import	1978 – 1984	1985 – 1989
Motor	Vergasermotor L-25	Dieselmotor L-27 D
Zylinderzahl	4 (Reihe)	4 (Reihe)
Bohrung x Hub	97 x 84 mm	97 x 90
Hubraum	2495 cm^3	2660 cm^3
Leistung	80 PS (59 kW) bei 4200 /min	70 PS(52 kW) bei 3800 /min
Drehmoment	165 Nm bei 2500 /min	138 Nm bei 2250 /min
Kühlung	Wasser	Wasser
Elektrische Anlage	12 V, Lichtmaschine 500 W	12 V, Lichtmaschine 500 W
Kraftübertragung	Hinterachs-Antrieb, Allrad-Antrieb zuschaltbar	Hinterachs-Antrieb, Allrad-Antrieb zuschaltbar
Kupplung	Einscheiben-Trockenkupplung	Einscheiben-Trockenkupplung
Getriebe	synchron, 4 + 1 Gänge mit 2-stufigen Verteilergetriebe	synchron, 4 + 1 Gänge mit 2-stufigen Verteilergetriebe
Achsantrieb	einfach übersetzte Hinterachse	einfach übersetzte Hinterachse
Fahrwerk	Leiterrahmen	Leiterrahmen
Vorderradaufhängung	Starrachse, Blattfedern, Teleskop-Stoßdämpfer	Starrachse, Blattfedern, Teleskop-Stoßdämpfer
Hinterradaufhängung	Starrachse, Blattfedern, Teleskop-Stoßdämpfer	Starrachse, Blattfedern, Teleskop-Stoßdämpfer
Lenkung	mechanisch	mechanisch
Bremsanlage	Allradbremse, hydraulisch Feststellbremse mechanisch	Allradbremse, hydraulisch Feststellbremse mechanisch
Allgemeine Daten		
Radstand	2350 mm	2350 mm
Spur	1445 mm	1445 mm
Gesamtmaße	4200 x 1750 x 2000 mm	4150 x 1775 x 1940 mm
Reifen	6.50-16	6.50-16
Bodenfreiheit	200 mm	220 mm
Fahrzeugmasse	1580 kg	1725 kg
Zuläss. Gesamtmasse	2250 kg	2350 kg
Nutzmasse	670 kg	625 kg
Höchstgeschwindigkeit	110 km/h	100 km/h
Kraftstofftank	95 Liter	95 Liter

TV-Kleintransporter

Unter der Typenbezeichnung TV produzierte das Werk Autobuzul Bukarest neben Omnibussen auch Kleintransporter. Der Import in die DDR begann 1968 mit dem TV 41, der über die Mechanik des M 461 von I.M.M. verfügte. Mit den Aggregaten des M 473 und einem veränderten Aufbau entstand der TV 12, durch den Einsatz des Dieselmotors D-127 der TV 14. Dessen Antriebsmaschine geht auf die rumänische Lizenzfertigung von Fiat-Traktoren zurück.
Da die Liefermöglichkeit von Barkas-Kleintransportern für den Binnenmarkt der DDR sehr begrenzt war, bildeten die rumänischen Transporter trotz rauher Technik besonders für betriebliche Fuhrparks oft die einzige Alternative. Von 1968 bis 1982 wurden 27.300 Fahrzeuge importiert, davon 4.600 mit Dieselmotor.

TV 41 C (Camion) Pritschenwagen, Import 1969 – 1973

TV 41 F (Furgon) Kastenwagen, Import 1968 – 1973

TV 12 F Kastenwagen, Import 1976 – 1978

TV 14 C Pritschenwagen, Import 1979 – 1982

TV 14 F Kastenwagen, Import 1979 – 1982

	TV 41 F / TV 41 C Kleintransporter Kastenwagen / Pritsche	TV 12 F / TV 12 C Kleintransporter Kastenwagen / Pritsche	TV 14 F / TV 14 C Kleintransporter Kastenwagen / Pritsche
Import	1968 – 1973	1976 – 1978	1979 – 1982
Motor	Vergasermotor M 207 B	Vergasermotor L-25	Dieselmotor D-127 (Direkteinspritzung)
Zylinderzahl	4 (Reihe)	4 (Reihe)	4 (Reihe)
Bohrung x Hub	97 x 85 mm	97 x 84 mm	95 x 110 mm
Hubraum	2512 cm^3	2495 cm^3	3120 cm^3
Leistung	77 PS (57 kW) bei 4000 /min	80 PS (59 kW) bei 4200 /min	71 PS (52 kW) bei 3200 /min
Drehmoment	157 Nm bei 2900 /min	165 Nm bei 2500 /min	186 Nm bei 1800 /min
Kühlung	Wasser	Wasser	Wasser
Elektrische Anlage	12 V, Lichtmaschine 450 W	12 V, Lichtmaschine 500 W	12 V, Lichtmaschine 500 W
Kraftübertragung	Hinterachs-Antrieb	Hinterachs-Antrieb	Hinterachs-Antrieb
Kupplung	Einscheiben-Trockenkupplung	Einscheiben-Trockenkupplung	Einscheiben-Trockenkupplung
Getriebe	teilsynchron, 4 + 1 Gänge	synchron, 4 + 1 Gänge	synchron., 4 + 1 Gänge
Achsantrieb	einfach übersetzte Hinterachse	einfach übersetzte Hinterachse	einfach übersetzte Hinterachse
Fahrwerk	Leiterrahmen	Leiterrahmen	Leiterrahmen
Vorderradaufhängung	Starrachse, Blattfedern, Teleskop-Stoßdämpfer	Starrachse, Blattfedern, Teleskop-Stoßdämpfer	Starrachse, Blattfedern, Teleskop-Stoßdämpfer
Hinterradaufhängung	Starrachse, Blattfedern, Teleskop-Stoßdämpfer	Starrachse, Blattfedern, Teleskop-Stoßdämpfer	Starrachse, Blattfedern, Teleskop-Stoßdämpfer
Lenkung	mechanisch	mechanisch	mechanisch
Bremsanlage	Allradbremse, hydraulisch Feststellbremse mechanisch	Allradbremse, hydraulisch Feststellbremse mechanisch	Allradbremse, hydraulisch ALB an Hinterachse, Feststellbremse mechanisch
Allgemeine Daten			
Radstand	2450 mm	2450 mm	2450 mm
Spur	1450 mm	1445 mm	1450 mm
Gesamtmaße	4680 x 1950 x 2100 mm	TV 12 F: 4700 x 1930 x 2100 mm TV 12 C: 4970 x 2140 x 2100 mm	TV 14 F: 4700 x 2000 x 2100 mm TV 14 C: 4880 x 2140 x 2150 mm
Reifen	7.50-16	7.50-16	7.50-16
Bodenfreiheit	230 mm	230 mm	230 mm
Fahrzeugmasse	TV 41 F: 1850 kg	TV 12 F: 1870 kg TV 12 C: 1775 kg	TV 14 F: 2000 kg TV 14 C: 1900 kg
Zuläss. Gesamtmasse	TV 41 F: 3100 kg	TV 12 F: 3120 kg TV 12 C: 3025 kg	TV14 F: 3350 kg TV 14 C: 3350 kg
Nutzmasse	1250 kg	1250 kg	TV 14 F: 1350 kg TV 14 C: 1450 kg
Höchstgeschwindigkeit	100 km/h	110 km/h	100 km/h
Kraftstofftank	80 Liter	90 Liter	90 Liter

Roman-Lastwagen

Das Werk I.A.Bv. In Brasov hatte als ersten Lkw den sowjetischen ZIS 150 nachgebaut. Weitere Typen mit Vergasermotoren folgten, bis 1969 eine Lizenzvereinbarung mit MAN getroffen wurde. Dieser Vertrag sicherte Rumänien unter Einbeziehung einheimischer Aufbaufirmen ein relativ großes Typenspektrum mittelschwerer und schwerer Lkw. Als Ergänzung zu den Importen aus Polen und der CSSR bezog die DDR ab 1977 hauptsächlich Roman-Kipper und -Sattelzugmaschinen sowie Transport-Betonmischer. Auch komplette Kühlsattelzüge wurden beschafft.

Als Antriebsquelle dienten in der DDR fast ausschließlich 215-PS-Motoren nach MAN-Lizenz, erst ab 1987 gab es in Sattelzügen auch 256-PS-Turbomotoren Die ZF-Getriebe wurden in Rumänien montiert. Insgesamt gelangten bis 1989 mehr als 2.800 Roman-Lkw in die DDR.

Roman 19.215 DFK Muldenkipper, Import 1977 – 1982

Roman 10.215 FS Sattelzugmaschine mit tschechischem Auflieger N 12 CH, Import 1978 – 1988

Roman 19.256 DFS Kühlsattelzug, Import 1987 – 1989

	Roman 19.215 DFK Kipper (6x4)	Roman 10.215 FS/L Sattelzugmaschine (4x2)
Import	1977 – 1982	1978 – 1988
Motor	Dieselmotor D 2156 HMN 8	Dieselmotor D 2156 HMN 8
	Direkteinspritzung	Direkteinspritzung
Zylinderzahl	6 (Reihe)	6 (Reihe)
Bohrung x Hub	121 x 150 mm	121 x 150 mm
Hubraum	10340 cm³	10340 cm³
Leistung	215 PS (158 kW) bei 2200 /min	215 PS (158 kW) bei 2200 /min
Drehmoment	747 Nm bei 1400 /min	747 Nm bei 1400 /min
Kühlung	Wasser	Wasser
Elektrische Anlage	24 V, Lichtmaschine 500 W	24 V, Lichtmaschine 500 W
Kraftübertragung	Hinterachs-Antrieb	Hinterachs-Antrieb
Kupplung	Einscheiben-Trockenkupplung	Einscheiben-Trockenkupplung
Getriebe	unsynchron., 12 + 2 Gänge mit Nebenabtrieb und Vorschaltgruppe	unsynchron, 6 + 1 Gänge
Achsantrieb	außerhalb der Tragachsen liegende Antriebswellen, Stirnradvorgelege in den Radnaben, Differentialsperre, Leiterrahmen	außerhalb der Tragachsen liegende Antriebswellen, Stirnradvorgelege in den Radnaben, Differentialsperre, Leiterrahmen
Fahrwerk		
Vorderradaufhängung	Starrachse, Blattfedern mit Gummihohlfedern, Teleskopstoßdämpfer	Starrachse, Blattfedern mit Gummihohlfedern, Teleskopstoßdämpfer
Hinterradaufhängung	Starrachse, Blattfedern	Starrachse, Blattfedern
Lenkung	Monoblock-Hydrolenkung	Monoblock-Hydrolenkung
Bremsanlage	Allradbremse, hydraul.-pneumatisch an Vorderachse, pneumatisch an Hinterachsen, ALB an Hinterachsen, Federspeicher-Feststellbremse, Motorbremse	Allradbremse, hydraul.-pneumatisch an Vorderachse, pneumatisch an Hinterachse, ALB an Hinterachse, Federspeicher-Feststellbremse, Motorbremse
Allgemeine Daten		
Radstand	3095 + 1310 mm	3500 mm
Spur	2050/1761 mm	2062/1761 mm
Gesamtmaße	7345 x 2500 x 3250 mm	5900 x 2500 x 2920 mm
Reifen	11.00-20	11.00-20
Bodenfreiheit	300 mm	300 mm
Fahrzeugmasse	10.000 kg	6500 kg
Zuläss. Gesamtmasse	26.000 kg	38.000 kg (Sattelzug)
Nutzmasse	16.000 kg	9500 kg (Sattellast)
Höchstgeschwindigkeit	80 km/h	89 km/h
Kraftstofftank	220 Liter	310 Liter

Roman 19.215 / 19.AB.3 Transportbetonmischer

	Roman 19.215 DFS Sattelzugmaschine (6x4)	Roman 19.256 DFS Sattelzugmaschine (6x4)
Import	1979 – 1986	1987 – 1989
Motor	Dieselmotor D 2156 HMN 8	Dieselmotor D 2156 MTN 8
	Direkteinspritzung	Direkteinspritzung, ATL
Zylinderzahl	6 (Reihe)	6 (Reihe)
Bohrung x Hub	121 x 150 mm	121 x 150 mm
Hubraum	10340 cm³	10340 cm³
Leistung	215 PS (158 kW) bei 2200 /min	256 PS (188 kW) bei 2200 /min
Drehmoment	747 Nm bei 1400 /min	900 Nm bei 1400 /min
Kühlung	Wasser	Wasser
Elektrische Anlage	24 V, Lichtmaschine 500 W	24 V, Lichtmaschine 730 W
Kraftübertragung	Hinterachs-Antrieb	Hinterachs-Antrieb
Kupplung	Einscheiben-Trockenkupplung	Einscheiben-Trockenkupplung
Getriebe	unsynchron, 6 + 1 Gänge	unsynchron. mit Vorschaltgruppe, 12 + 2 Gänge
Achsantrieb	außerhalb der Tragachsen liegenden Antriebswellen, Stirnradvorgelege in den Radnaben, Differentialsperre	außerhalb der Tragachsen liegenden Antriebswellen, Stirnradvorgelege in den Radnaben, Differentialsperre
Fahrwerk	Leiterrahmen	Leiterrahmen
Vorderradaufhängung	Starrachse, Blattfedern mit Gummihohlfedern, Teleskop Stoßdämpfer	Starrachse, Blattfedern mit Gummihohlfedern, Teleskop-Stoßdämpfer
Hinterradaufhängung	Starrachse, Blattfedern	Starrachse, Blattfedern
Lenkung	Monoblock-Hydrolenkung	Monoblock-Hydrolenkung
Bremsanlage	Allradbremse, hydraul.-pneumatisch an Vorderachse, pneumatisch an Hinterachsen, ALB an Hinterachsen, Federspeicher-Feststellbremse, Motorbremse	Allradbremse, hydraul.-pneumatisch an Vorderachse, pneumatisch an Hinterachsen, ALB an Hinterachsen, Federspeicher-Feststellbremse, Motorbremse
Allgemeine Daten		
Radstand	2800 + 1350 mm	2800 + 1350 mm
Spur	2050/1761 mm	2050/1761 mm
Gesamtmaße	6455 x 2500 x 2920 mm	6530 x 2500 x 3110 mm
Reifen	11.00-20	11.00-20
Bodenfreiheit	280 mm	280 mm
Fahrzeugmasse	7860 kg	8650 kg
Zuläss. Gesamtmasse	38.000 kg (Sattelzug)	38.000 kg (Sattelzug)
Nutzmasse	13.800 kg (Sattellast)	13.300 kg (Sattellast)
Höchstgeschwindigkeit	89 km/h	91 km/h
Kraftstofftank	220 Liter oder 310 Liter	420 Liter

Nutzfahrzeuge aus der Sowjetunion

Die russische Nutzfahrzeugindustrie hatte bis 1945 wichtige konstruktive und technologische Erfahrungen aus Lizenzen (Ford AA) und amerikanischen Fahrzeuglieferungen im Zweiten Weltkrieg gesammelt. Es ist also nicht verwunderlich, daß die ersten Baumuster der Nachkriegszeit nicht nur optisch, sondern auch von der Konzeption her, amerikanischen Fahrzeugen glichen. Dies betraf besonders die Verwendung von Vergasermotoren. Außerdem waren die Lastwagen und Busse für harte Einsatzbedingungen, schlechte Straßen und einfache Instandsetzungen konzipiert.

Erst mit der Einrichtung des KamAZ-Motorenwerkes in der Mitte der 70er-Jahre gab es eine deutliche Wende zum verstärkten Einsatz von Dieselmotoren und der Anpassung an internationale konstruktive Trends. Der Import von sowjetischen Nutzfahrzeugen in die DDR war meist geprägt durch eine große Typenvielfalt bei Spezialfahrzeugen und vergleichsweise geringere Stückzahlen.

Schwerpunkt war zweifellos die Versorgung der »bewaffneten Organe« und von Sondervorhaben, wie z.B. der Uran-Abbaugesellschaft »Wismut« und dem staatlich beschlossenen Wohnungsbauprogramm in Ostdeutschland.

Außerdem gab es Importe sowjetischer Fahrzeuge, um Lücken in der Lieferfähigkeit der anderen RGW-Partner zu schließen. Konstruktive Eigenheiten und geringere Wirtschaftlichkeit sowjetischer Fahrzeuge spielten dann keine Rolle mehr.

GAZ – das Automobilwerk Gorki – war 1932 mit freundlicher Unterstützung des amerikanischen Ford-Konzerns entstanden. Neben den ZIS 150/164 Lastwagen gehörte der 2,5-Tonner GAZ 51 zu den ersten von der Sowjetunion in die DDR gelieferten Nutzfahrzeugen. Angaben über Importgrößen liegen leider nicht vor.

Der 2-t-Allrad-Lkw GAZ 66 wurde fast ausschließlich an militärische Kunden geliefert. Gleiches galt für den Geländewagen GAZ 69 (1961 bis 1970), der im Autowerk Uljanowsk UAZ montiert wurde. Dem GAZ 69 folgte ab 1973 der UAZ 469, seit 1987 unter der Bezeichnung **UAZ** 315136. Bis 1989 wurden davon etwa 2.500 Stück bezogen.

Unter Nutzung der Geländewagen-Baugruppen waren bei UAZ seit 1958 robuste, aber durstige Kleintransporter mit Normal- und Allrad-Antrieb gefertigt worden. Die Typen UAZ 451/452 waren hauptsächlich von 1969 bis 1973 in über 2.200 Einheiten meist als Kastenwagen beschafft worden, um – ebenso wie der rumänische TV – den erheblichen Engpaß bei Kleintransportern zu mildern.

Die geländegängigen Lastwagen aus dem Werk **UralAZ** in Miass waren als Militär-Lkw konzipiert. Dem Ural 375 D mit Vergasermotor (Import 1969–1981: 3.700 Stück) folgte der Ural 4320 mit KamAZ-Dieselmotor.

Nicht für den Straßenverkehr, sondern für Tagebaue und Großbaustellen waren die Schwerlast-Muldenkipper aus dem Belorussischen Autowerk Skodino **BelAZ** bestimmt. Für diese speziellen Einsatzzwecke waren vom Typ BelAZ 540 (30 t Nutzlast) von 1966 bis 1985 immerhin 322 Einheiten beschafft worden. In den Jahren 1988 bis 1989 waren es nochmals

ZIL 164 A Pritschenwagen 4 t

29 Stück der BelAZ-Typen 7522, 7526 und 7527. Eine technische Ausnahmeerscheinung im Fahrzeugbestand der DDR waren die benzingetriebenen russischen Omnibusse **PAZ** und **LiAZ**, die hauptsächlich im nördlichen Teil des Landes stationiert waren. Besonders in den 70er Jahren war versucht worden, durch verstärkte Bus-Importe die Überalterung des Fahrzeugparks zu mildern.

Mit Unterbrechungen hatte die DDR zwischen 1970 und 1983 über 900 Stück vom 7-m-Bus PAZ 672 erworben, die oft bei Landwirtschaftlichen Produktionsgenossenschaften eingesetzt waren.
Außerdem waren von 1973 bis 1979 immerhin 370 Stadtlinienbusse LiAZ 677 geliefert worden. Problem bei diesen Fahrzeugen war der unwirtschaftliche Vergasermotor.

GAZ 51 Pritschenwagen 2,5 t

GAZ 66 2-t-Allrad-Lkw

UAZ 469 B Geländewagen, Import 1973 – 1986

UAZ 452 Kleintransporter, Import 1969 – 1973

Ural 375 D Allrad-Lkw mit Vergasermotor, Import 1969 – 1981

BelAZ 540 Schwerlastkipper 30 t, Import 1966 – 1985

PAZ 672 Omnibus mit 115-PS-Vergasermotor, Import 1970 – 1983

LiAZ 677 Stadtlinienbus mit V8-Vergasermotor (167 PS), Import 1973 – 1979

MAZ-Lastwagen

Der Bau des Automobilwerkes im weißrussischen Minsk war noch 1944 vom sowjetischen Verteidigungsrat beschlossen worden. Die Produktion begann 1947 mit den Hauben-Lkw der Baureihe 200. Ausgerüstet mit Dieselmotor, handelte es sich um eine Entwicklung vom Autowerk Jaroslawl.
Über 500 Stück, u.a. vom Kipper-Typ MAZ 205, wurden von 1961 bis 1965 für das Bauwesen der DDR eingekauft. Die MAZ-Baureihe 500, die ab 1965 produziert wurde und ab 1967 in die DDR kam, war bereits mit einer kippbaren Frontlenkerkabine ausgerüstet – ein Novum unter den RGW-Lastwagen. Die wichtigsten Importtypen für die DDR waren neben den Pritschenwagen MAZ 500/5335 die Kipper MAZ 503/5549 und die Sattelzugmaschinen MAZ 504/504W.
Erst 1978 brachte MAZ eine auch optisch neue Fahrzeuggeneration. Von der dreiachsigen Sattelzugmaschine MAZ 6422 wurde bis 1989 noch eine geringe Stückzahl beschafft.
Gemeinsames Merkmal aller MAZ-Frontlenker-Lkw waren die V-Dieselmotoren aus dem Motorenwerk Jaroslawl mit sechs oder acht Zylindern.

MAZ 205 Hinterkipper, Import 1961 – 1965

MAZ 504 WE Sattelzugmaschine mit Auflieger MAZ 5205 A, Import 1977 – 1984

MAZ 5335 Pritschenwagen 8 t, Import 1978 – 1981

MAZ 5549 Kipper 8 t, Import 1978 – 1981

MAZ 6422 Sattelzugmaschine, Import 1985 – 1989

	MAZ 509 WE Sattelzugmaschine (4 x 2)	MAZ 5335 Lkw (4 x 2)	MAZ 5549 Kipper (4 x 2)	MAZ 6422 Sattelzugmaschine (6 x 4)
Import	1977 - 1984	1978 - 1981	1978 - 1981	1985 – 1989
Motor	Dieselmotor	Dieselmotor	Dieselmotor	Dieselmotor
	JaMZ 238 Direkteinspritzung	JaMZ 236 Direkteinspritzung	JaMZ 236 Direkteinspritzung	JaMZ 238 F Direkteinspritzung, ATL
Zylinderzahl	V8	V6	V6	V8
Bohrung x Hub	130 x 140 mm	130 x 140 mm	130 x 140 mm	130 x 140 mm
Hubraum	14860 cm^3	11150 cm^3	11150 cm^3	14860 cm^3
Leistung	240 PS (176 kW) bei 2100 /min	180 PS (132 kW) bei 2100 /min	180 PS (132 kW) bei 2100 /min	320 PS (235 kW) bei 2100 /min
Drehmoment bei 1500 /min	883 Nm bei 1500 /min	667 Nm bei 1500 /min	667 Nm bei 1500 /min	1120 Nm bei 1500 /min
Kühlung	Wasser	Wasser	Wasser	Wasser
Elektrische Anlage	24 V, Lichtmaschine 560 W	24 V, Lichtmaschine 560 W	24 V, Lichtmaschine 560 W	24 V
Kraftübertragung	Hinterachs-Antrieb	Hinterachs-Antrieb	Hinterachs-Antrieb	Hinterachs-Antrieb
Kupplung	Zweischeiben-Trockenkupplung	Zweischeiben-Trockenkupplung	Zweischeiben-Trockenkupplung	Zweischeiben-Trockenkupplung
Getriebe	teilsynchron, 5 + 1 Gänge	teilsynchron, 5 + 1 Gänge	teilsynchron, 5 + 1 Gänge	synchron. mit Vorschaltgruppe 8 + 1 Gänge
Achsantrieb	einfach Außenplaneten-Hinterachse	Außenplaneten-Hinterachse	Außenplaneten-Hinterachse	Außenplaneten-Hinterachse, Zwischenachs-differential sperrbar
Fahrwerk	Leiterrahmen	Leiterrahmen	Leiterrahmen	Leiterrahmen
Vorderradaufhängung	Starrachse, Blattfedern, Teleskop-Stoßdämpfer	Starrachse, Blattfedern, Teleskop-Stoßdämpfer	Starrachse, Blattfedern, Teleskop-Stoßdämpfer	Starrachse, Blattfedern, Teleskop-Stoßdämpfer
Hinterradaufhängung	Starrachse, Blattfedern	Starrachse, Blattfedern	Starrachse, Blattfedern	Starrachse, Blattfedern
Lenkung	mechanisch mit hydraulischer Unterstützung	mechanisch mit hydraulischer Unterstützung	mechanisch mit hydraulischer Unterstützung	mechanisch mit hydraulischer Unterstützung
Bremsanlage	Allradbremse pneumatisch, Feststellbremse mechanisch, Motorbremse	Allradbremse pneumatisch, Feststellbremse mechanisch, Motorbremse	Allradbremse pneumatisch, Feststellbremse mechanisch, Motorbremse	Allradbremse pneumatisch, Federspeicher-Feststellbremse, Motorbremse
Allgemeine Daten	mit Sattelauflieger			
	MAZ 5205 A			
Radstand	3400 mm	3950 mm	3400 mm	2900 + 1400 mm
Spur	Zugmaschine: 1970 / 1900 mm Auflieger 1930 / 1930 mm	1970 / 1900 mm	1970 / 1900 mm	2000 / 1790 mm
Gesamtmaße	13600 x 2610 x 3740 mm	7250 x 2600 x 2700 mm	5790 x 2600 x 2750 mm	6570 x 2500 x 2970 mm
Reifen	12.00-20	12.00-20	12.00-20	300-508 P
Bodenfreiheit	Zugmaschine: 270 mm Auflieger: 400 mm	270 mm	300 mm	270 mm
Fahrzeugmasse	Sattelzug: 13.260 kg	6800 kg	7300 kg	9050 kg
Zuläss. Gesamtmasse	Sattelzug: 32.260 kg	14.800 kg	15.400 kg	Sattelzug: 42.000 kg
Nutzmasse	Sattelzug: 19.000 kg	8000 kg	8100 kg	14.700 kg (Sattellast)
Höchstgeschwindigkeit	85 km/h	85 km/h	75 km/h	92 km/h
Kraftstofftank	2 x 175 Liter + 200 Liter am Auflieger	200 Liter	200 Liter	2 x 175 Liter

KrAZ-Lastwagen

Im Jahr 1958 wurde in Krementschug/Ukraine das neue Fahrzeugwerk KrAZ eingerichtet, das die Lkw-Fertigung aus dem Automobilwerk JaAZ in Jaroslawl übernahm. Diesen Betrieb spezialisierte man – unter dem Namen JaMZ – auf die Produktion von schweren Dieselmotoren.
Das Werk KrAZ lieferte speziell schwere, dreiachsige Lastwagen, zuerst noch aus der JaAZ-Entwicklung, mit Zweitakt-Dieselmotoren. Der so ausgestattete KrAZ 214 wurde in der DDR militärisch eingesetzt. Von 1961 an installierte KrAZ verbrauchsgünstigere Viertakt-Dieselmotoren aus Jaroslawl. Diese Lkw standen später auch zivilen Kunden zur Verfügung. Wichtige Importgrößen waren der Muldenkipper KrAZ 256/B1 (3.940 Stück von 1967 bis 1989) und die Sattelzugmaschine KrAZ 258/B1 (1.700 Stück). Ein Teil der Sattelzugmaschinen wurde zu Schwerlastzugmaschinen umgerüstet. Diese wurden oft mit polnischen Tiefladern gekoppelt und vornehmlich beim Aufbau der großen Neubaugebiete als Plattentransporter eingesetzt.

KrAZ 256 Muldenkipper, Import 1967 – 1989

KrAZ 258 Z Schwerlastzugmaschine, Umbau aus Sattelzugmaschine KrAZ 258, Import 1969 – 1989

	KrAZ 258 Sattelzugmaschine (6 x 4)	KrAZ 258 Z (Umbau) Zugmaschine (6 x 4)	KrAZ 256 Kipper (6 x 4)
Import	1968 – 1989	1969 – 1989	1967 – 1989
Motor	Dieselmotor JaMZ 238, Direkteinspritzung	Dieselmotor JaMZ 238, Direkteinspritzung	Dieselmotor JaMZ 238, Direkteinspritzung
Zylinderzahl	V8	V8	V8
Bohrung x Hub	130 x 140 mm	130 x 140 mm	130 x 140 mm
Hubraum	14860 cm^3	14860 cm^3	14860 cm^3
Leistung	240 PS (176 kW) bei 2100 /min	240 PS (176 kW) bei 2100 /min	240 PS (176 kW) bei 2100 /min
Drehmoment	883 Nm bei 1500 /min	883 Nm bei 1500 /min	883 Nm bei 1500 /min
Kühlung	Wasser	Wasser	Wasser
Elektrische Anlage	24 V, Lichtmaschine 1300 W	24 V, Lichtmaschine 1300 W	24 V, Lichtmaschine 1300 W
Kraftübertragung	Hinterachs-Antrieb	Hinterachs-Antrieb	Hinterachs-Antrieb
Kupplung	Zweischeiben-Trockenkupplung	Zweischeiben-Trockenkupplung	Zweischeiben-Trockenkupplung
Getriebe	synchron. mit Zusatzgetriebe, (5 + 1) x 2 Gänge	synchron. mit Zusatzgetriebe, (5 + 1) x 2 Gänge	synchron. mit Zusatzgetriebe, (5 + 1) x 2 Gänge
Achsantrieb	doppelt übersetzte Hinterachse	doppelt übersetzte Hinterachse	doppelt übersetzte Hinterachse
Fahrwerk	Leiterrahmen	Leiterrahmen	Leiterrahmen
Vorderradaufhängung	Starrachse, Blattfedern, Teleskop-Stoßdämpfer	Starrachse, Blattfedern, Teleskop-Stoßdämpfer	Starrachse, Blattfedern, Teleskop-Stoßdämpfer
Hinterradaufhängung	Starrachse, Blattfedern,	Starrachse, Blattfedern,	Starrachse, Blattfedern
Lenkung	mechanisch mit hydraulischer Unterstützung	mechanisch mit hydraulischer Unterstützung	mechanisch mit hydraulischer Unterstützung
Bremsanlage	Allradbremse pneumatisch, Feststellbremse mechanisch, Motorbremse	Allradbremse pneumatisch, Feststellbremse mechanisch, Motorbremse	Allradbremse pneumatisch, Feststellbremse mechanisch, Motorbremse
Allgemeine Daten			
Radstand	4080 + 1400 mm	4080 + 1400 mm	4080 + 1400 mm
Spur	1950 / 1920 mm	1950 / 1920 mm	1950 / 1920 mm
Gesamtmaße	7375 x 2650 x 2670 mm	7375 x 2650 x 2670 mm	8100 x 2640 x 2830 mm
Reifen	12.00-20	12.00-20	12.00-20
Bodenfreiheit	290 mm	290 mm	290 mm
Fahrzeugmasse	9680 kg	12.400 kg	10.850 kg
Zuläss. Gesamtmasse	21.680 kg	21.700 kg	22.850 kg
Nutzmasse	12.000 kg (Sattellast)	10.0000 kg (Anhängelast)	12.000 kg
Höchstgeschwindigkeit	68 km/h	60 km/h	70 km/h
Kraftstofftank	2 x 165 Liter	2 x 165 Liter	165 Liter

KamAZ-Lastwagen

Da in der Sowjetunion erkannt worden war, dass mit den vorhandenen Produktionsstätten der Nutzfahrzeugbedarf des riesigen Landes nicht zu decken war, begann man Ende 1969 in der tatarischen Steppe mit dem Bau eines der größten Lkw-Werke der Welt.
Der Betrieb wurde konzipiert für die jährliche Herstellung von 150.000 Lkw und 250.000 Dieselmotoren. Die Maschinen und Ausrüstungen wurden zum großen Teil aus westlichen Ländern bezogen. Beim Fahrzeug selbst stützte man sich weitgehend auf eigene Entwicklungen, da ausländische Lizenzen den spezifischen Einsatzbedingungen nicht genügend entsprachen. Der erste KamAZ-Lkw verließ das Werk im Februar 1976. Die erste Fahrzeug-Generation (8 t Nutzmasse) umfasste u.a. die Sattelzugmaschine KamAZ 5410 und den Pritschenwagen KamAZ 5320. Ab 1979 stand mit dem Kipper KamAZ 5511 der erste 10-Tonner der 2. Generation zur Verfügung, gefolgt von der Sattelzugmaschine KamAZ 54112 und dem Pritschenwagen 53212.
KamAZ-Dieselmotoren wurden auch in anderen sowjetischen Lkw und Bussen eingesetzt.
Der Import nach Ostdeutschland begann 1978. Bis 1989 wurden von der DDR insgesamt 3.650 KamAZ-Lkw für den zivilen Bereich gekauft.

KamAZ 5410 Sattelzugmaschine, Import 1978 – 1983

	KamAZ 5320 Lkw (6 x 4)	KamAZ 53212 Lkw (6 x 4)	KamAZ 5410 Sattelzugmaschine (6 x 4)	KamAZ 54112 Sattelzugmaschine (6 x 4)
Import	1978 – 1981	1982 – 1989	1978 – 1983	1983 – 1989
Motor	Dieselmotor	Dieselmotor	Dieselmotor	Dieselmotor
	KamAZ-740, Direkteinspritzung	KamAZ-740, Direkteinspritzung	KamAZ-740, Direkteinspritzung	KamAZ-740, Direkteinspritzung
Zylinderzahl	V8	V8	V8	V8
Bohrung x Hub	120 x 120 mm	120 x 120 mm	120 x 120 mm	120 x 120 mm
Hubraum	10850 cm3	10850 cm3	10850 cm3	10850 cm3
Leistung	219 PS (161 kW) bei 2600 /min	219 PS (161 kW) bei 2600 /min	219 PS (161 kW) bei 2600 /min	219 PS (161 kW) bei 2600 /min
Drehmoment	638 Nm bei 1700 /min	638 Nm bei 1700 /min	638 Nm bei 1700 /min	638 Nm bei 1700 /min
Kühlung	Wasser	Wasser	Wasser	Wasser
Elektrische Anlage	24 V, Lichtmaschine 800 W	24 V, Lichtmaschine 800 W	24 V, Lichtmaschine 800 W	24 V, Lichtmaschine 800 W
Kraftübertragung	Hinterachs-Antrieb	Hinterachs-Antrieb	Hinterachs-Antrieb	Hinterachs-Antrieb
Kupplung	Zweischeiben-Trockenkupplung	Zweischeiben-Trockenkupplung	Zweischeiben-Trockenkupplung	Zweischeiben-Trockenkupplung
Getriebe	synchron. mit Vorschaltgruppe, (5 + 1) x 2 Gänge	synchron. mit Vorschaltgruppe, (5 + 1) x 2 Gänge	synchron. mit Vorschaltgruppe, (5 + 1) x 2 Gänge	synchron. mit Vorschaltgruppe, (5 + 1) x 2 Gänge
Achsantrieb	doppelt übersetzte Hinterachse	doppelt übersetzte Hinterachse	doppelt übersetzte Hinterachse	doppelt übersetzte Hinterachse
Fahrwerk	Leiterrahmen	Leiterrahmen	Leiterrahmen	Leiterrahmen
Vorderradaufhängung	Starrachse, Blattfedern, Teleskop-Stoßdämpfer	Starrachse, Blattfedern, Teleskop-Stoßdämpfer	Starrachse, Blattfedern, Teleskop-Stoßdämpfer	Starrachse, Blattfedern, Teleskop-Stoßdämpfer
Hinterradaufhängung	Starrachse, Blattfedern	Starrachse, Blattfedern	Starrachse, Blattfedern	Starrachse, Blattfedern
Lenkung	Monoblock-Hydrolenkung	Monoblock-Hydrolenkung	Monoblock-Hydrolenkung	Monoblock-Hydrolenkung
Bremsanlage	Allradbremse pneumatisch, ALB an Hinterachsen, Federspeicher-Feststell-bremse, Motorbremse	Allradbremse pneumatisch, ALB an Hinterachsen, Federspeicher-Feststell-bremse, Motorbremse	Allradbremse pneumatisch, ALB an Hinterachsen, Federspeicher-Feststell-bremse, Motorbremse	Allradbremse pneumatisch, ALB an Hinterachsen, Federspeicher-Feststell-bremse, Motorbremse
Allgemeine Daten				
Radstand	3190 + 1320 mm	3690 + 1320 mm	2840 + 1320 mm	2840 + 1320 mm
Spur	2010 / 1850 mm	2010 / 1850 mm	2010 / 1850 mm	2010 / 1850 mm
Gesamtmaße	7395 x 2500 x 3650 mm	8530 x 2500 x 3650 mm	6150 x 2500 x 2850 mm	6200 x 2500 x 2850 mm
Reifen	9.00-20	9.00-20	9.00-20	9.00-20
Bodenfreiheit	280 mm	280 mm	280 mm	280 mm
Fahrzeugmasse	7080 kg	8200 kg	6850 kg	7050 kg
Zuläss. Gesamtmasse	15.080 kg	18.200 kg	15.175 kg	19.000 kg
Nutzmasse	8000 kg	10.000 kg	8100 kg (Sattellast)	11.350 kg (Sattellast)
Höchstgeschwindigkeit	100 km/h	100 km/h	95 km/h	95 km/h
Kraftstofftank	2 x 125 Liter	2 x 125 Liter	2 x 125 Liter	2 x 125 Liter

Endmontage der KamAZ-Lkw

KamAZ 5511 Kipper (6 x 4)
1979 – 1989
Dieselmotor
Dieselmotor KamAZ-740, Direkteinspritzung
V8
120 x 120 mm
10850 cm3
219 PS (161 kW) bei 2600 /min
638 Nm bei 1700 /min
Wasser
24 V, Lichtmaschine 800 W
Hinterachs-Antrieb
Zweischeiben-Trockenkupplung
synchron. mit Vorschaltgruppe, (5 + 1) x 2 Gänge
doppelt übersetzte Hinterachse
Leiterrahmen
Starrachse, Blattfedern, Teleskop-Stoßdämpfer
Starrachse, Blattfedern
Monoblock-Hydrolenkung
Allradbremse pneumatisch, ALB an Hinterachsen, Federspeicher-Feststell-bremse, Motorbremse
2840 + 1320 mm
2010 / 1850 mm
7140 x 2500 x 2700 mm
9.00-20
280 mm
9000 kg
22.000 kg
13.000 kg
90 km/h
250 Liter

KamAZ 5320 Pritschenwagen 8 t, Import 1978 – 1981

KamAZ 5511 Muldenkipper 13 t, Import 1979 – 1989

KamAZ 54112 Sattelzugmaschine, Import 1983 – 1989

KamAZ 53212 Pritschenwagen 10 t, Import 1982 – 1989

Nutzfahrzeuge aus Ungarn

Die ungarische Nutzfahrzeugindustrie war bis nach dem Zweiten Weltkrieg hauptsächlich für den Eigenbedarf tätig.
Die Lastwagen basierten meist auf ausländischen Lizenzen, u.a. von Praga, Krupp und Austro-Fiat. Mit dem Aufbau von Omnibussen waren bis 1943 insgesamt acht Firmen in Ungarn beschäftigt.
Nach dem Übergang zur Planwirtschaft intensivierte Ungarn die Nutzfahrzeugproduktion, übernahm aber keine russischen Baumuster, wie manche anderen Ostblockländer.
Besonders bei der Entwicklung von Omnibussen mit selbsttragenden Aufbauten konnten deutliche Fortschritte erzielt werden. So empfahl der RGW im Jahr 1956 den Ausbau dieser Produktion zur Belieferung der Mitgliedsländer.
Durch den Volksaufstand in Ungarn 1956 und durch Schwierigkeiten beim »sozialistischen Aufbau« verzögerte sich die Umsetzung aber erheblich. Nachdem der RGW am Anfang der 60er-Jahre die schleppende Spezialisierung kritisiert hatte, beschloss die Regierung Ungarns eine neue Organisation im Fahrzeugbau.
Die Lkw-Produktion wurde zugunsten der Buskomponenten stark eingeschränkt. Für die Omnibusfertigung stand 1989 eine beachtliche Jahreskapazität von 14.000 Einheiten zur Verfügung, von der die Hälfte in die Sowjetunion ging. Der Zusammenbruch des RGW führte dann zwangsläufig zu riesigen Absatzproblemen.

Csepel - Lastwagen

Die Firma Csepel hatte 1950 eine Lkw-Lizenz von der Firma Steyr erworben. Darauf aufbauend entstanden 1957 die Hauben-Lkw D-450 und die Frontlenker D-700. Die Fahrerkabinen und teilweise auch Aufbauten wurden vom Bushersteller Ikarus beigesteuert.
Nachdem die DDR bereits bis 1957 exakt 105 Csepel-Lkw der Steyr-Lizenz-Baureihe 350 bezogen hatte, importierte man in den Jahren 1959 bis 1971 nochmals ca. 700 Fahrzeuge der Typen D-450 und D-700, hauptsächlich mit Sonderaufbauten und speziellen Sattelaufliegern, u.a. für Milch, Heizöl und Zement.

Csepel D 450 N Sattelzugmaschine, Import 1962 – 1967

Csepel D 705. 14 Milchtanksattelzug, Import 1961 – 1971

Ikarus-Omnibusse

Obwohl international erst seit den 1950er Jahren bekannt, verfügt Ikarus über eine lange Tradition im Fahrzeugbau. Im Jahr 1895 hatte Imre Uhry eine Werkstatt gegründet, die 1920 mit der Produktion von Lkw-Aufbauten und Anhängern sowie 1924 mit Buskarosserien begann. Busse mit Metallkarosserie gingen 1936 in die Serie. Die 1948 verstaatlichte Firma stellte im gleichen Jahr den Omnibus Tr 3,5 vor, der als erster Bus mit selbsttragendem Stahlaufbau gilt. Das Jahr 1949 brachte den Zusammenschluss mit der 1916 gegründeten Ikarus-Kühlerfabrik. Seither wurde auch für die Fahrzeuge der Markenname Ikarus verwendet.

Aus dem Tr 3,5 entstand die Baureihe 30/311 mit der 1952 der Ikarus-Import in die DDR begann. Die Heckmotor-Busse Ikarus 55/66 mit selbsttragendem Aufbau wurden 1952 bzw. 1954 vorgestellt. Diese Fahrzeuge bildeten mit 8.350 Einheiten, die bis 1973 geliefert wurden, eine wesentliche Basis für den Kraftverkehr der DDR.

Parallel zu den selbsttragenden Baumustern hatte Ikarus bis 1971 auch noch robuste Modelle in Rahmenbauweise im Angebot. Von den Typen 60-630 wurden insgesamt 3.600 Stück eingeführt.

Nach dem Ausbau der Fertigungsanlagen begann 1968 die Produktion der Einheitsbaureihe 200, die letztlich Varianten vom 8,5-m-Bus bis zum 18-m-Schubgelenkbus mit Heck- oder Unterflurmotoren, mit Blatt- oder Luftfederung umfaßte. In der DDR waren hauptsächlich die Typen 250, 255, 256, 260 und 280 sowie der Ikarus 211 im Einsatz. Letzterer basierte auf der Mechanik des Lkw W 50.

Von der DDR wurden mehr als 33.000 Ikarus-Busse aus Ungarn bezogen, von denen im Jahr 1988 insgesamt 15707 Stück im Einsatz waren. Die lange Nutzungsdauer vieler Fahrzeuge führte zu einem hohen Reparaturaufwand.

Ikarus 30, Import 1952 – 1955

Ikarus 311 Regionalbus, Import 1966 – 1973

Ikarus 60 / 601 Stadtlinienbus, Import 1953 – 1956

Ikarus 630 Regionalbus, Import 1959 – 1971

Ikarus 55 Reisebus, Import 1956 – 1973

Ikarus 66 Stadtlinienbus, Import 1959 – 1973

Ikarus 556 Stadtlinienbus, Import 1970 – 1972

Ikarus 180 Stadtlinien-Gelenkbus, Import 1967 – 1973

Ikarus 250 Reisebus, Import 1968 – 1989

Ikarus 256 Reisebus, Import 1977 – 1989

Ikarus 211 Regionalbus, Import 1976 – 1989

Ikarus 255 Regionalbus, Import 1973 – 1982

Import von Ikarus-Bussen in die DDR 1952 – 1989			
1952	300	1971	1144
1953	285	1972	1395
1954	437	1973	1198
1955	329	1974	1225
1956	154	1975	1599
1957	400	1976	1394
1958	413	1977	1501
1959	461	1978	1591
1960	748	1979	1282
1961	739	1980	1357
1962	626	1981	813
1963	450	1982	266
1964	850	1983	68
1965	1009	1984	793
1966	801	1985	715
1967	997	1986	1045
1968	1101	1987	1040
1969	1154	1988	1166
1970	1380	1989	1163
		gesamt	33.389

Bestand an Ikarus-Omnibussen in der DDR (September 1988)	
Ikarus 30	19
Ikarus 31	156
Ikarus 311	198
Ikarus 60, 601, 602	31
Ikarus 630	170
Ikarus 55	717
Ikarus 66	1451
Ikarus 556	37
Ikarus 180	93
Ikarus 250	218
Ikarus 255	4645
Ikarus 256	626
Ikarus 266	444
Ikarus 260	1910
Ikarus 280	4047
Ikarus 211	945
Bestand gesamt	15.707

Ikarus 266 Stadtlinienbus, Import 1979 – 1981

	Ikarus 30 Regionalbus	**Ikarus 311 Regionalbus**	**Ikarus 60 / 601 Stadtlinienbus**	**Ikarus 630 Regionalbus**
Import	1952 – 1955	1960 – 1973	1953 – 1956	1959 – 1971
Motor	Wirbelkammer-Dieselmotor Csepel D 413	Wirbelkammer-Dieselmotor Csepel D 414	Wirbelkammer-Dieselmotor Csepel D 414	Wirbelkammer-Dieselmotor Csepel D 614
Zylinderzahl	4 (Reihe)	4 (Reihe)	6 (Reihe)	6 (Reihe)
Bohrung x Hub	110 x 140 mm	112 x 140 mm	110 x 140 mm	112 x 140 mm
Hubraum	5320 cm^3	5520 cm^3	7983 cm^3	8280 cm^3
Leistung	85 PS (63 kW) bei 2200 /min	95 PS (70 kW) bei 1400 /min	125 PS (92 kW) bei 2200 /min	145 PS (107 kW) bei 2300 /min
Drehmoment	302 Nm bei 1350 /min	340 Nm bei 1400 /min	478 Nm bei 1600 /min	490 Nm bei 1400 /min
Kühlung	Wasser	Wasser	Wasser	Wasser
Elektrische Anlage	12 V, Lichtmaschine 300 W	12 V, Lichtmaschine 500 W	12 V, Lichtmaschine 300 W	12 V, Lichtmaschine 750 W
Kraftübertragung	Hinterachs-Antrieb	Hinterachs-Antrieb	Hinterachs-Antrieb	Hinterachs-Antrieb
Kupplung	Einscheiben-Trockenkupplung	Einscheiben-Trockenkupplung	Einscheiben-Trockenkupplung	Einscheiben-Trockenkupplung
Getriebe	teilsynchron, 5 + 1 Gänge	teilsynchron, 5 + 1 Gänge	teilsynchron, 5 + 1 Gänge	teilsynchron., 5 + 1 Gänge
Achsantrieb	einfach übersetzte Hinterachse	einfach übersetzte Hinterachse	Stirnradantrieb in den Radnaben	Außenplaneten-Hinterachse
Fahrwerk	Bodengruppe mit selbsttragendem Aufbau	Bodengruppe mit selbsttragendem Aufbau	Leiterrahmen	Leiterrahmen
Vorderradaufhängung	Starrachse, Blattfedern, Teleskop-Stoßdämpfer	Starrachse, Blattfedern, Teleskop-Stoßdämpfer	Starrachse, Blattfedern, Teleskop-Stoßdämpfer	Starrachse, Blattfedern, Teleskop-Stoßdämpfer
Hinterradaufhängung	Starrachse, Blattfedern, Teleskop-Stoßdämpfer	Starrachse, Blattfedern, Teleskop-Stoßdämpfer	Starrachse, Blattfedern	Starrachse, Blattfedern
Lenkung	mechanisch	mechanisch	mechanisch	mechanisch (auch mit hydraulischer Unterstützung)
Bremsanlage	Allradbremse, hydraul.-pneumatisch, Feststellbremse mechanisch	Allradbremse, pneumatisch, Feststellbremse mechanisch	Allradbremse, pneumatisch, Feststellbremse mechanisch	Allradbremse, pneumatisch, Feststellbremse mechanisch
Allgemeine Daten				
Radstand	4600 mm	4600 mm	5000 mm	5000 mm
Spur	1740 / 1630 mm	1740 / 1720 mm	1855 / 1815 mm	2013 / 1825 mm
Gesamtmaße	8400 x 2300 x 2940 mm	8500 x 2400 x 2800 mm	9400 x 2500 x 2900 mm	9400 x 2500 x 2900 mm
Reifen	8.25-20	8.25-20	11.00-20	11.00-20
Bodenfreiheit	295 mm	250 mm	330 mm	285 mm
Fahrzeugmasse	5310 kg	5950 kg	Ikarus 60: 7750 kg Ikarus 601: 8200 kg	8350 kg
Zuläss. Gesamtmasse	8670 kg	9370 kg	Ikarus 60: 12.250 kg Ikarus 601: 13.000 kg	13.850 kg
Sitzplätze / Stehplätze	32 / bis 16	20 – 35 /	20 – 40 /	27 – 37 /
Höchstgeschwindigkeit	75 km/h	78 km/h	Ikarus 60: 52 km/h Ikarus 601: 75 km/h	78 km/h
Kraftstofftank	100 Liter	140 oder 200 Liter	170 Liter	200 Liter

Ikarus 260 Stadtlinienbus, Import 1971 – 1989

	Ikarus 55 Reisebus	Ikarus 66 Stadtlinienbus	Ikarus 556 Stadtlinienbus	Ikarus 180 Stadtlinien-Gelenkbus
Import	1956 – 1973	1959 – 1973	1970 – 1972	1967 – 1973
Motor	Wirbelkammer-Dieselmotor Csepel D-614 im Heck	Wirbelkammer-Dieselmotor Csepel D-614 im Heck	Dieselmotor D 2156 HM 6 U	Dieselmotor D 2156 HM 6 U
Zylinderzahl	6 (Reihe)	6 (Reihe)	6 (Reihe)	6 (Reihe)
Bohrung x Hub	112 x 140 mm	112 x 140 mm	121 x 150 mm	121 x 150 mm
Hubraum	8280 cm³	8280 cm³	10350 cm³	10350 cm³
Leistung	145 PS (107 kW) bei 2300 /min	145 PS (107 kW) bei 2300 /min	192 PS (141 kW) bei 2100 /min	192 PS (141 kW) bei 2100 /min
Drehmoment	490 Nm bei 1400 /min	490 Nm bei 1400 /min	696 Nm bei 1300 /min	696 Nm bei 1300 /min
Kühlung	Wasser	Wasser	Wasser	Wasser
Elektrische Anlage	24 V, Lichtmaschine 750 W	24 V, Lichtmaschine 750 W	24 V, Lichtmaschine 1500 W	24 V, Lichtmaschine 1500 W
Kraftübertragung	Hinterachs-Antrieb	Hinterachs-Antrieb	Hinterachs-Antrieb	Antrieb der 2.Achse
Kupplung	Einscheiben-Trockenkupplung	Einscheiben-Trockenkupplung	Einscheiben-Trockenkupplung	Einscheiben-Trockenkupplung
Getriebe	teilsynchron, 5 + 1 Gänge	teilsynchron, 5 + 1 Gänge	teilsynchron, 5 + 1 Gänge	teilsynchron, 5 + 1 Gänge
Achsantrieb	Außenplaneten-Hinterachse	Außenplaneten-Hinterachse	Außenplaneten-Hinterachse	Außenplaneten-Hinterachse
Fahrwerk	Bodengruppe mit selbsttragendem Aufbau	Bodengruppe mit selbsttragendem Aufbau	Bodengruppe mit selbsttragendem Aufbau	Bodengruppe mit selbsttragendem Aufbau
Vorderradaufhängung	Starrachse, Blattfedern, Teleskop-Stoßdämpfer	Starrachse, Blattfedern, Teleskop-Stoßdämpfer	Starrachse, Luft- und Blattfedern kombiniert, Teleskop-Stoßdämpfer	Starrachse, Luft- und Blattfedern kombiniert, Teleskop-Stoßdämpfer
Hinterradaufhängung	Starrachse, Blattfedern,	Starrachse, Blattfedern,	Starrachse, Luft- und Blattfedern kombiniert, Teleskop-Stoßdämpfer	Starrachse, Luft- und Blattfedern kombiniert, Teleskop-Stoßdämpfer
Lenkung	mechanisch	mechanisch	mechanisch mit hydraulischer Unterstützung	mechanisch mit hydraulischer Unterstützung
Bremsanlage	Allradbremse, pneumatisch, Feststellbremse mechanisch	Allradbremse, pneumatisch, Feststellbremse mechanisch	Allradbremse, pneumatisch, Feststellbremse mechanisch	Allradbremse, pneumatisch, Feststellbremse mechanisch
Allgemeine Daten				
Radstand	5550 mm	5550 mm	5500 mm	5500 + 6020 mm
Spur	2013 / 1825 mm	2013 / 1825 mm	2013 / 1825 mm	2013 / 1825 / 2000 mm
Gesamtmaße	11400 x 2500 x 2900 mm	11400 x 2500 x 2900 mm	10900 x 2500 x 2900 mm	16500 x 2500 x 2900 mm
Reifen	11.00-20	11.00-20	11.00-20	11.00-20
Bodenfreiheit	330 mm	330 mm	300 mm	300 mm
Fahrzeugmasse	9500 kg	9000 kg	8200 kg	12.000 kg
Zuläss. Gesamtmasse	14.900 kg	15.000 kg	16.000 kg	23.500 kg
Sitzplätze / Stehplätze	32 – 44 / —	32 / 58	21 / 70	36 / 118
Höchstgeschwindigkeit	78 – 98 km/h gemäß Übersetzung	61 – 100 km/h gemäß Übersetzung	64 km/h	64 km/h
Kraftstofftank	250 Liter	250 Liter	250 Liter	250 Liter

Ikarus 280.02 Stadtlinien-Gelenkbus, Import 1973 – 1989

	Ikarus 250 Reisebus	Ikarus 256.51 Reisebus	Ikarus 211.51 Regionalbus
Import	1968 – 1989	1977 – 1989	1976 – 1989
Motor	Dieselmotor	Dieselmotor	Dieselmotor
	D 2156 HM 6 U	D 2156 HM 6 U	IFA 4 VD 14,5/12-1 SRW
Zylinderzahl	6 (Reihe)	6 (Reihe)	4 (Reihe)
BohrungxHub	121 x 150 mm	121 x 150 mm	120 x 145 mm
Hubraum	10350 cm^3	10350 cm^3	6560 cm^3
Leistung	192 PS (141 kW) bei 2100 /min	192 PS (141 kW) bei 2100 /min	125 PS (92 kW) bei 2300 U/min
Drehmoment	696 Nm bei 1300 /min	696 Nm bei 1300 /min	422 Nm bei 1350 U/min
Kühlung	Wasser	Wasser	Wasser
Elektrische Anlage	24 V, Lichtmaschine 1500 W	24 V, Lichtmaschine 1500 W	24 V, Lichtmaschine 1000 W
Kraftübertragung	Hinterachs-Antrieb	Hinterachs-Antrieb	Hinterachs-Antrieb
Kupplung	Einscheiben-Trockenkupplung	Einscheiben-Trockenkupplung	Einscheiben-Trockenkupplung
Getriebe	Synchrongetriebe, 5 oder 6 + 1 Gänge	Synchrongetriebe, 5 oder 6 + 1 Gänge	teilsynchron. Getriebe, 5 + 1 Gänge
Achantrieb	Außenplaneten-Hinterachse	Außenplaneten-Hinterachse	Antriebswellen außerhalb der Tragachse
Fahrwerk	Bodengruppe mit	Bodengruppe mit	Bodengruppe mit
	selbsttragendem Aufbau	selbsttragendem Aufbau	selbsttragendem Aufbau
Vorderradaufhängung	Starrachse, Luftfedern, Teleskop-Stoßdämpfer	Starrachse, Luftfedern, Teleskop-Stoßdämpfer	Starrachse, Blattfedern, Teleskop-Stoßdämpfer
Hinterradaufhängung	Starrachse, Luftfedern, Teleskop-Stoßdämpfer	Starrachse, Luftfedern, Teleskop-Stoßdämpfer	Starrachse, Blattfedern, Teleskop-Stoßdämpfer
Lenkung	Monoblock-Hydrolenkung	Monoblock-Hydrolenkung	hydraulische Servolenkung
Bremsanlage	Allradbremse, pneumatisch, Federspeicherfeststellbremse, Motorbremse	Allradbremse, pneumatisch, Federspeicherfeststellbremse, Motorbremse	Allradbremse, hydraul.-pneum., ALB an Hinterachse, Federspeicherfeststellbremse, Motorbremse
Allgemeine Daten			
Radstand	6300 mm	5330 mm	4030 mm
Spur	2013/1835 mm	2013/1835 mm	1900/1780 mm
Gesamtmaße	12000 x 2500 x 3210 mm	10990 x 2500 x 3080 mm	8500 x 2500 x 3000 mm
Reifen	10.00-20	10.00-20	8,25-20
Bodenfreiheit	350 mm	350 mm	300 mm
Fahrzeugmasse	10.700 kg	10.400 kg	7000 kg
Zuläss. Gesamtmasse	16.000 kg	16.000 kg	10.200 kg
Nutzmasse	5900 kg	5600 kg	3200 kg
Sitzplätze/Stehplätze	42 bis 46/—	45/—	36/6
Höchstgeschwindigkeit	106 km/h	106 km/h	91 km/h
Kraftstofftank	250 Liter	250 Liter	100 Liter

Ikarus 280 T Gelenk-Obus, Import 1986 – 1987

	Ikarus 255 Regionalbus	Ikarus 266 Stadtlinienbus	Ikarus 280 Gelenk-Linienbus	Ikarus 260 Stadtlinienbus
Import	1973 – 1982	1979 – 1981	1973 – 1989	1971 – 1989
Motor	Dieselmotor	Dieselmotor	Dieselmotor	Dieselmotor
	D 2156 HM 6 U	D 2156 HM 6 U	D 2156 HM 6 U	D 2156 HM 6 U
Zylinderzahl	6 (Reihe)	6 (Reihe)	6 (Reihe)	6 (Reihe)
Bohrung x Hub	121 x 150 mm	121 x 150 mm	121 x 150 mm	121 x 150 mm
Hubraum	10350 cm³	10350 cm³	10350 cm³	10350 cm³
Leistung	192 PS (141 kW) bei 2100 /min	192 PS (141 kW) bei 2100 /min	192 PS (141 kW) bei 2100 /min	192 PS (141 kW) bei 2100 /min
Drehmoment	696 Nm bei 1300 /min	696 Nm bei 1300 /min	696 Nm bei 1300 /min	696 Nm bei 1300 /min
Kühlung	Wasser	Wasser	Wasser	Wasser
Elektrische Anlage	24 V, Lichtmaschine 1500 W	24 V, Lichtmaschine 1500 W	24 V, Lichtmaschine 1500 W	24 V, Lichtmaschine 1500 W
Kraftübertragung	Antrieb der 2.Achse	Antrieb der 2.Achse	Antrieb der 2.Achse	Antrieb der 2.Achse
Kupplung	Einscheiben-Trockenkupplung	Einscheiben-Trockenkupplung	Einscheiben-Trockenkupplung	Einscheiben-Trockenkupplung
Getriebe	Synchrongetriebe, 5 + 1 Gänge oder 6 + 1 Gänge	Synchrongetriebe, 5 + 1 Gänge oder 6 + 1 Gänge	Synchrongetriebe, 5 + 1 Gänge oder 6 + 1 Gänge	Synchrongetriebe, 5 + 1 Gänge oder 6 + 1 Gänge
Achsantrieb	Außenplaneten-Hinterachse	Außenplaneten-Hinterachse	Außenplaneten-Hinterachse	Außenplaneten-Hinterachse
Fahrwerk	Bodengruppe mit	Bodengruppe mit	Bodengruppe mit	Bodengruppe mit
	selbsttragendem Aufbau	selbsttragendem Aufbau	selbsttragendem Aufbau	selbsttragendem Aufbau
Vorderradaufhängung	Starrachse, Blattfedern, Teleskop-Stoßdämpfer	Starrachse, Blattfedern, Teleskop-Stoßdämpfer	Starrachse, Luftfedern, Teleskop-Stoßdämpfer	Starrachse, Luftfedern, Teleskop-Stoßdämpfer
Hinterradaufhängung	Starrachse, Blattfedern, Teleskop-Stoßdämpfer	Starrachse, Blattfedern, Teleskop-Stoßdämpfer	Starrachse, Luftfedern, Teleskop-Stoßdämpfer	Starrachse, Luftfedern, Teleskop-Stoßdämpfer
Lenkung	Monoblock-Hydrolenkung	Monoblock-Hydrolenkung	Monoblock-Hydrolenkung	Monoblock-Hydrolenkung
Bremsanlage	Allradbremse pneumatisch, Federspeicher-Feststellbremse, Motorbremse	Allradbremse pneumatisch, Federspeicher-Feststellbremse, Motorbremse	Allradbremse pneumatisch, Federspeicher-Feststellbremse, Motorbremse	Allradbremse pneumatisch, Federspeicher-Feststellbremse, Motorbremse
Allgemeine Daten			Daten für Stadtlinienausführung	
Radstand	5341 mm	5341 mm	5400 + 6200 mm	5400 mm
Spur	2013 / 1835 mm	2013 / 1835 mm	2000 / 1835 / 2000 mm	2000 / 1835 mm
Gesamtmaße	10971 x 2500 x 2990 mm	10971 x 2500 x 2990 mm	16500 x 2500 x 3160 mm	11000 x 2500 x 3 040 mm
Reifen	11.00-20	11.00-20	11.00-20	11.00-20
Bodenfreiheit	340 mm	340 mm	300 mm	300 mm
Fahrzeugmasse	10.450 kg	9900 kg	12.500 kg	9100 kg
Zuläss. Gesamtmasse	16.000 kg	16.000 kg	22.500 kg	16.000 kg
Nutzlmass	5550 kg	6100 kg	10.000 kg	6900 kg
Sitzplätze / Stehplätze	45 / 20	45 / 36	36 / 107	23/75
Höchstgeschwindigkeit	100 km/h	72 km/h	70 km/h	70 km/h
Kraftstofftank	250 Liter	250 Liter	250 Liter	250 Liter

Literatur

Udo Bols: Multicar – Der Alleskönner, Brilon 2003
Lutz-Reiner Gau / Jürgen Plate / Jörg Siegert: Deutsche Militärfahrzeuge – Bundeswehr und NVA, Stuttgart 2001
Michael Dünnebier: Lastwagen und Busse sozialistischer Länder, Berlin 1988
Michael Dünnebier / Eberhard Kittler: Personenkraftwagen sozialistischer Länder, Berlin 1990
Michael Dünnebier: Aspekte der Entwicklung der Nutzfahrzeug-Industrie in der DDR und den RGW-Staaten in »100 Jahre Lkw«, Stuttgart 1997
Werner Oswald / Michael Dünnebier / Eberhard Kittler: Kraftfahrzeuge der DDR, Stuttgart 1998
Horst Ihling: Autos aus Eisenach, Stuttgart 1998
Horst Ihling: Autorennsport in der DDR. Bielefeld 2006
Jens Kassner: Clauss Dietel und Lutz Rudolph. Gestaltung ist Kultur, Berlin 2003
Peter Kirchberg: Horch-Audi-DKW-IFA, Stuttgart 1985
Peter Kirchberg: Plaste, Blech und Planwirtschaft – Die Geschichte des Automobilbaus in der DDR. Berlin 2000 und 2005
Petr Kozisek / Jan Kralik: Laurin & Klement bis Skoda, Prag 2004
Jürgen Lisse: Fahrzeuglexikon Trabant, Witzschdorf 2006
Hartmut Pfeffer: Phänomen / Robur, Band 2, Schwerin 2002
Werner Reiche / Michael Stück: Meilensteine aus Eisenach. Stuttgart 2003
Matthias Röcke: Die Trabi-Story. Königswinter, 1998
Frank Rönicke: Trabant – Legende auf Rädern. Stuttgart, 1998
Frank Rönicke / Wolfgang Melenk: Helden der Arbeit – Busse, Last- und Lieferwagen in der DDR, Stuttgart 2004
Heinrich Schmieder: Der »Vater« des B 1000, Cottbus 2003
Staatsarchiv Chemnitz: In Fahrt – Autos aus Sachsen. Halle 2005
Michael Stück: Wartburg 311. Winkl 1999
Christian Suhr: Nutzfahrzeuge aus Werdau, Willich 2003
Christian Suhr: Typenkompass DDR-Lastwagen 1945 – 1990, Stuttgart 2005
Christian Suhr / Ralf Weinreich: DDR – Lastwagen Klassiker, Stuttgart 2005
Günther Wappler: Framo & Barkas, Zwickau 2005
Günther Wappler: Geschichte des Zwickauer und Werdauer Nutzfahrzeugbaues, Aue 2002
Reiner Weiß: Der Sachsenring Typ 240, Schwerin 1998
Peter Witt: Autos und Motorräder zwischen Eisenach und Moskau, Bremen 1997

Periodika

Kratkii Avtomobilniji Spravocnik, Moskau 1983
Motor-Jahr, ab 1956
Statistisches Jahrbuch der DDR (1966 – 1974)
Katalog der Schweizer Automobil-Revue, ab 1954
Deutscher Straßenverkehr, KFT (1952 – 1990)
OLDTIMER-MARKT, Motor Klassik (1988 – 2005)

Titelblatt einer Export-Werbeschrift, 1952

Danksagung

Der Dank der Autoren gilt allen, die mit viel Engagement und Herzblut bei der Beschaffung von Informationen und Abbildungen behilflich waren. Allen voran sind hier Professor Dr. Peter Kirchberg, Lars Leonhardt, Michael Schubert und Michael Stück zu nennen.

Beim Pkw-Teil geht ein besonderer Dank an Marco und Olaf Brauer, Dr. Hans-Dieter Dietrich und Dr. Dirk Steffens.

Wolfgang Fleischer, Otto Künnecke und Jürgen Pönisch halfen mit wertvollen Informationen zum Automobilwerk Zwickau. Hintergrundmaterial zum Automobilwerk Eisenach steuerten Klaus-Dieter Fiesinger, Konrad von Freyberg, Horst Ihling, Werner und Uschi Kollhoff und Dietmar Millhoff zu. Archivmaterialien zur Firma Melkus stellten Peter Melkus und Frank Nutschan zur Verfügung. Aufklärung zu rennsportlichen Sachverhalten gaben Konrad Bezold und Paul Thiel.

Jiri Ruml und Manfred Fischer vervollständigten die Faktenlage zu den Tatra-Pkw-Importen. Frank Farsky, Frank Heinze und Nikolaus Reichert erhellten die Skoda-Geschichte.

Dank für Informationen zu den Nutzfahrzeugherstellern in der DDR gilt Jochen Borrmeister, Eberhard Fritsche, Lutz-Reiner Gau, Lothar Hildenhagen, Dr. Werner Lang, Carl-Hans Morgenstern, Wilfried Otto, Dr. Winfried Sonntag, Christian Suhr und Dr. Gerhard Zimmer

Wertvolle Hinweise zur Geschichte von Phänomen/Robur stammen von Rudolf Richter, Georg Haberstroh, Rudolf Heinze und Siegfried Schwarze aus Zittau. Mit Informationen und Bildmaterial zur Feuerwehr-Historie unterstützte uns Gerhard Hegenbarth aus Teterow.

Zum Import von Nutzfahrzeugen in die DDR gaben Manfred Kühnel, Werner Hillig und Heinz Walter wichtige Hinweise.

Ein spezieller Dank an Dana Runge, Thomas Giesel und Norbert Kuschinski vom Verkehrsmuseum Dresden.

Last but not least sei den Besitzern von sorgsam gepflegten und restaurierten Fahrzeugen gedankt, die in diesem Buch abgebildet sind: Ulrich Akrutat, Herbert und Martina Brunner, Bernhard Buchwald, Uwe Günther, Jakob Maier (EFA-Museum Amerang), Dieter Otto, Werner und Karsten Pfau, Jürgen Pönisch (August Horch Museum Zwickau), Karsten Rassmann, Karl Reussner, Karsten Strohbach und Ulf Zenner.

Fotonachweis

Foto Karl-Heinz Augustin (9), Archiv AWE Eisenach (17), Foto Andreas Beyer (1), Foto Konrad Bezold (1), Foto Michael Dünnebier (19), Archiv Dünnebier (194), Archiv Gerhard Hegenbarth (1), Archiv August Horch Museum Zwickau (13), Archiv Horst Ihling (1), Foto Albrecht Kittler (4), Foto Eberhard Kittler (60), Archiv Kittler (93), Foto Norbert Kuschinski (9), Archiv Dr. Werner Lang (1), Archiv Lars Leonhardt (8), Archiv Skoda Mlada Boleslav (5), Foto Thomas Starck (14), Foto Dirk Steffens (1), Archiv Verkehrsmuseum Dresden (12), Foto Klaus Zwingenberger (1).